"十二五"国家重点图书出版规划项目

"十二五"国家重大科学研究计划项目

综合风险防范关键技术研究与示范丛书

综合风险防范

农业自然灾害保险区划

叶 涛　史培军　王 俊　等 著
王 平　王静爱

科学出版社

北京

内 容 简 介

本书从区域灾害系统理论、风险评估方法与自然灾害保险定价原理出发，构建了以农业自然灾害区域分异规律为依据、以定量风险评估为基础、农业保险费率厘定为应用输出的农业自然灾害保险区划体系与方法，并针对区域种植业多灾种综合保险、畜牧业天气指数保险和森林火灾保险进行了评价与区划。

本书可供农业自然灾害保险与风险管理方向的研究工作者、保险行业人士、政府管理部门人员以及高校、研究院的硕士、博士研究生参考使用。

图书在版编目（CIP）数据

综合风险防范：农业自然灾害保险区划/叶涛等著. —北京：科学出版社，2017.8

（综合风险防范关键技术研究与示范丛书）

ISBN 978-7-03-054282-3

Ⅰ.①综… Ⅱ.①叶… Ⅲ.①农业–自然灾害–灾害保险–研究–中国 Ⅳ.①S4②F842.66

中国版本图书馆 CIP 数据核字（2017）第 205342 号

责任编辑：彭胜潮 赵 晶／责任校对：王晓茜
责任印制：肖 兴／封面设计：图阅社

科 学 出 版 社 出版
北京东黄城根北街 16 号
邮政编码：100717
http://www.sciencep.com
中国科学院印刷厂 印刷
科学出版社发行 各地新华书店经销

*

2017 年 8 月第 一 版 开本：787×1092 1/16
2017 年 8 月第一次印刷 印张：10 1/2 插页：2
字数：240 000
定价：98.00 元
（如有印装质量问题，我社负责调换）

前　　言

中国是世界上农业自然灾害最为严重的国家之一。作为一个发展中农业大国,农民收入、农业生产和农村经济的发展和稳定,对于整个国民经济与社会的协调健康发展至关重要。中国政府将农业保险不仅作为农业自然灾害风险防范的重要手段、更作为保障三农的重要举措进行扶持,早在1982年就开启了保险服务三农的试点试验工作,后又于2007年开启了新一轮财政支持下的农业保险试点工作。时至今日,中国农业保险市场规模已仅次于美国,跃居全球第二、亚洲第一,在农业自然灾害风险防范和稳定农民收入等方面发挥着重要的作用。

保险转移风险的功能建立在科学定价基础之上。随着中国农业保险的不断发展,政府、企业和学者愈发认识到,准确把握农业自然灾害的空间分异规律,依据定量风险评估的结果,分区制定差别化的保险费率,是提升农业保险经营专业化和精细化水平,保障农业保险可持续性的重要基石。

为了实施国家农业综合自然灾害风险防范战略,北京师范大学最早于1992年开启了与中国人民保险公司的合作,成立了"中国农村保险技术研究中心",联合完成并出版了第一代《中国自然灾害地图集》(中文版和英文版),编制了《中国农业自然灾害综合区划》方案,并在湖南、安徽、内蒙古等地开展了综合自然灾害风险与保险区划的研究。后又于2003年和2011年相继出版了《中国自然灾害系统地图集》(中英文对照版)和《中国自然灾害风险地图集》(中英文版),为政府有关部门、保险公司和社会防灾减灾工作提供了重要参考。

2010年,为了满足新一轮财政支持下的农业保险发展的迫切需求,中国保险监督管理委员会正式启动了"全国种植业保险区划"部级研究课题,旨在"加强农业保险风险区划的研究,提高农业保险产品定价的科学化水平"。该课题由北京师范大学和中国人民财产保险公司(以下简称"人保财险总公司")共同承担,实现了对全国七类主要粮油作物的自然灾害综合风险评估、费率厘定和保险区划工作。在此基础上,2011~2013年间中国保险监督管理委员会又进一步部署了"省到区县一级种植业保险区划试点研究"课题,分别选取内蒙古、安徽和湖南三省区进行试点,力图进一步提升农业保险区划的空间分辨率,进一步与种植业保险实务对接。北京师范大学会同人保财险总公司承担了内蒙古和湖南两地的研究工作。随后,在人保财险总公司的支持下,北京师范大学又先后在内蒙古东部地区和西藏那曲地区开展了针对养殖(畜牧)业天气指数保险,在浙江丽水地区开展了针对森林多年期保险的风险评估、费率厘定和产品设计工作。这些工作拓宽了农业保险区划研究的对象,并进一步提高了农业风险定量评估与费率厘定技术水平。

本书的主要内容是在2010年以来完成上述课题研究成果基础上,针对农业自然灾害保险区划研究进行的系统总结。书中系统阐述了农业保险区划中风险评估、费率厘定与区域划分三组分之间的逻辑关系，详细梳理了相应的定量方法与实施技术。在此基础上，分别给出了基于单产统计模型的种植业保险区划案例，基于灾害指数模型的畜牧业天气指数保险区划案例，以及基于灾害事件仿真方法的森林火灾保险区划案例。通过实证案例，全面展示了农业保险区划的要点，以及现有研究中尚存在的问题，以期为从事农业保险研究和实践工作的同行提供参考。

本书的总体设计由史培军和叶涛共同完成。各章的具体撰写人员均在各章首页脚注中列出。本书的最终审订由史培军完成；地图插图由王尧统一设计和绘制；组织撰写和出版工作由叶涛完成。

本书的部分相关成果已在国内外刊物上先行发表，本书在引用时对其进行了系统地整理和总结，并增加了大量未发表的研究成果、补充了原始材料。

在本书编写过程中，除得到前述保险行业课题的支持外，还得到了国家重点研发计划"全球变化人口与经济系统风险全球定量评估研究"（2016YFA0602404）、国家自然科学基金委员会创新研究群体项目"地表过程模型与模拟"（41621061）、国家自然科学基金青年基金项目"自然灾害风险的空间依存性对损失可保性的影响研究：以湖南省水稻为例"（41001357）、国家社科基金青年项目"基于农户福利、公司成本和政府补贴效率的指数农业保险与损失补偿型农业保险比较研究"（16CJY081），以及国际减轻灾害风险合作研究中心（ICCR-DRR）的支持。

史培军

北京师范大学民政部/教育部减灾与应急管理研究院
北京师范大学地表过程与资源生态国家重点实验室
北京师范大学环境演变与自然灾害教育部重点实验室
北京师范大学地理科学学部
北京师范大学巨灾研究中心

2016 年 11 月

目　　录

第1章 农业自然灾害保险进展[*]

自 2005 年以来，全球新兴市场国家农业保险的发展，以及全球农产品价格的上升，助推了全球农业保险市场规模的快速增长。2007 年，中国也开始了新一轮财政支持下的农业保险试点工作。本章梳理全球农业自然灾害保险的主要进展与产品体系，并阐述中国农业保险的发展历程、现状及面临的主要挑战。

1.1 全球农业自然灾害保险进展

2005 年以来，全球农业保险市场通过快速发展，形成了较为完善的农业保险产品体系，依据保险标的类型可划分为农作物、牲畜、森林、水产养殖以及与农业生产相关的设施保险；依据保险责任可划分为单灾因定制保险和多灾因保险；依据保险保障程度可划分为成本保险、实物损失保险和收入/收益保险；依据损失核定方式可划分为损失补偿型保险和指数型保险。

1.1.1 市 场 规 模

近年来，全球农业保险市场发展迅速(图 1.1)。全球农业保险保费从 2005 年的 8.9 亿美元快速增长到 2012 年的 24.2 亿美元。市场规模的快速增长主要与两方面因素有关：一方面，中国、印度等新兴市场国家农业保险项目的快速增长带来了大量的新增保费收入；另一方面，2008 年以来，全球农产品价格的不断攀升也使得单位保障的保费相应增加。

关于全球及主要国家和地区的农业保险市场规模，目前没有统一的数字，各大国际再保人和保险经纪公司的估计结果存在一定的差异(表 1.1)。从 2011～2012 年农业保险的全球地区分布来看，北美地区(美国和加拿大)占据全球农业保险市场的 50%～60%；亚洲地区已超越欧洲地区成为全球第二大农业保险市场；而农业产值比重很高的非洲，在全球农业保险市场中占有的份额最小，乐观估计也不超过 1.2%。

从国家和地区层面来看(图 1.2)，美国、中国和加拿大在全球农业保险保费收入中位列前三，农业保险年保费收入超过 20 亿美元。西欧的多数国家，如西班牙、法国、德国、意大利、英国、瑞典等国，以及印度、澳大利亚等国均排在第二梯队，农业保险年保费收入超过 5 亿美元。中、东欧的多数国家以及拉丁美洲的主要大国处于第三梯队，农业保险年保费收入仅达到超过 1 亿美元的水平。而中亚、东南亚、非洲及拉丁美洲部分国家的农业保险年保费收入达到了 1000 万美元。中东和非洲的多数国家暂时均没有开办农业保险。

＊ 本章撰写人：叶涛、史培军、高瑜。

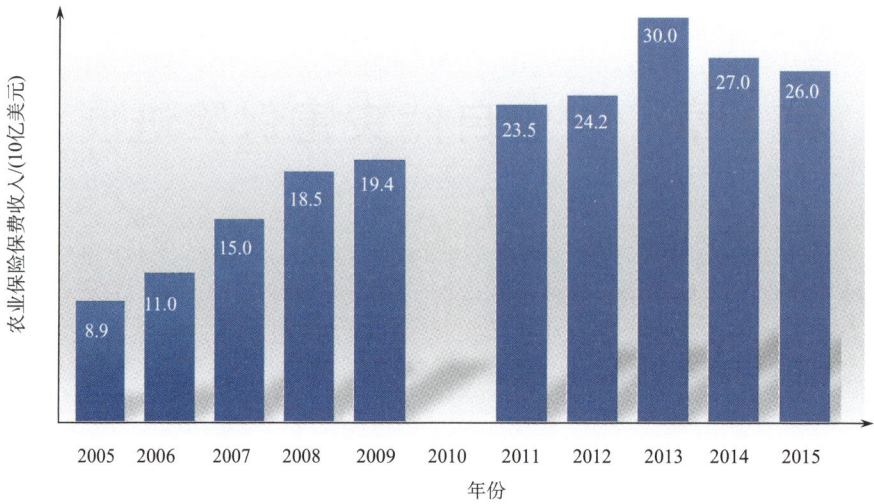

图 1.1　全球农业保险保费增长（2005～2015 年）

图中数据取自不同来源，可能存在统计口径上的差异。其中，2005～2009 年的数据取自文献（Iturrioz，2009）；2011～2012 年和 2014～2015 年的数据为瑞士再保险（Swiss Re，2013）的估计结果；2013 年的数据为 Schneider 和 Roth（2013）的估计结果。

表 1.1　全球主要区域的农业保险保费收入和占比情况（2011～2012 年）

国家和地区	瑞士再保险 *（Swiss Re，2013）		佳达保险经纪（Book，2014）		卡塔尔再保险（Qatar Re，2014）	
	值/（10 亿美元）	占比/%	值/（10 亿美元）	占比/%	值/（10 亿美元）	占比/%
美国和加拿大	12.9	55.0	12.5	49.0	14.1	60.6
欧洲	4.2	18.0	4.5	17.7	2.9	12.5
非洲	0.1	0.5	0.3	1.2	0.2	0.9
拉丁美洲及加勒比	0.9	4.0	1.0	3.9	0.9	3.7
亚洲	5.2	22.0	7.0	27.5	5.2	22.4
澳大利亚和新西兰	0.2	0.8	0.2	0.8	0.2	0.8
总计	23.5	100.0	25.5	100.0	23.3	100.0

＊依据瑞士再保险公司（Swiss Re，2013）提供的原始分项数据重新整理。

1.1.2　产品体系

1. 依据保险标的和责任划分

当前，全球农业保险的主要标的包括农作物、牲畜、森林、水产养殖，以及与农业生产相关的温室大棚等。其中，全球农业保险保费收入中有 89% 来自农作物保险、7% 来自牲畜保险（其包括针对赛马的保险）、2% 来自森林保险、1% 来自水产养殖保险（Qartar Re，2014）。

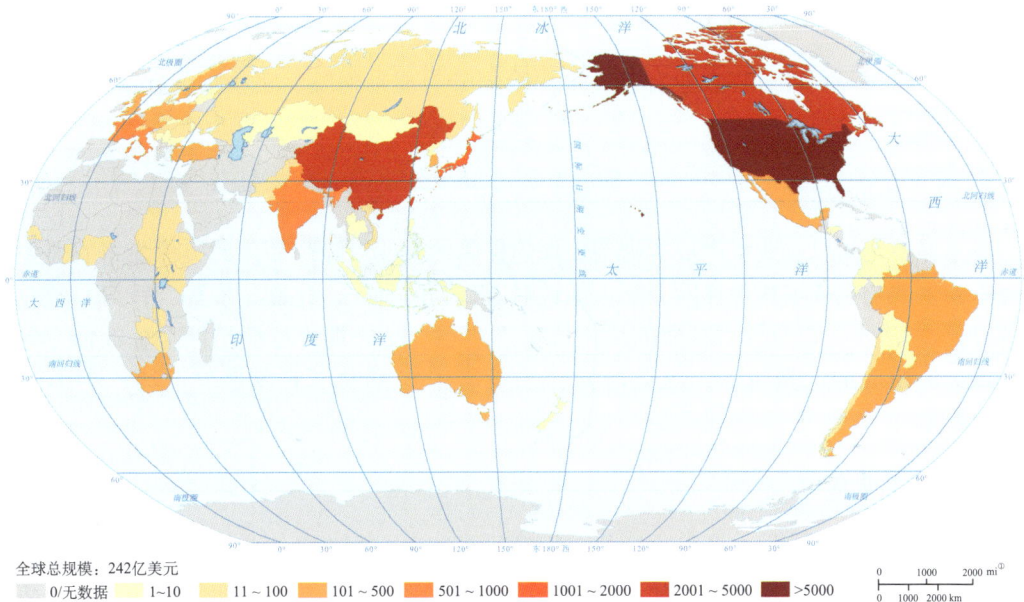

全球总规模：242亿美元

| | 0/无数据 | 1~10 | 11~100 | 101~500 | 501~1000 | 1001~2000 | 2001~5000 | >5000 |

图1.2　2012年全球农业保险的国家和地区分布（依据 Swiss Re, 2014；重绘）

　　从保险责任的角度，通常将农业自然灾害保险产品划分为单灾因定制保险（单灾因保险）（named-peril insurance）和多灾因保险（multi-peril insurance）两大类。

　　单灾因保险通常指保险合同中以载明的单一灾因为触发条件。针对冰雹灾害损失的单灾因保险是最早的农业自然灾害保险（Mahul and Stutley, 2010），于18世纪末起源于德国，后又于20世纪末在许多欧洲国家和美国开始施行。当前，除冰雹外，霜冻、暴雨及风灾等也均拥有相应的作物定制险。在全球范围内，单灾因农作物保险的保费收入占总保费收入的17%。在欧洲地区，单灾因保险的比重相对较高，而在比利时、荷兰、英国及爱尔兰，冰雹保险仍然是为数不多的农业保险产品之一（European Commission, 2008）。在北美洲和亚洲地区，单灾因保险因为保障范围有限，在当前农业保险市场中的份额相对较小。

　　多灾因保险是当前全球农业保险最主要的产品类型，保险责任通常由两种以上的致灾因子构成。多灾因保险最为著名的例子是北美地区所开展的多灾因农作物保险（multi-peril crop insurance, MPCI）。MPCI最早可追溯到1899年，并于1938年由美国联邦政府开始推行。其承保的灾害种类基本囊括所有的自然灾害，如气候灾害、地震、滑坡泥石流、火山爆发、火灾、虫灾等（Barnett, 2000）。在欧洲地区，如保加利亚、捷克、匈牙利、波兰、斯洛伐克等国家均开办了多灾因的保险业务（European Commission, 2008；Mahul and Stutley, 2010）。在其他新兴农业保险市场国家，包括中国自2007年以来进行的农业保险试点工作中，也主要开办多灾因保险业务。

---

　　① 1mi = 1.609344 km，下同。

2. 依据保险保障程度划分

依据保险保障程度可将农业自然灾害保险划分为成本保险、实物损失保险和收入/收益保险三类。

1）成本保险

成本保险是指以农业生产成本为主要保险保障的农业保险产品。此类保险将农业生产过程中发生的物化成本作为保险金额，如针对农作物的种子、化肥、农药，针对养殖业的仔畜/禽购置成本，以及针对林业的再植成本。此类产品的重要特征是保险金额低、保障程度低，但相应的保费也低，因此通常作为发展中国家发展农业保险市场的主力产品使用。

2）实物损失保险

实物损失保险是依据农业保险标的实物量的损失和事前约定的单位实物量的价值共同确定保险赔付的保险；其重要特征是保险赔付只与实物量损失有关，而与市场价格波动无关。此类保险最典型的例子是针对农作物的单产保险（yield insurance，也常被译为"产量"保险）。产量保险依据农作物的多年平均单产和事前约定的价格水平确定保险金额，保险的实际赔付水平由单产减产确定，与市场价格波动无关。例如，在美国实施的 MPCI 产品中，保险赔付依据实际单产低于触发单产的实物损失量（减产量）乘以合同约定的保障价格（price guarantee）[由美国风险管理局（Risk Management Agency，RMA）提供]共同确定（Barnett，2000）。牲畜保险中也广泛采用实物保险的方式。例如，牲畜的单灾因或多灾因死亡保险（livestock mortality insurance）中，就使用实际的牲畜死亡数和事前约定的牲畜价值确定保险赔付（Mahul and Stutley，2010）。此外，多个国家的森林保险也属于实物损失保险的范畴（陈绍志和赵荣，2013）。例如，在日本的国营森林保险中，将事前约定的单位面积活立木价值作为保险金额，保险赔付依据自然灾害造成的实际损失率进行赔偿{《森林国营保险法的实施法令》[1953 年（昭和二十八年）政府法令第二百四十五号]}。

3）收入/收益保险

收入/收益保险（revenue insurance）是农业自然灾害保险中保障水平较为全面的产品类型。此类保险不仅保障保险标的的实际损失带来的收入风险，还同时提供针对市场价格水平波动的风险保障。从某种意义上来说，收入保险可以被看作是实物损失保险的一个延伸。例如，在美国联邦农作物保险（federal crop insurance program，FCIP）中，与 MPCI 产量保险相对应的产品就是农作物收益保险（crop revenue coverage，CRC）。该类保险产品与 MPCI 产量保险最大的区别在于，保险赔付由单产损失和某一种期货价格*的 90%～100% 共同确定，而不再使用合同中事前约定的保障价格，因而可以同时应对农作物产量风险和农作物

---

* CRC 使用的期货价格分为基础价格和收获价格两种，其中基础价格是指播种前 1 个月的平均收获期货价格，收获价格是指同一期货合同在收获前 1 个月的平均价格。

价格风险。当前，收入保险在全球范围内应用的国家和地区相对有限，其主要制约因素是许多国家和地区尚未建立有效的农产品期货市场，相应地，难以在保险保障中利用期货市场价格实现对价格风险的保障(Mahul and Stutley，2010)。

3. 依据损失核定方式划分

依据损失核定方式，可以将农业自然灾害保险划分为损失补偿型农业保险(indemnity-based agricultural insurance)和指数型农业保险(index-based agricultural insurance)。

1) 损失补偿型农业保险

损失补偿型农业保险是指以实地勘定的损失为依据，确定最终赔付的保险产品。实际勘定的损失可以是农业保险标的因自然灾害造成的减产、伤害/死亡等。损失补偿型保险是农业自然灾害保险中的传统类型，因此也被通俗地称为传统农业保险(conventional agricultural insurance；Miranda and Farrin，2012)。前述的 MPCI、CRC 等均属于此类。

从定损和理赔过程上来说(图 1.3)，在损失补偿型农业保险机制下，灾害事件发生、造成损失后，投保人或被保险人需要向保险人进行报案，由保险人派出专门的查勘、定损人员对实际灾损进行勘定，再依照合同确定最终的保险赔付金额，并在约定时间内将保险赔付支付到被保险人(或保险受益人)。

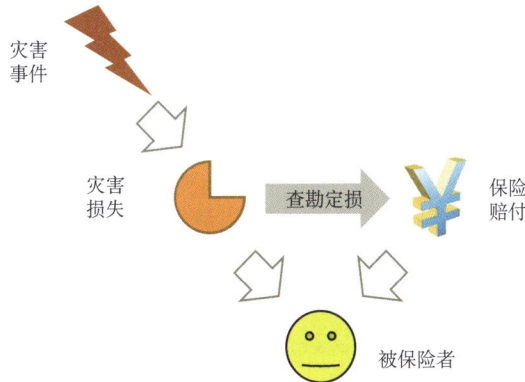

图 1.3　损失补偿型(传统)农业保险的定损、理赔机制

2) 指数型农业保险

指数型农业保险是指依据合同中事先约定的、可客观观测的、可靠测量的、与保险标的损失高度相关且不受人为因素影响的保险指数来确定保险赔付的一类产品(Miranda and Farrin，2012)。在指数型农业保险的机制下(图 1.4)，灾害事件发生、造成损失后，公正的第三方首先应发布保险合同中约定的表达灾害强度的特定参数，即灾害保险指数；保险人在此基础上，依据灾害指数的实际观测值、结合保险合同中载明的赔付计算方法确定保险赔付，并支付到保险受益人。

此种机制下，保险赔付完全由灾害指数确定，承保公司可以省去逐个标的查勘、定损

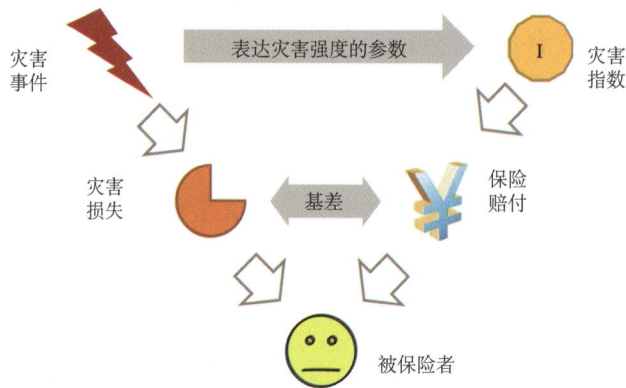

图1.4 指数型农业保险的定损、理赔机制

的工作，从而节约大量成本。但与此同时，如果灾害指数不能很好地表征个体标的的实际损失，则赔付与损失之间必然存在基差，且此种差异是不确定的，是灾害指数所表达的风险与个体损失风险之间的差异，从而导致"基差风险"问题（Doherty and Richter，2002；Miranda，1991）。

指数型农业保险作为创新型农业自然灾害风险转移的工具，正在全球范围内得到广泛应用（Barnett et al.，2008；Norton et al.，2012；Bobojonov et al.，2014；Leblois et al.，2014；Pelka et al.，2014）。依据保险指数的不同，指数农业保险产品又可以划分为三个亚类：区域产量指数保险、天气指数保险和遥感指数保险。

（1）区域产量指数保险。区域产量指数保险（area-based yield index insurance）（更准确的翻译应为区域单产指数保险）是依据特定区域内（通常为一个县）的平均单产作为触发和确定实际赔付标准的保险产品。美国早在1949年就提出了"区域产量指数保险"的原型概念（Halcrow，1949），但直到1989年才由国会指定的专门委员会对指数保险的可行性进行了专门分析，并在20世纪90年代中期进入实施阶段。区域产量指数保险的保障类型可以多样。例如，美国FCIP中就有针对由区域产量指数确定的实物损失保险，被称为"团体风险计划"（group risk plan），和与之相对应的收入保险，被称为"团体风险收入保障"（group risk income protection）。

当前，区域产量指数保险在全球多个国家和地区都有实施（Swiss Re，2014）（图1.5）。其中，印度开办的mNAIS（modified National Agricultural Insurance Scheme）规模最大，占到印度农业保险保费收入的一半以上，每年约有2000万农民获得保障。美国在保费规模上位列第二，但仅占其国内全部农业保险保费收入的千分之七左右；其次是加拿大、墨西哥、摩洛哥、伊朗及乌克兰。近年来，秘鲁和塞内加尔也开始尝试这种保险产品。

（2）天气指数保险。天气指数保险（weather index insurance，WII）是指利用降水、气温等气象观测指标，以及基于观测指标计算的综合气象指数来确定触发和保险赔付金额的一类指数产品。由于农作物生长发育过程中易受到水分、温度和日照等条件的限制，农作物产量与特定的气象指标之间可能存在较高的相关性，因此可以在一定程度上利用这些指标对实际产量进行估计，从而在不依靠实地查勘的前提下估损并确定保险赔付。当前常见的

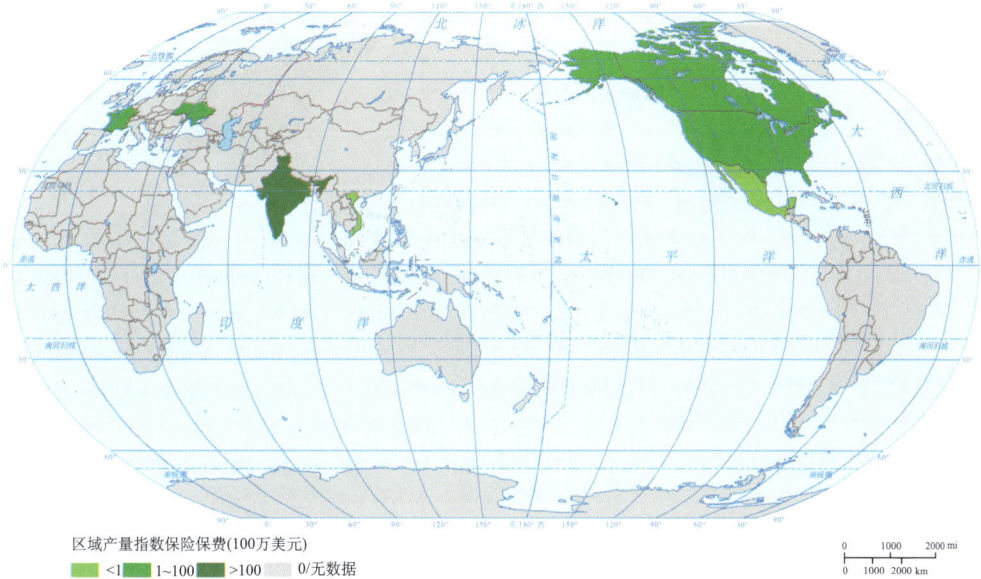

区域产量指数保险保费(100万美元)

　<1　1~100　>100　0/无数据

图 1.5   2012 年全球区域产量指数保险保费分布图(依据 Swiss Re, 2014;重绘)

天气指数通常使用降水、气温、日照、风速等基础性器测指标构建,主要针对过度降水/干旱、极端低温/高温或大风对作物造成的伤害。天气指数在养殖业和森林保险中的应用还较为有限。

天气指数保险最早出现在 20 世纪 90 年代后期。联合国(United Nations, 2007)和世界银行(Hess et al., 2005)将指数保险产品(特别是天气指数保险产品)作为发展中国家农业保险发展创新的重点(Ibarra and Skees, 2007),启动了一系列农作物天气指数保险项目(Barnett and Mahul, 2007),促进了天气指数保险在全球的推广(图 1.6)。2002 年,墨西哥开办了发展中国家第一个天气指数保险项目。随后,世界银行又陆续在印度、马拉维、埃塞俄比亚、尼加拉瓜、摩洛哥、乌克兰和秘鲁等发展中国家开展天气指数保险的工作。中国安徽省长丰县的水稻天气指数保险也是在世界银行的推动下发起的(朱俊生, 2011)。此外,中国较为有代表性的天气指数保险产品还包括江西省南丰县蜜橘气象指数保险(娄伟平等, 2009)、海南省橡胶树风灾指数保险(方伟华, 2012)、北京市蜂业天气指数保险、内蒙古锡林郭勒盟羊群雪灾天气指数保险(易泝泺等, 2015)等。

(3)遥感指数保险。遥感指数保险(remote sensing index insurance)是继区域产量指数保险和天气指数保险后新兴的指数保险产品。此类产品利用卫星或机载传感器的观测数据,构建反映某类地表特征(如植被、降水等)的遥感指数,并将其作为触发和赔付的标准。此类产品的科学基础建立在遥感指数对地表参数反演的科学性和准确性上。相对于基于站点仪器观测数据的天气指数保险,遥感指数保险,特别是基于卫星遥感指数的产品,拥有大的空间覆盖范围、更连续的空间数据覆盖,因此具有较好的发展前景。

当前,遥感指数保险产品的应用还较为有限,仅在加拿大、美国、墨西哥、巴西、俄罗斯、法国及肯尼亚等国家有实践或试点的案例。在现有的产品体系中,或利用遥感反演

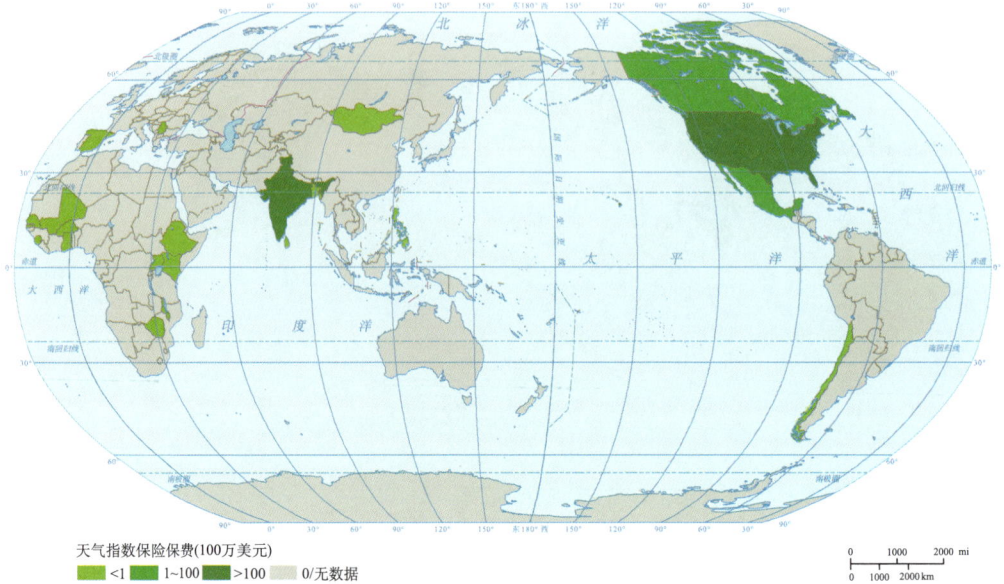

天气指数保险保费(100万美元)
■ <1 ■ 1~100 ■ >100 ■ 0/无数据

图 1.6 2012 年全球天气指数保险保费分布图(依据 Swiss Re, 2014;重绘)

的气象数据取代站点观测数据,如利用 TRMM 卫星监测的降水数据;或利用吸收光合有效辐射比例(fraction of absorbed photosynthetically active radiation, fAPAR)指数估计农作物产量,以构建农作物指数保险,如在俄罗斯针对小麦和在巴西针对大豆进行的试验(Swiss Re, 2014);或利用归一化差别植被指数(normalized difference vegetation index)监测草场长势,以预测旱灾造成的牲畜死亡率,从而构建针对畜牧业旱灾的指数保险,如在肯尼亚地区开办的牲畜指数保险(Chantarat et al., 2013)。

4. 依据政府参与程度划分

依据政府在农业保险中的参与程度,可以将农业自然灾害保险划分为三类模式:政府控制(或完全干预)体系、公私合营体系及纯市场体系(Iturrioz, 2009)。其中,政府控制体系是指农业自然灾害保险完全由政府所有的保险公司进行供给;纯市场体系是指纯粹由保险公司提供商业化的保险保障,而几乎不存在政府的参与和支持的形式;公私合营体系介于两者之间,以市场运作为基础,配合一定程度的政府干预。三类模式在预期达到的保险深度、风险分散的效果、实施标准、服务水平、政府责任和财政成本方面均存在各自的优势(图 1.7),但相对而言,公私合营体系是最为均衡的模式。

公私合营体系是当前全球范围内政府参与农业自然保险最为普遍的模式。支撑政府干预的经济理论有很多,如农业生产的正向外部性;农业保险价格引起的供需难以匹配;WTO 绿箱政策等。世界银行对全球 65 个国家的调查显示,当前政府对农业保险市场进行干预的途径主要包括(Mahul and Stutley, 2010)以下几种。

1)财政补贴

政府向农业保险项目提供财政补贴的方式主要包括两类:保费补贴和行政成本补贴。

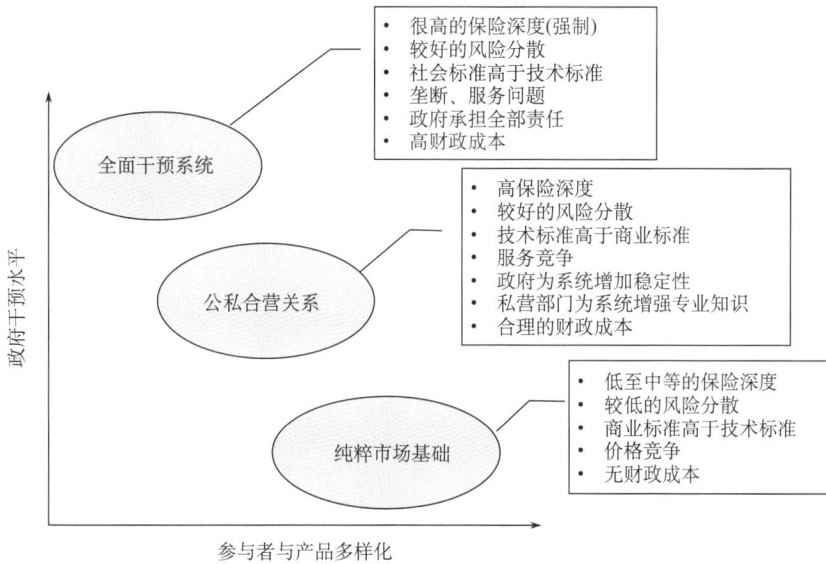

- 很高的保险深度(强制)
- 较好的风险分散
- 社会标准高于技术标准
- 垄断、服务问题
- 政府承担全部责任
- 高财政成本

全面干预系统

- 高保险深度
- 较好的风险分散
- 技术标准高于商业标准
- 服务竞争
- 政府为系统增加稳定性
- 私营部门为系统增强专业知识
- 合理的财政成本

公私合营关系

- 低至中等的保险深度
- 较低的风险分散
- 商业标准高于技术标准
- 价格竞争
- 无财政成本

纯粹市场基础

政府干预水平

参与者与产品多样化

图 1.7　农业自然灾害保险的政府参与模式(据 Iturrioz，2009；绘制)

保费补贴指政府利用财政资金代农业保险投保人缴纳一定额度或一定比例的保费。保费补贴是当前全球农业保险采用得最为广泛的政府干预方式之一(Coble and Barnett，2012；Smith and Glauber，2012)。世界银行调研的国家中，有 63% 对农作物保险进行补贴、35% 对牲畜保险进行补贴。尽管补贴广泛存在，长期以来，农业经济学家一直质疑保费补贴的合理性，认为其既未取得公平也未达成效率(Goodwin and Smith，2013；Skees，1999)。

行政成本补贴是指政府向农业保险的经营主体提供针对经营过程中发生的行政成本的补贴。此种补贴可相应地降低保险费率中的行政成本，使农户获得实惠。相比保费补贴，行政成本补贴较为少见，世界银行调研的国家中仅有 16% 和 11% 分别对农作物和牲畜保险提供行政成本补贴。美国的 FCIP 中，政府向直保公司提供经营费用的补贴。

依据国际农业生产保险者协会(Association Internationale des Assureurs de la Production Agricole，AIAG)的调查显示(图 1.8)，全球多数地区均采用保费补贴的方式进行干预。同时，提供保费补贴及国家再保险的地区仅包括美国、韩国、土耳其、西班牙和波兰。除上述方式外，哈萨克斯坦还向农业提供直接的损失补贴。

2) 能力建设

政府针对农业保险的产品研发、人员培训和信息平台进行投资，以提升农业保险的基本能力。世界银行的调研结果中，有 41% 和 37% 的国家分别针对农作物保险和牲畜保险进行能力建设的投资。

3) 公共再保险

由政府成立再保险公司向直保公司提供再保服务，以帮助直保公司处理极端年份出现的大额赔付，利用政府在主权信用、地域和时期上的优势扩大风险分散的能力。在世界银

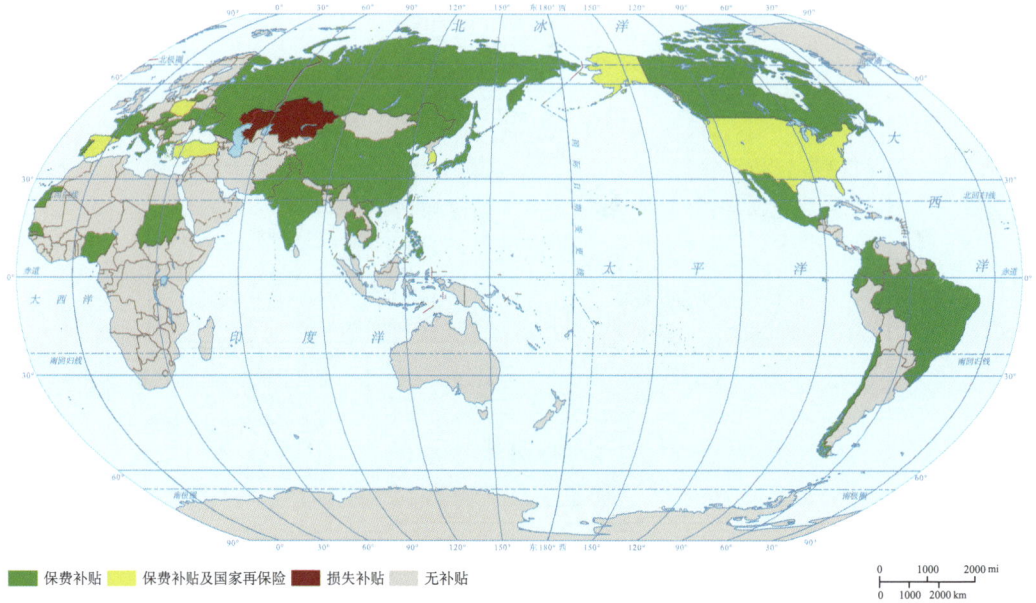

图 1.8　农业自然灾害保险的政府补贴(据 AIAG 绘制)

行的调查结果中，有 32% 和 26% 的国家为农作物和牲畜保险提供再保险。公共再保险的一种较为极端的形式则是"政府财政兜底"。

4）政策与立法

通过政策与立法，从机制体制上保障农业保险的运行。世界银行的调查结果中，有 51% 和 33% 的国家分别针对农作物和牲畜保险进行了特别立法。

1.2　中国农业自然灾害保险进展

中国的农业保险试点始于 20 世纪 80 年代。在经历了 20 余年的探索后，又于 2007 年开始了新一轮财政支持下的农业保险试点。经过发展，中国的农业保险市场规模不断扩大、保障体系日趋全面、政府支持有力，在中国的农业自然灾害风险防范体系中发挥重要的作用。当前，中国农业保险发展需进一步明确政府职能、增强农户保险意识、提升保险公司经营水平。为了有力地支撑农业保险的专业化、可持续发展，在技术层面上必须解决"核保""核险(灾)"和"核损(赔)"三大问题。

1.2.1　发展历程

中国的农业保险发展始于 20 世纪 80 年代。1982 年，国务院在转批中国人民银行《关于国内保险业务情况和今后发展意见的通知》中指出："为了适应农村经济发展的需要，保险工作如何为 8 亿农民服务，是必须予以重视的一个新课题，要在调查研究的基础上，按照落实农村经济政策的需要，从各地的实际情况出发，积极创造条件，抓紧做好准备，逐步试办农村财产保险、牲畜保险等业务。"为此，中国农业自然灾害保险的试验揭开了新的序幕(郭永利等，2007)。随后，全国唯一的一家综合性国有保险公司中国人民保险公司进行了大规模的农业保险试验(表1.2)；期间，民政部、中华联合新疆兵团保险公司(自1986年始)(表1.2)、黑龙江农垦集团(1993～2003年)也开办了局部地区的试验。这些试验为我国农业保险的发展积累了丰富的经验，也培养了大批专业人才(Shi et al.，2008)。

表1.2　中国人民保险公司(1982～2001年)和新疆兵团保险公司(1987～2000年)
农业保险经营业绩统计表

年份	中国人民保险公司			新疆兵团保险公司		
	保费收入/万元	赔款额/万元	赔付率/%	保费收入/万元	赔款额/万元	赔付率/%
1982	23	22	95.7			
1983	173	233	134.7			
1984	1 007	725	72.0			
1985	4 332	5 266	121.6			
1986	7 803	10 637	136.3			
1987	10 028	12 604	157.7	1 205	1 015	84
1988	11 534	9 546	82.8	2 263	1 710	76
1989	12 931	10 721	82.9	2 951	3 252	110
1990	19 248	16 723	86.9	3 442	2 170	63
1991	45 504	54 194	119.1	4 605	2 567	56
1992	81 690	81 462	99.7	5 402	3 714	69
1993	56 130	64 691	115.3	5 729	4 073	71
1994	27 272	36 572	134.1	6 815	3 922	58
1995	49 620	36 450	73.5	8 715	4 854	56
1996	57 436	39 481	68.7	10 835	8 359	77
1997	71 250	48 167	67.6	12 573	8 377	67
1998	61 721	47 681	77.3	14 021	10 863	77
1999	50 820	35 232	69.3	16 296	16 397	101
2000	45 200	30 700	67.9	16 389	11 172	68
2001	39 800	28 500	71.6			

资料来源：Shi et al.，2008。

历史数据详细地反映了中国农业自然灾害保险发展的过程。1982～1987年是中国农业自然灾害保险的初创时期，保费收入年平均增长速度为237%。1988～1989年是徘徊时期，连续3年亏损，使业务增减缓下来，增速仅为17.6%。1990～1993年，试验进入了新高潮，保费年增长速度回升到42.9%。1992年是中国人民保险公司经营农业自然灾害保险最好的年份，全国农业自然灾害保险保费收入达8.17亿元，赔付8.15亿元，赔付率为99.7%。

1986年，财政部和农业部支持新疆生产建设兵团建立了一家"新疆生产建设兵团农牧业保险公司"（后改名为"新疆兵团农险公司"，现名为"中华联合财产保险公司"），专门经营新疆兵团范围内的农牧业保险。该公司多年赔付率为69.0%，说明开展农业自然灾害保险采取"低保额，低保费，实行基本保障（保成本）"的经营原则是可以操作的。2002年，由于经营效益尚好，业务规模进一步扩大，被批准在全国范围内开展综合性保险业务，其中农牧业自然灾害保险业务仍然保持着良好的发展势头。

从1994年起，中国人民保险公司开始由兼有政策性职能的国有保险公司向市场体制下的商业性保险公司转轨，由于赔付率较高，农业自然灾害保险进入调整期，实际上呈现为逐渐下降的趋势。与此同时，民政部在总结农业自然灾害救灾救济工作的经验教训后，将保险机制引入了政府救灾领域，选择一些县进行以传统救灾项目为业务范围的"农村救灾合作保险"试验。该试验的原则为"保费国家、集体、个人共同承担，以农民个人为主"。农民一户约缴纳保费10～30元，得到的保障标准为3 000元左右。1987～1999年，共试验了12年，也因高赔付率迫使这项改革试验停止。

从我国开展农业自然灾害保险的试验中可以看出，由于中国农业自然灾害频发，完全按商业性保险机制进行农业自然灾害保险是难以进行的。为了加强对中国农业生产的扶持，2004年，中国政府颁发了支持农业发展的1号文件，其中特别提及了关于农业保险的内容，即"加快建立政策性农业保险制度，选择部分产品和部分地区率先试点，有条件的地方可对参加种养业保险的农户给予一定的保费补贴"。2004年以来，中国有多个省、自治区、直辖市开展了农业自然灾害政策性保险试验，包括黑龙江、吉林、上海、新疆、内蒙古、湖南、安徽、四川、浙江等。从2006年开始，在"国务院关于保险业改革发展的若干意见"出台后（国务院办公厅，2006），"农业自然灾害政策性保险"业务发展速度加快。该"意见"中明确指出："……将农业保险作为支农方式的创新，纳入农业支持保护体系"。"完善多层次的农业巨灾风险转移分担机制，探索建立中央、地方财政支持的农业再保险体系"。在这一文件的指导下，全国许多省、自治区、直辖市试办农业自然灾害政策性保险业务（中国保险监督管理委员会，2007）。

1.2.2 发 展 现 状

1. 规模不断扩大

自2007年开办财政支持下的农业保险试点工作以来，中国农业保险的规模不断扩大。2007～2015年，农业保险保费收入从51.8亿元增长至374.7亿元（表1.3）；农业保险提供风险保障从1 103.96亿元增长到1.96万亿元，累计提供风险保障7.23万亿元；参保农户次数从0.50亿户次上升到2.29亿户次，共向接近2亿户次的受灾农户支付赔款1218.70亿元，在抗灾救灾和灾后重建中发挥了积极的作用。当前，中国农业保险保费规模仅次于美国，居全球第二、亚洲第一；其中，养殖业保险和森林保险规模已居全球第一。

表1.3　2007年以来我国农业保险规模变化

年份	保险金额 /亿元	参保农户次数 /亿户次	保费收入 /亿元	承保农作物 面积/亿亩[①]	承保森林 面积/亿亩	赔款支出 /亿元
2007	1 720	0.50	51.8	2.03	0.28	28.95
2008	2 397	0.90	110.7	4.55	0.77	64.14
2009	3 812	1.33	133.8	6.62	2.86	95.18
2010	3 943	1.40	135.7	6.79	4.80	95.96
2011	6 523	1.69	173.8	8.04	14.34	81.80
2012	9 127	1.83	240.8	9.70	11.22	64.84
2013	13 869	2.14	306.6	11.06	18.99	208.60
2014	16 320	2.47	325.7	11.76	27.98	214.57
2015	19 641	2.29	374.7	14.45	28.99	260.08

① 1 亩≈666.7 m², 下同。

2. 保障体系日趋全面

1) 产品体系逐步完善

经过多年的发展, 中国农业保险已经形成了以大宗粮油作物、基础母畜和公益林、商品林保险为主体, 地方优势特色品种保险为补充, 天气指数、价格指数保险为创新, 涉农保险为延伸的产品体系。承保品种覆盖主要粮食作物、大宗畜禽、经济作物、森林及地方特色优势农作物。《中国农业保险发展报告 2015》(项俊波, 2015) 的数据显示, 截至 2014 年年底, 在保险监管部门备案的农业保险产品达 1314 个, 承保标的包括中药材、茶叶、葡萄、林蛙、桑蚕、果树、烤烟等; 指数保险产品达 57 个, 包括水稻高温天气指数保险、草原灾害指数保险、农房保险、农村家庭财产综合保险、农用无人机保险等, 基本覆盖农、林、牧、渔各个领域。农业保险新产品的开发迅速, 仅在 2014 年, 全国各公司共申报农业保险产品 1678 个, 涉及 177 类农产品, 包括种植业品种 115 个(含特色品种 96个), 养殖业品种 57 个(含特色品种 52 个)、涉农品种 5 个。

2) 保险责任日益全面

中国农业保险主要采用了多灾因保险的责任框架。在试点之初, 旱灾、病虫害等自然灾害因具有相对更高的巨灾风险, 曾被作为除外责任而不予承保(庹国柱, 2012)。随着试点项目的推进, 中国农业保险已形成了由自然灾害、各类疫病和疾病、意外事故和政府扑杀共同构成的多灾因综合保险责任, 责任范围基本覆盖了标的所在区域内农业生产的主要风险。其中, 自然灾害类包括可能影响农业生产的暴雨、洪水、内涝、干旱、台风、冰雹、霜冻等。行业内, 影响种植业保险和森林保险的病虫害也归于自然灾害类别。各类疫病、意外事故、因发生高传染性疫病实施的强制扑杀等风险则主要针对养殖业保险设置。

3）保障水平不断提升

2007 年以来，中国农业保险一直坚持"低保障、广覆盖"的基本政策，以保障物化成本为基本目标。随着试点项目的不断推进，农业保险的保障水平也在逐步提升（项俊波，2015）。一方面，以物化成本保障为基准的保险金额逐年提高。2014 年，农业保险提供风险保障 16.32 万亿元，同比增长 17.72%，高于保费增速 11.5 个百分点（表 1.4）。其中，棉花亩均保额增长较为明显，同比增加 102.47 元，达到 711.01 元，增幅达 16.84%。水稻、小麦、奶牛、育肥猪保险的保险金额也有不同程度的提升。另一方面，农业保险的触发和免赔标准相应调低。2014 年，新疆、黑龙江取消了主要粮食作物保险的绝对免赔条款，江苏、辽宁将绝对免赔率由 30% 下调至 10%，江苏、贵州、新疆、浙江、江西、广东等 6 省（区）还下调了相对免赔率。当前，部分条件成熟的地区正在试点产量保险、价格指数保险等进一步扩大保险保障的模式。中国农业保险提供的风险保障将进一步提升。

表 1.4　2013～2014 年主要险种单位保额变化情况

险种	2014 年	2013 年	增加值	提升比例/%
水稻/（元/亩）	349.13	337.38	11.75	3.48
小麦/（元/亩）	337.04	316.54	20.49	6.47
棉花/（元/亩）	711.01	608.54	102.47	16.84
奶牛/（元/头）	6652.34	6257.23	395.11	6.31
育肥猪/（元/头）	558.40	520.45	37.95	7.29

资料来源：项俊波，2015，整理。

3. 政府支持有力

财政支持是中国新一轮农业保险试点的最大特色。2007 年，中央政府首次提出"拿出 10 亿元进行农业保险补贴"（人民网，2007），力图利用财政资金带动农业保险的发展，培育农户风险防范意识、提升参保意愿，扶持保险公司开办农业保险业务，从而实现"农民得实惠、企业得发展、政府得民心"的共赢局面。从政府介入方式来看，中国政府主要针对农户提供保费补贴，分别由中央财政、省级财政和地市县级财政共同承担。几年来，各级财政对农业保险的支持力度不断加大，补贴率从 2008 年的 71% 逐步上升到 2015 年的 79%；农户自身需要缴纳的保费比例从 2007 年的 24%、2008 年的 28% 逐步下降到 2015 年的 20%（图 1.9）。与此同时，保费补贴的险种和标的范围不断扩大，从最初 2007 年补贴小麦、水稻、玉米、棉花、大豆 5 种作物和能繁母猪、奶牛两种家畜的保险，扩大到油菜、花生、土豆、青稞、橡胶和香蕉、甜菜、牦牛、生猪等。

1.2.3　问题与挑战

1. 主要问题

中国新一轮财政支持下的农业保险工作取得了显著进展，但挑战依然存在。《农业保

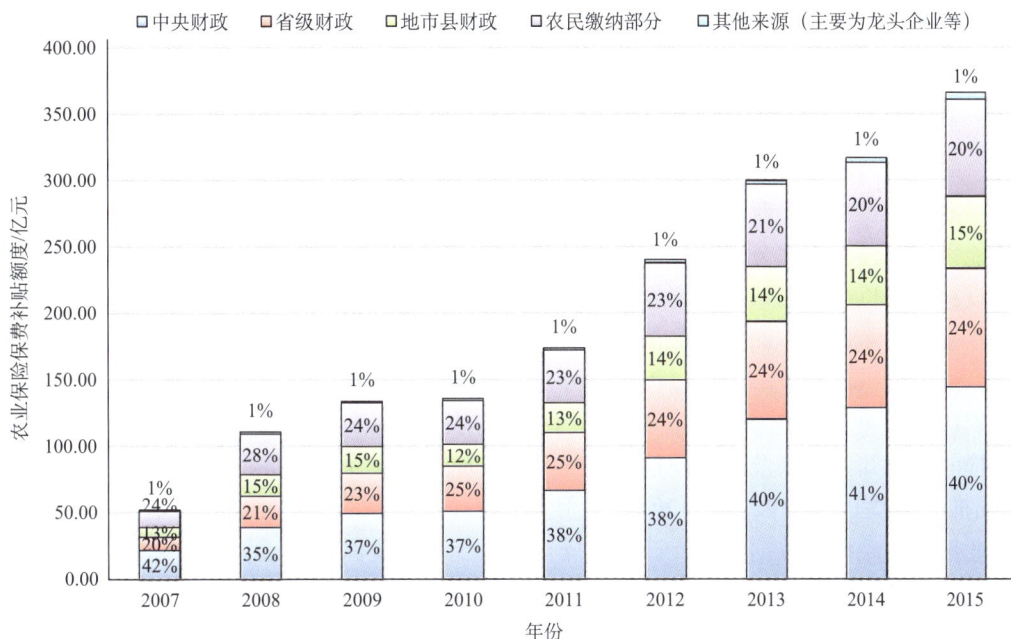

图 1.9 中国各级财政农业保险保费补贴额度与构成

险条例》规定，中国农业保险实施的基本原则是"政府引导、市场运作、自主自愿和协同推进"；中央和地方各级财政对农业保险进行支持，旨在通过对农业保险市场进行干预，使得农业保险的供需能够达到市场均衡点，让农业生产者能够利用保险工具获得基本的风险保障，并在实践参与过程中不断提升保险意识，进一步带动农村保险市场的全面发展，从而实现"农民得实惠、企业得发展、政府得民心"的最终目标。然而，围绕农业保险实施的基本原则，以及其涉及农户、企业(农险经营主体)和政府三方利益相关者的最终目标，当前存在的问题主要包括以下三个方面。

1）政府职能有待明确

中国政府在农业保险中主要发挥三方面的作用：财政补贴、保险监管，以及农、牧、林等部门的专业技术服务。在当前的农业保险工作中，三方面的作用均存在一些问题。

在财政补贴方面，依据"政府引导、市场运作"两大基本政策，中央和地方各级财政部门属于财政补贴资金的出资者。而在实际操作中，为了保障国家公共财政资金真正用于农业保险事业，财政部门通常对农业保险的实际经营过程进行监控和强势干预。在全国绝大多数的省、地市、县级行政区，财政部门均是农业保险领导小组的牵头单位，掌握农业保险的特许经营权，拥有保险费率定价权。近年来，由于农业保险的覆盖面扩大、保额提升，总体保费也持续上升，保费补贴所需要的财政资金也相应提升。在此情况下，部分地区的财政无力承担，在不降低补贴率的条件下，通过强行调低保险费率的方式来解决问题。显然，"政府引导"已完全压倒了"市场运作"。

在农险监管方面，主要存在两方面的问题：一方面，中国农业保险的海量标的对有效监管造成了很大困难。自2007年开始试点以来，全国农业保险在操作模式上进行了多种尝试，从最早的按县"统保、统赔"逐步过渡到以行政村签订保单、另附分户清单的承保、理赔"双到户"经营规范。尽管如此，在过去的几年中，仍然有多地多次出现了农业保险违规套取财政资金的问题。农业保险基础标的信息的缺失，广泛存在的农田、草场和山林临时性、非正式流转，均为有效监管造成了很大困难。另一方面，农险业务准入门槛不高（杜文岚，2015）。农险业务的准入多考虑上级公司的整体实力，而缺乏对公司服务能力、技术能力的审核，大部分基层公司缺乏专业性人才和设备，基层服务网点少，甚至部分公司在没有正式机构的县域地区开展农险业务。

在专业技术协作方面，农业保险标的的特殊性要求在保险实务的承保、查勘定损环节，以及防灾减灾和风险防范过程中充分发挥种植业、养殖（畜牧）业与林业生产的专业知识。农（种植）业、牧业和林业的职能部门掌握着农业保险的基础标的信息，生产实践、防灾减损的专业知识，以及损失评估鉴定的专业技能。农业保险实务操作离不开这些部门的"协同推进"（庹国柱和朱俊生，2014）。但实务操作中存在以下两方面的问题：一方面，缺乏农业保险基础标的数据信息支撑业务操作。对于种植业保险而言，基础标的信息涉及农业、统计、国土资源等多个部门，数据差别较大。对于森林保险而言，虽然国家森林资源二类调查制备了详细的森林资源空间矢量数据，但该数据涉密不向公众公开，且与集体林权制度改革的森林资源确权结果没有任何关联。另一方面，上述政府职能部门与农险经营主体的协作机制尚未成熟。其核心问题是向"政策性"农业保险提供的专业技术服务如何定位。多数职能部门认为，这是向保险公司的商业行为提供的额外服务，不属于政府公共事业范畴，应按照商业标准进行收费；而保险公司则认为，向"政策性"农业保险提供的支持，本身就属于政府部门的公共服务职能。在种植业和养殖业方面，经过几年的协作，形成了由基层保险公司以专业技术人员劳务报酬的形式支付服务费用的协作方式。森林保险则尚处于磨合阶段，基层经营主体多利用"防灾费"的形式向林业部门支付服务费。

2）农户意识有待增强

"低保障、广覆盖"的基本特点使得全国每年有2亿多农户参与到农业保险中，保险意识有了一定程度的提升。然而，农民的受教育水平、家庭经济情况，以及农险当前行政村级以下分户清单制的操作方式，使得农户在农业保险实践过程中的参与深度不足，对农业保险的理解水平仍然有限。实证研究表明，在农业保险实施5年后（2011年），湖南地区能够准确说出水稻保险保额、免赔、灾因、补贴率和应缴保费的农户仅分别占50%、43%、23%、40%和52%；而农户真正参与理赔过程、实际收到过农业保险赔款，是影响其对农业保险条款认知水平（Ye et al.，2016）和参保积极性的重要因素（Wang et al.，2015）。而在理赔环节中，缺乏标准、随意调整、可操作空间大，则严重影响了农户对农业保险的认可度和信任度（杜文岚，2015），扭曲了农户对保险工具的认识，为农业保险的深入开展、农村保险市场的拓展埋下了隐患。

3）公司技术水平有待提高

中国农业保险涉及的品种众多、灾因复杂，地区性差异明显，农业保险经营主体的专业知识与技术水平无法满足现实条件提出的需求。在当前财政强势的基本形势下，农业保险市场竞争的核心演变为政治资源竞争，而忽视保险服务与基础设备、人员和管理方面的能力建设(杜文岚，2015；刘宽，1999)。承保环节缺少基础标的信息(周延礼，2012)，基层营销网络不健全；查勘、定损等环节缺少技术和设备的支持，主要依靠人力和协商；风险管控环节缺少历史损失数据积累，定量风险评估和费率厘定工作缺失；业务拓展和产品开发环节只注重保费增量，而不关注其背后的风险水平。因此，"企业得发展"的目标仅仅在保费规模上得到了实现，而保险经营所依赖的技术水平却进展相对缓慢。

2. 解决农业保险发展问题的技术建议

当前，与农业保险相关的职能部门、行业从业人员及专家学者已针对上述农业保险中出现的问题提出了建议。农业保险的深入发展，必须进一步在制度设计、经营模式、管理体制上进行提升。而在制度顶层设计的同时，也必须做好支撑农业保险的基础技术工作，主要包括以下三个方面。

(1)准确"核保"：建立农业保险标的基础信息库。空间位置属性是农业保险标的、特别是种植业保险与森林保险标的唯一身份标识。在国家基础地理信息库的基础上，结合遥感对地观测技术，建立农业保险标的空间数据库、关联空间数据库和权属信息库，使其成为农业保险承保、核损、理赔和监管的核心基础信息，实现承保、理赔双"落地"。

(2)精细"核险(灾)"：定量评估风险、准确厘定费率、编制农业保险区划。全面整合数据资源，建立农业保险损失数据库；针对主要险种开展定量风险评估工作，研制符合中国国情的农业风险模型，科学厘定农业保险费率，编制农业保险综合区划，为区域保险定价、创新性产品设计、巨灾风险安排和业务拓展提供客观依据。

(3)高效"核损(赔)"：发展农业保险准确、快速核损技术。在现有农业、畜牧和林业专业技术人员实地查勘的基础上，制定农业保险损失核定的技术规范，加快发展基于地面抽样、航空和卫星遥感数据同化的农业保险损失快速核定技术，提升保险公司技术水平、提高农业保险公信力。

参 考 文 献

陈绍志，赵荣. 2013. 发达国家森林保险发展经验. 世界农业，(8).

杜文岚. 2015. 我国种植业农业保险问题成因分析. 农技服务，(01)：7.

方伟华. 2012. "海南省橡胶树风灾指数保险研究与试点"项目成果总结. 北京：北京师范大学.

郭永利，程殿，王安然，等. 2007. 中国农业风险管理报告，中国风险管理报告. 北京：中国财政经济出版社.

国务院办公厅. 2006. 国务院关于保险业改革发展的若干意见.

刘宽. 1999. 我国农业保险的现状、问题及对策. 中国农村经济，(10)：53-56.

娄伟平，吴利红，倪沪平，等. 2009. 柑橘冻害保险气象理赔指数设计. 中国农业科学，42(04)：1339-1347.

人民网. 2007. 中央财政10亿元补贴农业保险. http://paper.people.com.cn/rmrb/html/2007-04/15/content_ 12793630.htm.

庹国柱，朱俊生. 2014. 完善我国农业保险制度需要解决的几个重要问题. 保险研究，(2)：44-53.

庹国柱. 2012. 我国农业保险的发展成就、障碍与前景. 保险研究，(12)：21-29.

项俊波. 2015. 中国农业保险发展报告. 天津：南开大学出版社.

易泺泺，王季薇，王铸，等. 2015. 草原牧区雪灾天气指数保险设计——以内蒙古东部地区为例. 保险研究，(5)：69-77.

中国保险监督管理委员会. 2007. 北京、湖南制定政策性农业保险制度方案.

周延礼. 2012. 我国农业保险的成绩、问题及未来发展. 保险研究,(5): 1-9.

朱俊生. 2011. 中国天气指数保险试点的运行及其评估——以安徽省水稻干旱和高温热害指数保险为例. 保险研究, (03): 19-25.

Barnett B J, Barrett C B, Skees J R. 2008. Poverty traps and index-based risk transfer products. World Development, 36(10): 1766-1785.

Barnett B J, Mahul O. 2007. Weather index insurance for agriculture and rural areas in lower-income countries. American Journal of Agricultural Economics, 89(5): 1241-1247.

Barnett B J. 2000. The U. S. federal crop insurance program. Canadian Journal of Agricultural Economics, 48(4): 539-551.

Bobojonov I, Aw-Hassan A, Sommer R. 2014. Index-based insurance for climate risk management and rural development in Syria. Climate and Development, 6(2): 166-178.

Book P. 2014. Potential of the Global Agro (Re) Insurance Market Population: Food Supply and Insurance. Singapore: Presentation at the Asia Pacific Agriculture Insurance Forum 2014, 2 Sep 2014.

Chantarat S, Mude A G, Barrett C B, et al. 2013. Designing index-based livestock insurance for managing asset risk in Northern Kenya. Journal of Risk and Insurance, 80(1): 205-237.

Coble K H, Barnett B J. 2012. Why do we subsidize crop insurance? American Journal of Agricultural Economics, 95(2): 498-504.

Doherty N, Richter A. 2002. Moral hazard, basis risk, and gap insurance. Journal of Risk and Insurance, 69(1): 9-24.

European Commission. 2008. Agricultural Insurance Schemes. http://ec. europa. eu/agriculture/analysis/external/insurance/. [2015-06-27].

Goodwin B K, Smith V H. 2013. What harm is done by subsidizing crop insurance? American Journal of Agricultural Economics, 95(2): 489-497.

Halcrow H G. 1949. Actuarial structures for crop insurance. Farm Economics, 31(3): 418-443.

Hess U, Skees J R, Stoppa A, et al. 2005. Managing Agricultural Production Risk: Innovations in Developing Countries. The World Bank, Agriculture and Rural Development Department, Report.

Ibarra H, Skees J. 2007. Innovation in risk transfer for natural hazards impacting agriculture. Environmental Hazards, 7(1): 62-69.

Iturrioz R. 2009. Agricultural Insurance//Wehrhahn R. World Bank Primer Series on Insurance.

Leblois A, Quirion P, Alhassane A, et al. 2014. Weather index drought insurance: an ex ante evaluation for millet growers in Niger. Environmental and Resource Economics, 57(4): 527-551.

Mahul O, Stutley C J. 2010. Government support to agricultural insurance: challenges and opportunities for developing countries. Washington, DC: The World Bank.

Miranda M J, Farrin K. 2012. Index insurance for developing countries. Applied Economic Perspectives and Policy, 34(3): 391-427.

Miranda M J. 1991. Area-yield crop insurance reconsidered. American Journal of Agricultural Economics, 73(2): 233-242.

Norton M T, Turvey C, Osgood D. 2012. Quantifying spatial basis risk for weather index insurance. The Journal of Risk Finance, 14(1): 20-34.

Pelka N, Musshoff O, Finger R. 2014. Hedging effectiveness of weather index-based insurance in China. China Agricultural Economic Review, 6(2): 212-228.

Qartar Re. 2014. Crop Insurance products and a global overview. Zurich: Presentation prepared for the training course for PICC Property and Casualty Company Limited, 14 Aug 2014.

Schneider K, Roth M. 2013. Growing Premium. Insider Quarterly, Q-Re. www. insiderquarterly. com/growing-premium[2015-01].

Shi P J, Tang D, Liu J, et al. 2008. Natural disaster insurance: issues and strategy of China//Scawthorn C, Kobayashi K. Asian Catastrophe Insurance. London: FIAGSTONERE: 79-93.

Skees J R. 1999. Agricultural risk management or income enhancement? Regulation, 22(1): 35-43.

Smith V H, Glauber J W. 2012. Agricultural insurance in developed countries: where have we been and where are we going? Applied Economic Perspectives and Policy, 34(3): 363-390.

Swiss Re. 2013. Partnering for food security in emerging markets. Sigma, 2013(1): 28.

Swiss Re. 2014. Innovation in Agriculture Insurance. Zurich: Presentation Prepared for the Training Course for PICC Property and Casualty Company Limited, 14 Aug 2014.

Turvey C G, Mclaurin M K. 2012. Applicability of the Normalized Difference Vegetation Index (NDVI) in index-based crop insurance design. Weather, Climate, and Society, 4(4): 271-284.

United Nations. 2007. Developing Index-based Insurance for Agriculture in Developing Countries. New York: Sustainable development innovation briefs, Issue 2, March.

Wang M, Ye T, Shi P. 2015. Factors affecting farmers' crop insurance participation in China. Canadian Journal of Agricultural Economics, 64(3): 479-492.

Ye T, Liu Y, Wang J, et al. 2017. Farmers' crop insurance perception and participation decisions: empirical evidence from Hunan, China. Journal of Risk Research, 20(5): 1-14.

第2章 农业自然灾害保险区划体系[*]

农业自然灾害保险区划体系是基于区域灾害系统理论与保险基本原理建立的，利用区划的方法，在对自然灾害风险定量评估、对保险关键定价参数厘定的基础上，对其空间分异规律进行展示的系统工作。本章主要介绍农业自然灾害保险区划的理论与实证基础、农业自然灾害保险区划的体系，以及农业自然灾害保险区划的方法。

2.1 农业自然灾害保险区划的理论与实证基础

农业自然灾害保险区划建立在区域自然灾害系统理论与保险经营的基本原则之上。区域性是农业自然灾害损失与风险的基本特征，"区域决定风险"；风险高低决定其转移成本的高低，是保险实现平等互惠式风险交易的重要前提，"风险决定费率"。中国农业自然灾害系统所呈现出的鲜明的空间分异特征，构成了中国农业自然灾害保险区划的实证基础。

2.1.1 农业自然灾害保险区划的理论基础

1. 区域性是农业自然灾害风险的基本特征

依据区域灾害系统理论，自然灾害灾情是区域特定孕灾环境、致灾因子与承灾体相互作用的结果(史培军，1991，1996)。其中，孕灾环境是由大气圈、岩石圈、水圈、物质文化(人类-技术)圈所组成的综合地球表层环境。致灾因子是孕灾环境中不稳定的、波动超过特定阈值而对承灾体形成打击影响的异变因子。承灾体则是致灾因子打击的对象，包括人类本身及所在的社会经济系统，以及各种自然资源与环境。对于农业自然灾害而言，孕灾环境主要指农业生产所处的特定区域内的地貌、水文、气象、植被、土壤，以及人类农业生产活动构成的综合环境。农业自然灾害的致灾因子以水文-气象和地表过程灾害为主，通常包括暴雨、洪水、内涝、干旱、大风、冰雹、霜冻、野火、滑坡、崩塌、泥石流等。农业自然灾害的承灾体主要是农业生产经营的对象，通常可分为与种植业对应的农作物、与养殖(畜牧)业对应的畜禽、与林业对应的森林、与渔业对应的各类水产。

农业自然灾害风险是对农业自然灾害灾情不确定性的表达。农业自然灾害风险由农业自然灾害系统各因子综合作用而形成，其过程可分为两个阶段：一是，不稳定的孕灾环境中的气象-水文等异变因子突破其临界阈值，形成致灾因子的过程，也被称为"致灾过程"，其结果是随机产生的致灾因子类型和强度，其不确定性通常用致灾因子的"危险性"进行描述。二是，致灾因子作用于农业承灾体，形成打击、造成损害的过程，也被称为"成害过

---

* 本章撰写人：叶涛、史培军、王平、王俊、王静爱。

程"；而打击强度与损失程度之间的关系则通常用"脆弱性"进行定量描述。农业自然灾害风险的大小由孕灾环境稳定性、致灾因子危险性和承灾体脆弱性共同决定。

区域性是农业自然灾害系统的基本特征，也是其损失和风险的基本特征。地球表层圈的基本属性决定了孕灾环境的区域差异性；而作为农业的致灾因子，特别是影响农业的水文-气象致灾因子也相应表现出鲜明的区域特征。对于承灾体而言，农业生产过程尽管在一定程度上受到人类技术与生产方式的影响，但生产对象较其他自然灾害的承灾体仍具有更强的对自然环境的依赖性，在很大程度上受到地貌、水文、气象、植被、土壤等的制约而展现出很强的时空分布特征。因此，农业自然灾害的要素均服从特定的空间分布规律；而农业自然致灾因子与承灾体的时空耦合则决定了农业自然灾害灾情的时间与空间分布特征，也决定了致灾过程、成害过程与风险的时空分布特征。

农业自然灾害损失及其风险的区域性与空间尺度密切相关，这是由农业自然灾害孕灾环境中各类要素的空间分异规律及尺度特征决定的。气候特征及农业气象条件在空间上展现出更好的地带性与空间递变规律，对农业自然灾害形成"自上而下"的影响，决定了农业自然灾害承灾体及气象致灾因子的大尺度分布规律。地形、地貌等地表环境要素则可能表现出很强的局地差异性，使得农业自然灾害承灾体分布呈现出局地的破碎格局，并在局地对致灾强度造成"自下而上"的影响（Heyerdahl et al.，2001），从而使自然灾害灾情也呈现出更强的个体化特征。水文、土壤等要素影响的空间特征则更多介于前述两者之间。人类活动，特别是农业生产方式和经营水平，则可能进一步对农业自然灾害损失及其风险的空间特征造成影响（Fry and Stephens，2006）。这些自上而下和自下而上影响要素的交互作用，决定了农业自然灾害损失在不同空间尺度上所展现出的地带性与非地带性特征（Peters et al.，2004）。在地形地貌条件异质性较小的区域，农业自然灾害损失可能更多地受到自上而下因素的影响，呈现出较好的区域均质性与空间上的渐变性。在地形地貌破碎地区，损失则会在大的递变性前提下呈现出空间上的异质性与不连续性。

因此，从灾害系统理论的角度来理解，自然灾害保险区划的第一理论基础是"区域决定风险"。认识区域自然灾害发生发展的时空分布规律，认识区域自然灾害的类型、强度、造成损失的基本特征，是进行综合自然灾害风险防范及自然灾害保险的重要科学依据。

2. 风险决定费率是保险经营的重要原则

保险是投保人与保险人之间平等互惠的风险交易（Arrow，1965；Borch，1962；Gollier，2003）。保险费率与风险水平的对等是实现互惠的基本条件，也是控制逆选择的重要手段。保险定价的基本原理指出，投保人所需要缴纳的精算公平保费应为保险合同所约定的保险赔付的期望值（Cummins，1991）；在此条件下，投保人的最优决策是选择足额保险，将风险实现完全转移，达到保险转移风险的第一最优（Varian，1992）；其成立的前提包括完全竞争的保险市场、无交易费用、信息对称等一系列理想条件。

在现实条件下，由于保险标的之间的风险高低差异、投保人与保险人在标的风险上的信息不对称，使风险决定费率的重要原则难以得到实施，逆选择问题相应产生（Rothschild and Stiglitz，1976）。在难以针对标的风险差异实施差别化费率的情况下，会相应出现不同风险水平的投保人交叉补贴（cross-subsidization，即低风险投保人缴纳高于其风险水平的保费、用于补贴高风险投保人相对于其风险水平少缴纳的保费)的现象,导致低风险标的选择不足额保险,甚至退出保险市场,风险得不到有效转移(Rothschild and Stiglitz, 1976)。

解决保险标的风险高低差异、信息不对称条件下风险与费率对等问题的关键手段是实现对不同标的风险水平的识别,以及相应的保费差别化。对于农业保险而言,农业自然灾害风险的区域性,为依据区域进行风险高低识别和差别化定价提供了可能性。因此,从保险经营的基本原理出发,农业自然灾害保险区划的第二理论基础则是"风险决定费率"。

2.1.2 中国农业自然灾害保险区划的实证基础

1. 中国农业自然灾害综合区划的编制

中国地域广阔,农业自然灾害的孕灾环境、致灾因子和承灾体的时空分布决定了农业自然灾害具有显著的区域差异,这一区域差异则成为编制中国农业自然灾害保险区划的实证基础。以全国1:400万地貌类型图,表征农业自然灾害孕灾环境的空间分异;以全国1:400万土壤类型图代替土地利用类型图,表征农业自然灾害承灾体的空间分异;以全国县级行政区划灾情库数据,表征农业自然灾害致灾因子和灾情的空间分异,生成了全国农业自然灾害基本单元的基础图件。在全国1445个农业自然灾害区划基本单元的基础上,将全国划分成6个农业自然灾害大区(带)、26个农业自然灾害区(亚区)和110个农业自然灾害小区(王平,1999;王平和史培军,2000),以充分展示中国农业自然灾害的区域分异规律(图2.1、表2.1)。

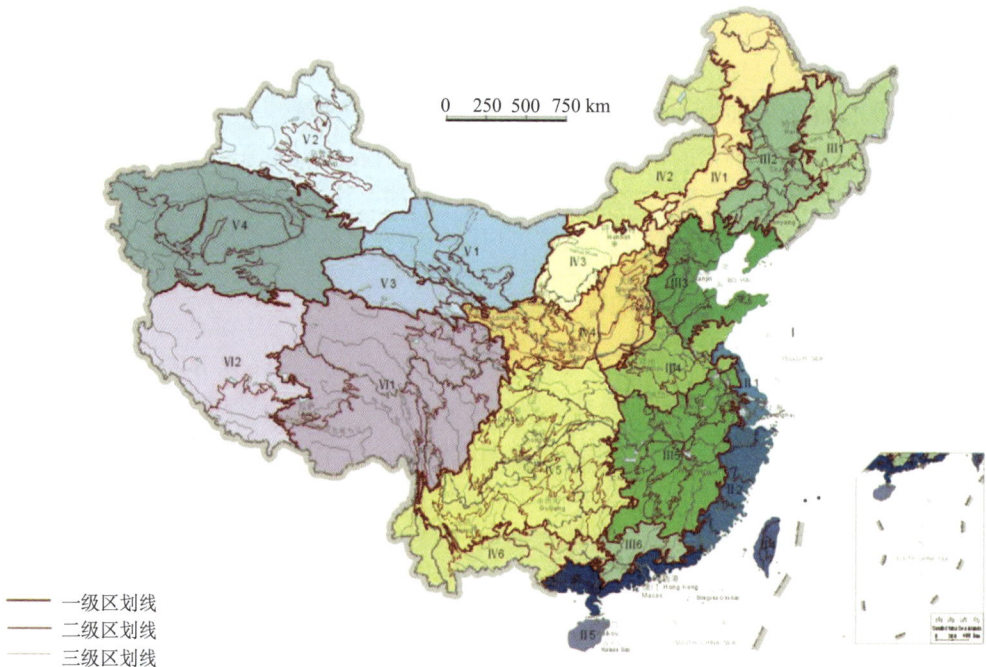

图 2.1 中国农业自然灾害综合区划方案(史培军,2003)

表 2.1　中国农业自然灾害综合区划特征

一级区	二级区	灾种数	被灾范围	强度	总灾次	旱灾灾次	水灾灾次
Ⅰ海洋区		无详细数据					
Ⅱ东部沿海区	Ⅱ1 苏沪沿海	22	1 655	1 054	754	69	299
	Ⅱ2 浙闽沿海	24	3 079	2 249	1 286	255	559
	Ⅱ3 粤桂沿海	23	2 134	1 373	839	130	383
	Ⅱ4 台湾岛	暂缺数据					
	Ⅱ5 海南岛	7	114	95	54	17	19
Ⅲ东部区	Ⅲ1 三江平原及长白山地	20	730	491	388	32	219
	Ⅲ2 松辽平原	24	2 043	1 372	1 023	169	357
	Ⅲ3 环渤海平原	26	5 846	3 658	3 077	415	799
	Ⅲ4 黄淮平原	27	6 541	4 163	3 740	846	1 407
	Ⅲ5 长江中下游平原及江南丘陵	34	11 500	5 968	4 956	949	2 151
	Ⅲ6 南岭山地	20	1 209	762	495	73	231
Ⅳ中部区	Ⅳ1 大小兴安岭山脉	21	734	673	532	120	164
	Ⅳ2 内蒙古高原	13	358	309	226	55	23
	Ⅳ3 鄂尔多斯高原	18	684	626	393	148	50
	Ⅳ4 黄土高原	35	5 048	3 547	2 894	656	878
	Ⅳ5 西南山地丘陵	32	10 451	6 332	5 042	1 112	1913
	Ⅳ6 滇南广西山地	23	1 718	1 257	1 049	334	291
Ⅴ西北区	Ⅴ1 蒙甘高原山地	17	351	349	237	57	47
	Ⅴ2 北疆山地沙漠	20	458	538	321	17	35
	Ⅴ3 柴达木盆地	9	171	123	102	16	21
	Ⅴ4 南疆戈壁沙漠	14	476	545	419	20	116
Ⅵ青藏区	Ⅵ1 川西藏东山谷	22	825	782	490	69	80
	Ⅵ2 藏西高原谷地	10	143	81	65	6	3

资料来源：史培军，2003。

2. 中国农业自然灾害的区域分异规律

1) 中国农业自然灾害的一级分异首先是东西分异

中国农业自然灾害的最高级的分异表现为东西分异，大致从黑龙江黑河到云南腾冲的连线将中国划分成自然灾害迥然不同的两个部分，这条线就是著名的"胡焕庸线"(人口线)。该线以东，自然灾害多度大、范围广、强度大、灾情重，主要灾害类型为暴雨、旱灾、冰雹、洪水等；该线以西，自然灾害多度小、范围小、强度小、灾情轻，自然灾害主要为旱灾、冰雹、暴雨、积雪、暴风雪、洪水等(表 2.2)。

表 2.2　中国农业自然灾害东西部分异对比

排序	东部区			西部区		
	灾害类型	总计次数	占总数/%	灾害类型	总计次数	占总数/%
1	暴雨	5 323	20.928	旱灾	500	16.938
2	旱灾	5 065	19.914	冰雹	481	16.294
3	冰雹	3 355	13.190	暴雨	379	12.839
4	洪水	3 078	12.101	积雪	291	9.858
5	暴风	1 608	6.322	暴风雪	265	8.977
6	稻虫	1 398	5.496	洪水	212	7.182
7	涝灾	908	3.570	暴风	181	6.131
8	棉虫	715	2.811	麦虫	151	5.115
9	麦虫	687	2.701	地震	140	4.743
10	台风	598	2.351	动物病害	47	1.592
总计		25 435	100.000		2 952	100.000

资料来源：王平，1999。

自然灾害的空间分布主要归因于自然与人文地理环境的影响。在东部区，大部分地区为中国第三级阶梯，地势低平，多平原、丘陵、低山，为东南季风和西南季风的主要影响区域。同时，人类活动历史悠久，人口密集，资产集中，人类活动强度大，复种指数高，耕作密集，水田、旱地、坡地、岗地均被开发利用，土地的承载压力大，形成了自然灾害易发、频发、强度大的特点。西部为第一、第二级阶梯，海拔高，气候或寒或旱，水分稀缺，自然环境劣于东部区。进而，西部人口密度小，活动强度小，主要发展绿洲农业或高寒作物农业，土地的承载压力小，虽然致灾因子种类不少，强度也大，但形成灾情的程度远小于东部区。

2）东部区农业自然灾害呈现由东向西、由北向南的交错带状分布

在东部区内，自然灾害主要呈由东向西、由北向南的交错带状分布格局。由东向西可以划分出沿海区、东部平原丘陵区、中部山地区等；由北向南可以划出松嫩平原、太行山-伏牛山、淮河下游平原、两湖平原以及岭南粤闽山地等几个重灾区，冀北山地、江苏、湘赣南部、云南、海南为次重灾区，山东半岛、浙江、川黔桂、台湾等则为轻灾区。在东部区，值得注意的有以下几点：第一，黄淮海平原农业自然灾害灾情低；第二，浙江省境内的农业自然灾害灾情低；第三，鄂川黔桂连成农业自然灾害低值区；第四，四川西南部、云南东北部连成农业自然灾害相对高值区。

3）西部区农业自然灾害呈现南北分异，新疆及河西走廊沿线为相对高值区

西部区农业自然灾害整体较东部区低，但在局部地区，仍表现出较高的特点。新疆与河西走廊的农业自然灾害高于南部的青藏高原和东部的内蒙古区。

2.2 农业自然灾害保险区划的体系

农业自然灾害保险区划是以农业自然灾害风险为基础，服务于农业自然灾害风险防范和农业保险经营管理及决策的区划。从类型上讲，农业自然灾害保险区划属于典型的多要素、多指标区划。自然灾害损失风险(外部损失风险)、保险损失风险及保险定价基本参数是构成农业自然灾害保险区划的三类关键要素。

2.2.1 农业自然灾害保险区划的目标与任务

1994 年，国家科学技术委员会(简称"国家科委")、国家发展计划委员会(简称"国家计委")、国家经济贸易委员会(简称"国家经贸委")自然灾害综合研究组最早提出了"保险区划"的概念，"保险区划是以自然灾害风险为基础的，为保险企业经营管理和决策服务的区划"(国家科委自然灾害综合研究组，1998)。在这一框架下，保险区划包括灾害分析(自然灾害风险程度分析、自然灾害巨灾风险程度分析)、保险业务分析(保险业务现状分析和保险潜力、发展方向分析)、分区定价方案(分区、分类厘定费率)、风险防范对策(保险责任制定与保险风险防范途径研究)4 个方面。

农业自然灾害保险区划是服务于农业自然灾害风险防范与农业保险业务实践的一类综合性区划。其核心目标是揭示农业自然灾害风险的区域分异规律，科学厘定不同风险区域的费率，从而指导区域农业自然灾害风险防范与保险业务实践工作。

农业自然灾害保险区划的主要任务是，通过科学的风险评估，揭示区域自然灾害风险区域分异规律，包括农业自然致灾因子的类型组合、频率、强度、风险等，为民政、农业、气象等相关政府部门开展农业综合规划、综合防灾减灾(包括设防、备灾、应急及恢复)等相关工作提供决策依据；在此基础上分区准确测算种植业保险业务经营实践的关键参数，包括保险损失风险、纯风险损失率(即精算公平费率)、最大可能损失等，为农业保险经营主体的市场空间布局、定价与再保险安排、主动防灾防损等业务管理提供依据。

2.2.2 农业自然灾害保险区划的结构

农业自然灾害保险区划的目标和任务决定了其属于典型的多要素、多指标区划(图2.2)。与种植业保险定价和区划密切相关的要素包括三类风险和一组保险定价参数。

农业综合自然灾害风险：一般意义上的农业自然灾害风险，是特定区域内影响农业生产的各类自然灾害风险的集合。正如前文所述，农业综合自然灾害风险由区域灾害系统的要素(孕灾环境、致灾因子、承灾体)与过程(致灾、成害)共同决定。由综合自然灾害风险的区域分异规律即可编制农业综合自然灾害(风险)区划(如"中国农业自然灾害综合区划")，用于指导区域农业自然灾害风险防范。

保险责任内的农业因灾损失风险(以下简称"灾损风险")：农业自然灾害风险的一个子集，是灾因、灾害打击对象(保险标的)、时间范畴(保险时期)、空间尺度均与保险合

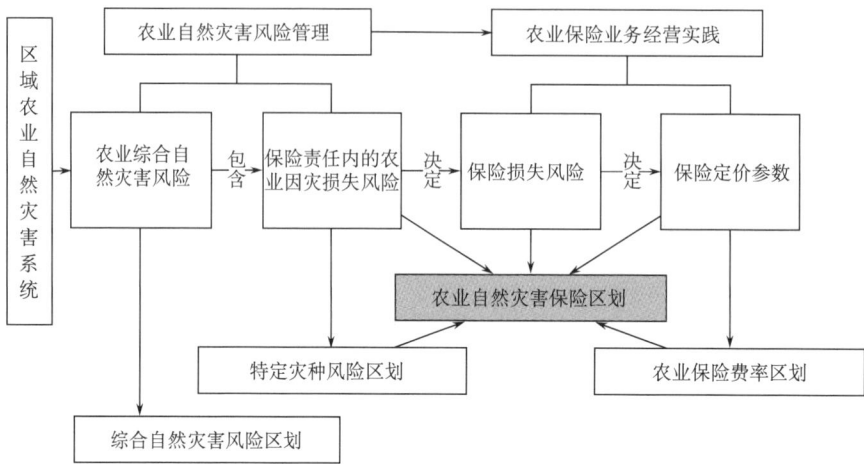

图 2.2　农业自然灾害保险综合区的要素组成（王季薇等，2016）

同条款规定相一致的那部分自然灾害风险。在保险行业内，与保险损失相对应的实际损失通常称为"外部损失"；因此灾损风险也可相应地称为"外部损失风险"。灾损风险是特定灾种（单灾种）或规定的几种灾种（多灾种）风险，根据其空间分异规律即可编制农业自然灾害风险区划；除服务政府职能部门外，此类区划也是农业保险经营主体参与防灾减损、减少保险损失的重要依据。

保险损失风险：与灾损风险（或外部损失风险）相对应的概念，是指农业保险经营主体因承保农业自然灾害风险、进行保险赔付而蒙受损失的风险。保险损失风险由外部风险决定，可依据保险合同中起赔、免赔等条款的具体规定而计算得到；但在多数情况下，两者之间不完全等价。在业务层面，由定量评估得到的保险损失风险是指导保险业务布局、保险定价、再保险安排等保险实务的重要依据。

保险定价参数：保险行业中广泛使用的年期望损失、最大可能损失（或重现期损失）、保额损失率、纯风险损失率、风险附加费率（或安全系数）等。这些参数由保险损失风险曲线的特征值计算得到。在应用中，保险定价参数较保险损失风险曲线更简便地为保险人提供决策依据。在区划编制和使用中，当前研究中有以种植业保险费率的空间分异规律为基础编制的费率类型区划。

上述四要素的逻辑关系如下：农业综合自然灾害风险包含与保险责任对应的灾损风险；灾损风险的大小决定了保险损失风险的大小；保险损失风险决定着保险定价参数，而保险损失风险的大小直接决定了纯风险损失率的高低。这一逻辑关系严格遵循了农业自然灾害保险经营中"区域决定风险""风险决定费率"的两大基本原则。四要素中，农业综合自然灾害风险与灾损风险及其对应的风险区划可直接服务于政府职能部门的防灾减灾工作，也可指导农险经营主体的直接防灾减损；而保险损失风险与保险定价参数则服务于经营主体的实务操作。

从与农业自然灾害保险经营实践的关系程度上看，农业自然灾害保险区划应表达三类要素的空间分异规律；从区划构成上看，农业自然灾害保险区划可以被看作是特定灾种因灾减产风险区划和保险费率类型区划的综合。因此，农业自然灾害保险综合区划的内涵由组分的时间尺度、空间尺度和计量指标共同确定(表2.3)。

表 2.3 农业自然灾害保险区划各组分的界定方式及其内涵

特征	灾损风险/外部损失风险	保险损失风险	保险定价参数
时间尺度	事件、保险时期、年	事件、保险时期、年	保险时期、年
空间尺度	保险标的个体、各级分辨率的空间格网、各级自然地理单元、各级行政区划单元	保险标的个体、各级业务经营的行政区划单元	各级业务经营的行政区划单元
计量指标	个体损失(实物单位)、损失率(%) 单位面积损失(实物单位)、损失率(%) 区域总损失(实物单位)、损失率(%)	个体标的赔付(元)、区域总赔付(元)	年期望损失(元)、最大可能损失/重现期损失(元)、纯风险损失率、重现期保额损失率
计量方式	{<概率，损失>}矩阵、超越概率曲线、统计特征值	{<概率，损失>}矩阵、超越概率曲线、统计特征值	统计特征值
估计方法	风险评估模型	基于业务数据的保险精算模型；或依据对应的灾损风险估算	依据对应的保险损失风险计算

从表2.3中可知，灾损风险(外部损失风险)、保险损失风险与保险定价参数由于其服务目标不同、估计方式不同，在各个维度上存在多样化的界定方式。其具体分析如下。

1) 灾损风险(外部损失风险)

灾损风险(外部损失风险)在各个维度上的界定拥有最大灵活性。在时间尺度上，可以是单次事件的风险、特定保险时期的风险或是自然年内的风险。在空间尺度上，可以是单一的保险标的、各级分辨率的空间格网，也可以是各级自然地理单元，或是各级行政区划单元。灾损风险对应的损失计量指标通常是个体、单位面积或区域总体的因灾损失，以实物单位计量，在农业自然灾害中常见的单位包括种植业的 kg/亩，畜牧业的头/只，或林业的公顷(hm^2)；或经过归一化后利用损失率(%)进行计量。灾损风险的常见计量方式包括{<概率，损失>}矩阵、超越概率曲线或是两者的一些特征值(如重现期损失)。对因灾减产风险的估计必须通过定量风险评估模型才能得到。

在保险区划的编制中，灾损风险的主要作用有两点：一是，基于灾损风险评估结果，结合保险合同的界定，估算保险损失风险。为此，灾损风险评估模型必须要与保险损失风险评估建立很好的接口，即在各个维度的界定上尽可能与保险损失风险保持一致，特别是在时间、空间尺度上；如不能实现完全一致，则需要构建相应的定量转换方法。二是，服务于保险经营主体与政府职能部门的防灾减损行动。围绕这一目标，灾损风险在区划方案的表达中，应以各级行政区为空间单元，以年度为时间单元，以总损失或损失率为计量指标。

2) 保险损失风险

保险损失风险较因灾减产风险拥有明显的经济属性。在保险实践中，保险损失风险的时间尺度一般包括事件、保险时期和年(自然年度和财务年度)三类。在空间尺度和计量指标上，保险损失风险更多地关注不同保险经营单元(通常是各级行政区划单元)上的总损失，而其计量单位则是保险赔付的货币单位(元)。其在风险的计量方式上与灾损风险相同。保险损失风险的估计可使用基于保险业务数据的精算模型，或基于因灾减产风险评估结果进行推导。在保险区划的编制中，保险损失风险的主要作用是决定各类定价参数。由于各项定价参数在指导业务实践过程中更为简便、明了，因此在区划方案的表达中通常不直接体现保险损失风险。保险损失风险是灾损风险和保险定价参数的中间桥梁。

3) 保险定价参数

依据保险定价的基本原则与业务实践的需求，保险定价参数是保险损失风险在保险时期内、特定保险业务经营单元上，依据总保险损失风险导出的特征值。根据行业惯例，最常用的保险定价参数有年期望损失、最大可能损失或重现期损失；纯风险损失率、最大可能保额损失率或重现期保额损失率。其中，年期望损失与对应承保规模的比值即为纯风险损失率，最大可能损失则可帮助保险公司确定其最优分保及资本运作方案。在保险区划的编制中，上述保险定价参数的核心作用是为保险业务经营提供科学依据。这些参数在保险区划方案中都应该进行直接体现。

依据上述分析，进一步梳理了种植业保险区划的结构(图2.3)。在评估层上，必须采用定量方法实现对因灾减产风险、保险损失风险和保险定价参数的评估或估计。针对区划的服务对象与应用目标，应分别从三类信息中分别提取关键指标用于区划，主要包括区域总外部损失风险的特征值、区域总保险损失风险的特征值(即纯风险损失率、重现期损失等关键定价参数)。在区划层，主要通过灾损风险区划和费率类型区划的综合，最终形成综合保险区划，并用于指导保险业务实践和防灾减损实践。

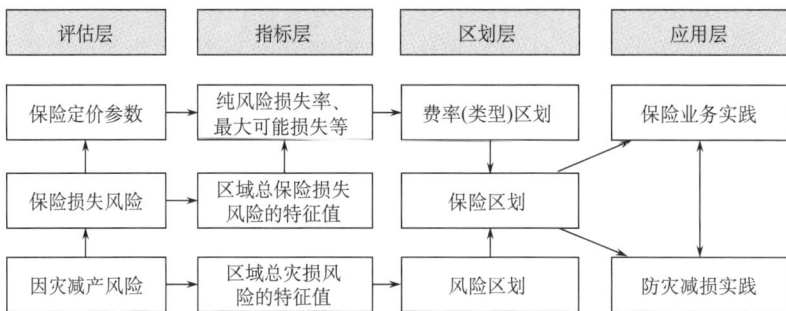

图 2.3　农业自然灾害保险区划的结构

2.3　农业自然灾害保险区划的方法

农业自然灾害保险区划在实施技术流程上，主要包括农业自然灾害风险评估、保险费率厘定与区划三大关键环节。本节系统地阐述农业自然灾害风险定量评估的主要方法，包括基于历史损失数据的直接统计方法、灾害指数模型法、灾害事件模拟方法，以及专门针对种植业保险的作物生长模拟方法；阐述保险损失风险测算和费率厘定中通常采用的个体风险模型和聚合风险模型两类基本框架，以及关键定价参数与保险损失风险的关系；最后介绍农业自然灾害保险区划的总原则、区划方法及技术手段。

2.3.1　农业自然灾害保险区划的技术流程

农业自然灾害保险区划的过程主要包括三方面的工作(图2.4)。

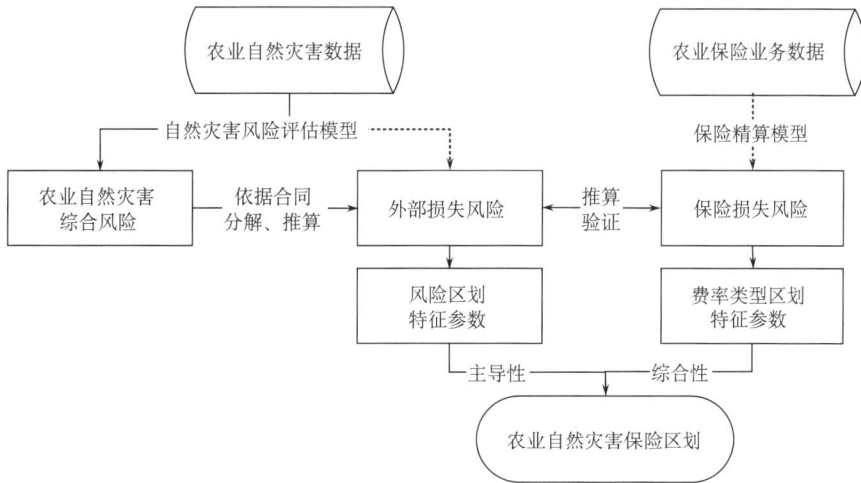

图 2.4　农业自然灾害保险区划的基本流程

1) 农业自然灾害风险定量评价

农业自然灾害风险定量评价的核心是估计保险责任内的灾损风险/外部损失风险。依据区域内农业自然灾害系统数据库，利用农业自然灾害风险评估模型，在与保险条款规定一致的时间、空间尺度和对象上开展评估工作。从农业自然灾害风险评估的经验来看，农业自然灾害系统数据库多由民政和农业部门负责统计和发布，一般情况下，以年度为基本时间单元，包括各灾种类别对农业所造成的相关损失。这些历史灾害损失信息和农业保险损失风险数据有一定相关性，但因在灾种、时间和空间范畴上的差异，难以直接用于评估与保险责任对应的灾损风险(外部损失风险)。因此，在实施过程中，通常首先需要对农业自然灾害综合风险进行评估，在此基础上依据灾因、时间和空间范畴对风险进行调整，以间接方式估计灾损风险(外部损失风险)。

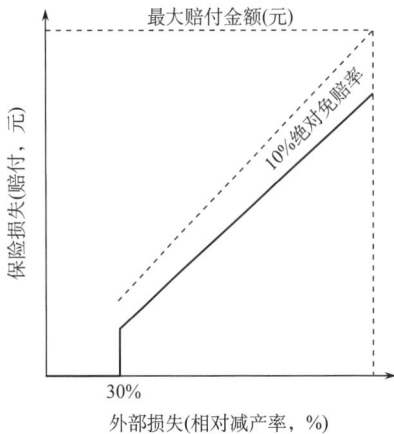

图 2.5 种植业保险外部损失与保险损失
之间的转换关系示意图（叶涛等，2014）

此图以当前中国种植业保险部分省区的实务操作为例。
图中曲线的含义为当地块农作物相对减产率在 30% 以下
时，不予赔付；当减产率超过 30% 时，保险赔付 = 最大
赔付金额×相对减产率×（1−10% 绝对免赔率）

2）农业保险损失风险评估与费率厘定

在拥有充足的历史保险损失数据的前提下，可直接使用保险精算模型，对不同时空尺度的保险损失风险进行直接估计。当保险业务数据短缺，无法支撑保险精算模型运转时，则需要使用上一步评估得到的灾损风险（外部损失风险），结合保险合同对起赔、免赔等条件的界定，估算保险损失风险（图 2.5）。需要特别说明的是，外部损失风险与保险损失风险之间只能在保险标的尺度上依据合同条款实现相互转换。这是因为保险合同对灾害事件损失和保险赔付（损失）的定量转换关系本身就是针对个体保险标的确定的。由于风险不具备直接可加性，区域总灾损风险与总保险损失风险之间的转换关系可能显著区别于保险合同的界定，需要针对区域进行重新估计。

3）农业自然灾害保险区划

在完成农业自然灾害灾损风险（外部损失风险）和保险损失风险评估的基础上，即可依据两类风险评估结果，提取特征值作为区划的指标，通过多指标定量区划方法，进行区域划分，形成以农业自然灾害风险区划为主导、以农业自然灾害保险费率类型区划为综合属性信息的保险区划方案，进而编制区划方案特征表。

2.3.2 农业自然灾害风险定量评估方法

面向农业自然灾害保险区划的自然灾害风险评估的任务是依据保险合同的规定，对特定时空范畴、特定灾种的农业自然灾害损失风险（即灾损风险/外部损失风险）进行建模，其核心是从种植业自然灾害损失中区分出那些"被保险"的部分。相较于传统的自然灾害风险定量评价模型，其对时空范畴和灾种的限定显著地提高了建模的要求和难度，使得农业自然灾害风险模型的研发成为学术机构与产业界共同努力的领域。从当前来看，农业自然灾害风险模型主要有 4 种方法，分别是基于历史损失数据的直接统计方法、灾害指数模型法、灾害事件模拟方法和针对种植业保险的作物生长模拟方法。其中，前两种主要为统计模型，而后两种主要为模拟模型。

1. 基于历史损失数据的直接统计方法

基于历史损失数据的直接统计方法（也常被称为"燃烧分析"，burn analysis）是外部损失风险评估中最为直接的方法。在拥有一定数量的历史损失数据的前提下，可直接通过大

样本或信息不完备条件下的统计分析完成。由于历史损失数据通常包含时间序列，燃烧分析方法一般包括以下两个关键环节 (图 2.6)。

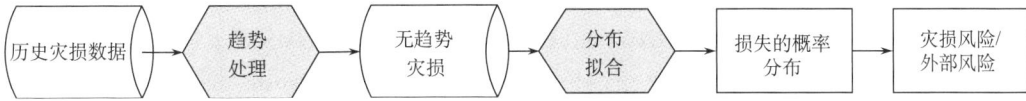

图 2.6　燃烧分析法的典型技术流程 (据叶涛等, 2014; 重绘)

1) 历史损失数据的时间序列分析和去趋势处理

对历史损失数据进行时间序列分析和去趋势处理主要有两层目的。其一，从区域灾害系统的角度而言，历史损失序列存在时间趋势说明系统本身发生着随时间的变化。引起此类变化最为常见的原因是社会经济水平上升、区域防灾能力有所提高。由于风险评估的本质是回顾过去并预判短期的未来，利用去趋势处理，将历史损失折算到当前防灾能力条件下的损失再进行不确定性分析，更符合风险评估的目标。其二，从统计的数学意义上来讲，具有时间趋势的数据属于非平稳时间序列 (Maddala, 2001)，即在时间序列中的不同年份，损失是由不同的随机变量实现得到的。此类历史损失数据序列不具备进行概率密度拟合的基本前提条件 (Wang and Zhang, 2003)。时间序列分析和去趋势处理可以在一定程度上处理非平稳性，至少将历史损失序列转换为"二阶"稳定序列，即至少保证在时间轴上损失的期望值和方差是稳定的。

研究和行业实践中广泛使用的去趋势时间序列分析模型种类繁多，包括最简单的基于时间指数的线性回归、指数线性回归、稳健回归、稳健局部回归 (Cleveland, 1979)，或基于数据序列本身的滑动平均、指数平滑、自回归、自回归综合滑动平均 (Bessler, 1980)、卡尔曼滤波器 (Moss et al., 1993) 等。这些方法在捕捉真实趋势的能力上存在很大差别 (Ramirez et al., 2003; Just and Weninger, 1999)；方法选择会对评估结果造成较大的不确定性 (聂建亮, 2012; Ye et al., 2014)，在实施中应慎重考虑。

2) 无趋势损失数据的概率分布拟合

概率分布拟合的主要目的是寻找能够表征灾损风险随机特征的最佳随机变量。概率密度分布拟合模型主要有 3 类：参数估计模型、准参数估计模型 (Ker and Coble, 2003)、非参数估计模型。在这 3 类模型中，参数估计模型首先假定无趋势损失数据服从某类已知参数形式的概率分布，如常见的正态分布、对数正态分布、韦伯分布等，利用最大似然估计方法对分布的参数进行拟合，再通过拟合优度指标及假设检验 (如卡方检验或 Kolmogorov-Smirnov 检验) 判定拟合效果，并在多种参数分布类型中寻找相对最优。非参数估计模型对产量的概率密度分布不做任何的前提条件假设，概率密度分布的形状完全由产量数据样本的分布特征决定。这种方法可以较好地保留原始数据中包含的信息，但它对数据原始分布反应较为敏感，且需要较大的数据量和计算量。研究中较为常见的非参数估计模型包括核密度估计 (kernel density estimation) (Silverman, 1986) 和信息扩散 (黄崇福, 2005) 两类。一般认为，当样本数大于 30 个时，建议采用非参数估计模型；反之，则建议采用参数估计模型（Goodwin and Ker，1998）。

燃烧分析方法在业界有着广泛的应用。例如，怡安奔福公司（Aon Benfield）在 2011 年发布的中国农业风险模型（王薇，2011）以此方法为基本框架；RMS 开发的中国湖南水稻风险模型中，则使用单产统计模型法的结果作为验证（Stojanovski et al.，2015）。然而，燃烧分析法过分依赖历史数据，仅能获得与历史损失数据对应的风险评估结果，在灾因分解、时空尺度及事件表达等方面具有较大的局限性。首先，在天气条件和自然灾害影响之外，技术进步、气候变化、环境变化等因素同样可能造成农业生产的年际波动和趋势性变化。如何从历史损失中真正识别出与保险责任对应的部分是燃烧分析难以解决的问题。其次，燃烧分析得到的结果在时空尺度上只能与数据保持一致，如使用农户级别数据，则其得出的是农户水平的风险；如使用区域（如县级）数据，则其得出的是县级水平的风险。最后，保险业务实践十分强调的出险事故与灾因在燃烧分析框架下均难以表达，这也导致了该方法在行业实践中受到诟病。

2. 灾害指数模型法

灾害指数模型法是另一类主要依赖统计手段评估外部损失风险的方法。其核心步骤包括（图 2.7）：①通过致灾因子建模，生成若干个可以表达致灾强度的重要参数；②基于致灾强度参数构建灾害指数，并反复进行脆弱性建模，寻找可以很好地解释历史灾害损失的灾害指数，并相应地构建灾害指数与外部损失之间的定量关系；③对优选得到的灾害指数进行概率建模，结合脆弱性定量关系，即可获得外部损失的概率分布，完成外部损失风险评估。与燃烧分析类似，灾害指数模型法建模的空间单元也决定于原始数据本身。由于历史损失数据多依托行政单元，而表征灾害强度的气象、水文等数据多为站点观测资料，两者存在空间单元差异。在实际建模过程中，通常需要将基于站点观测的气象数据进行空间插值，以使两者匹配。

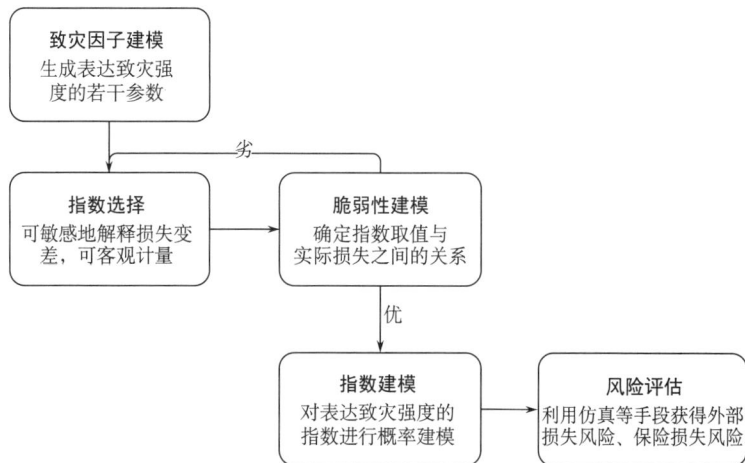

图 2.7 灾害指数模型法的典型技术流程（据叶涛等，2014；重绘）

灾害指数模型法在农业自然灾害风险评估和保险定价中的应用主要顺应了当前对天气指数保险的需求。这类产品的共同特点是保险赔付(保险损失)的发生和度量均依据事前规定的指数确定。在传统农业多灾种保险定价方面，指数模型法也有应用。RMS 公司在针对中国湖南省开发的水稻风险模型中，就以生育期月降水量为关键指数，实现对区县一级水平的外部损失风险评估与保险费率厘定(Stojanovski et al.，2015)。

指数模型法的重要特征是引入灾害指数，从而可以在一定程度上对致灾因子或致灾事件进行有效表达。然而，这一特征也造就了该方法的主要局限性。

(1) 理想指数难以获得。农业自然灾害损失通常是多个自然与人为要素综合作用的结果。当指数模型法应用于多灾种综合保险时，很难找到可以高度解释外部损失变差(如方差解释能力高于 80%)的指数。在专门的指数类保险产品研发过程中，指数模型法也只能应用于地域高度均质、个体损失间高度相关(Chantarat et al.，2009)且个别灾因的损失占主导的区域。

(2) 运用回归方法进行脆弱性建模存在局限性。一方面，多重共线性、变量缺失等现实问题可能严重影响回归的一致性与无偏性(Schlenker and Roberts，2009)，而实践中通常难以保证所有对产量有影响的要素都能以直接变量的形式进入模型(Lobell et al.，2011)。另一方面，尽管部分研究通过在回归模型中增加二次项和交互项的方式(Schlenker and Roberts，2009)，但仍然不足以表达要素对损失影响的复杂非线性关系。

3. 灾害事件模拟方法

灾害事件模型方法是以灾害事件为基础的、对外部损失进行建模的方法。该方法要求在建模过程中清晰地定义特定时期内的每一场灾害，并完全依据当前主流的"致灾因子-脆弱性-暴露"风险定量评估方法进行(图 2.8)。在该建模方法中，对致灾因子危险性建模应至少刻画时间、空间和强度三个维度的概率分布，以实现对致灾因子的可靠仿真。描述致灾强度和灾害损失之间的脆弱性定量关系，可通过对历史灾害事件记录中强度-损失数据的统计、拟合得到，也可通过实验方式或仿真的方法获得。利用仿真生成的大量致灾事

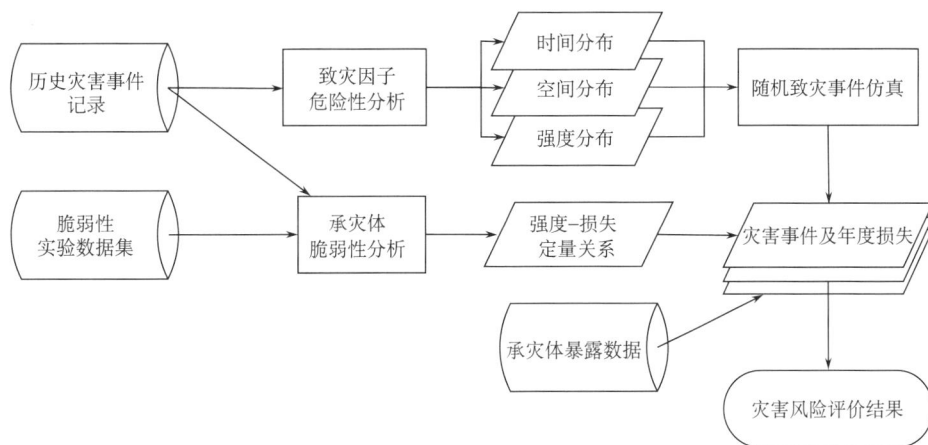

图 2.8　灾害事件模拟方法的典型技术流程

件，结合脆弱性函数计算任意给定致灾事件的损失，即可完成外部损失风险评估。与前述方法相比，灾害事件模型法的空间单元取决于建模对象。对致灾因子的建模通常考虑地理单元或栅格，而对承灾体的表达则可能基于地理单元、栅格或行政单元。因此，其最终输出的风险结果可能是上述3种单元的任意一种。

由于灾害事件模拟方法对致灾事件有清晰的定义，且依据灾害损失形成机理进行建模的科学性较强，这一方法被广泛应用于开发地震、台风、洪水等巨灾模型。在农业保险区划中，灾害事件模拟方法的应用也为灾种导向，成功的案例主要包括美国 AIR 公司在中国开发的农作物风险模型（Zuba，2011，2012）和 RMS 公司为菲律宾开发的水稻台风（引发的洪水）风险模型。

灾害事件模拟方法在农业自然灾害风险评估中的广泛应用还存在如下挑战。

（1）脆弱性建模。对于种植业而言，作物存在一定程度的自我恢复能力，种植业自然灾害的具体损失多在接近收获时才进行测量。例如，作物保险中常用实际产量或收入作为理赔标准。即时性的灾害打击与延迟性的损失测度对脆弱性建模提出了更高的要求。对于养殖业而言，牲畜对自然灾害打击的脆弱性定量研究相对少见，特定致灾强度下的死亡率难以计算。这都为通过致灾强度估计外部损失及其风险造成了难度。

（2）多灾种建模。农业保险周期内易有多次、多种灾害发生并造成标的损失，形成灾害研究中"多灾种群发"（史培军，2011；史培军等，2014）的现象。多灾种损失不是简单的多个灾种损失之和，建模时除需对每一场灾害的影响分别进行建模外，还需考虑多场灾害彼此之间的关系。这也是当前灾害研究中的前沿问题。

（3）渐发性自然灾害的事件表达。很难对渐发性自然灾害（如旱灾）影响的起止时间、地域范围做出清晰的界定，因此基于事件建模的思路面临一定的挑战。

4. 作物生长模拟方法

作物生长模拟方法主要针对种植业自然灾害风险评估。经过本地化校验后的作物模型可以有效地仿真作物单产对各类气候、土壤、水文和种植方式等要素的响应（Challinor et al.，2005；Rosenzweig et al.，2002），实现农作物自然灾害脆弱性建模（Popova and Kercheva，2004；周瑶和王静爱，2012；Lei et al.，2011；Wang et al.，2013；贾慧聪等，2011）。在此基础之上，结合蒙特卡罗仿真得到的随机天气事件集或重现期情景（Semenov and Porter，1995；Tao et al.，2007），即可计算由特定要素造成的作物单产损失，完成外部损失风险评估。作物生长模型通常使用栅格化的天气、土壤、水文等输入数据，常见的空间分辨率有 50 km×50 km、1°×1° 等。其得出的结果是在对应空间分辨率的栅格上的作物单产，或作物单产的损失及风险。

当前应用领域使用到的模型主要包括简单通用的作物生长模型（simple and universal crop growth simulator，SUCROS）（Goudriaan and Laar，1994）、农业技术推广决策支持系统（decision support system for agrotechnology transfer，DSSAT）系列作物生长模型（Uehara and Tsuji，1998）和 EPIC（erosion-productivity impact calculator）（Gassman et al.，2005）作物生长模型等。AIR 公司开发的中国农业风险模型中，作物生长模型法主要用于旱灾损失的建模（Zuba，2012），通过将构建的农业天气指数（agricultural weather index）作为致灾因子输入，

有效地仿真了不同情景下的农作物旱灾损失。

作物生长模型法面临的挑战包括以下几个方面。

（1）对于突发性自然灾害，特别是以直接物理损害为主要成害机制的自然灾害的刻画能力有限。作物生长模型可在生理上仿真作物生长发育，更适宜于渐发性自然灾害的建模，特别是以生理胁迫为主要成害机制的自然灾害。现有较为成功的应用案例中主要包括干旱、极端降水与极端高温，仍围绕要素达到极端值域范围时形成的影响。对于突发性自然灾害，特别是以直接物理损害为主要成害机制的自然灾害，作物生长模型对脆弱性和损失刻画的能力尚十分有限，而必须引入灾害事件模型。

（2）作物生长模型对数据的需求远高于前三种方法。在"本地化"过程中要求使用大量的作物品种、管理及土壤状况的数据进行校验（Lobell and Burke，2010；Schlenker and Roberts，2009），导致模型参数存在较大的不确定性（Schlenker and Lobell，2010）。因此，目前该方法在业界的应用程度低于统计类的方法。

2.3.3　农业自然灾害保险费率厘定方法

1. 保险损失风险测算的基本模型

如前文所述，保险损失风险更多关注不同保险经营单元（通常是各级行政区划单元）上的总损失。然而，保险经营的业务数据多基于保单、个体标的及出险事故，依据风险评估模型得到的外部损失风险多为空间格网或小的行政单元。在此情况下，无论是基于业务数据进行精算，或是基于风险评估模型得出的外部损失数据进行估算，都必然涉及如何在特定区域内对总保险损失风险进行估计的问题。在非寿险精算理论中主要应用个体风险模型（individual risk model）和聚合风险模型（collective risk model）两类框架（Cummins，1991；肖争艳，2010）。

1）个体风险模型

假定保险人在特定保险时期内（如一个财务年度）、特定区域内（如一个省区）出售了 N 张保单（可以对应 N 个保险标的，或 N 个子保险区）。对于任意保单 $i \in 1,2,\cdots,N$ 而言，在该保险时期内的赔付金额可用随机变量 $\tilde{X}_i$ 表示。同时假定：①个体保单赔付随机变量之间相互独立；②每张保单至多发生一次赔付；③保单总数 N 是事前确定的常数。此时，该保险人在该区域、该保险时期的总赔付可表达为

$$\tilde{L} = \tilde{X}_1 + \tilde{X}_2 + \cdots + \tilde{X}_N = \sum_{i=1}^{N} \tilde{X}_i \tag{2.1}$$

即所有个体保单赔付随机变量之和。在相互独立的前提下，求解总保险损失风险 $\tilde{L}$ 的分布可以利用多种方法，包括卷积、依据中央极限定理进行正态分布近似、矩母函数法、蒙特卡罗离散仿真等。这些方法在保险精算的各类教材中有详细讲解，在本书中不再赘述。

对于农业自然灾害保险，以及其他主要自然灾害保险而言，个体风险模型所依赖的独立性前提很大程度上不成立，因而应用存在较大的技术限制。自然灾害风险的基本特征

是频率相对较低，但影响范围较大、损失较重。一次灾害事件会同时影响多个保险标的；保险损失风险在标的之间、保单之间、保险区域之间存在较高的相关性。与此同时，相关性还与空间上的临近性存在很大的关系：空间位置越接近，灾害影响更加同步（Wang and Zhang，2003），而这与自然灾害保险区划的基本原理是一致的。这种非独立性特征不影响估计期望保险损失，但对随机变量 $\tilde{L}$ 分布的尾部特征会造成很大的影响，导致最大可能损失/重现期损失的低估。为此，研究中也一直试图探讨对相关风险进行求和的估计方法。例如，业界中比较常见的方法包括 Coupla 函数估计、经验正交函数分解–仿真（Stojanovski et al.，2015）、相关随机变量卷积（Hochrainer-Stigler et al.，2014），以及其他蒙特卡罗离散仿真的方法（Wang and Zhang，2003）等。

2）聚合风险模型

聚合风险模型在估计时段内总保险损失的方式不再依据个体保单进行，而是依据逐次保险赔付事件。聚合风险模型中有两项重要的随机变量：一是事件次数 $\tilde{n}$（也称为频率函数，frequency function）；二是单次事件的保险赔付 $\tilde{s}$（也称为严重性/损失函数，severity function）。此时，特定区域、特定保险时期内的总赔付可表示为

$$\tilde{L} = \sum_{i=1}^{\tilde{n}} \tilde{s}_i \tag{2.2}$$

式（2.2）是一个上限为事件次数随机变量的保险赔付随机变量之和。在精算理论中的进一步假设包括：①时期内的事件次数 $\tilde{n}$ 与单次事件赔付金额 $\tilde{s}$ 之间相互独立；②时期内所有单次赔付事件是同质的，赔付金额可用相同的随机变量 $\tilde{s}$ 来表示。对总保险损失的估计可展开为

$$f(\tilde{L}) = \sum_{k=0}^{\infty} p_k C^{k*}(\tilde{s}) \tag{2.3}$$

式中，$f(\tilde{L})$ 为总保险损失风险的概率分布；p_k 为在该时期内发生 k 次赔付的概率；$C^{k*}(\tilde{s})$ 为对损失分布函数的 k 阶卷积结果。

实践中，对上述复合分布进行求解具有技术难度。通常情况下，仅存在有限的频率函数和损失函数组合能够直接求得解析解。在精算实务中，通常在频率函数上使用二项分布、泊松分布和负二项分布；在损失函数上考虑指数分布、对数正态分布和伽马分布。这些分布函数能够适用保险损失估计中的绝大多数情况。然而，为了拥有更好的灵活性，如使用更多的分布函数与自然灾害风险评估模型得到的外部风险进行对接，则需要更灵活的估计方法。在实践中，通常采用的方法包括以下几种。

（1）利用矩母函数估计 $\tilde{L}$ 的前三阶（或四阶）矩，从而获得其期望值、方差、偏度（及峰度）等重要分布参数，再利用正态分布（Beard et al.，1984）或平移伽马分布进行近似。矩母函数估计方法的局限性在于部分概率分布函数的矩母函数并不存在。

（2）利用傅里叶变换和逆变换求解 $f(\tilde{L})$（Paulson and Dixit，1989）。此种方法较基于矩母函数估计的方法更加准确，但也一度受到计算资源需求较大、时间较长的限制。随着计算技术的发展，此种方法在 20 世纪 90 年代前后成为国际再保险公司和模型公司的主要计

算方法。

（3）蒙特卡罗随机事件离散仿真。在独立性假设的前提下，通过不断重复单一保险时期（如年度），随机生成时期内的事件次数，再逐个事件随机生成损失，即可获得大量的事件损失表、时期（年度）总损失表，从而用离散的方式近似 $f(\tilde{L})$ 的真实分布。此种方法是当前行业应用最为广泛的方法。

单纯从保险损失风险估计的角度来看，聚合风险模型较个体风险模型更有优势。一方面，聚合风险模型的独立性假设更加自然、更符合实际情况。灾害发生频率、灾害事件损失之间的独立性远强于受灾损失个体之间的独立性。另一方面，保险赔付多以事件方式来标定，基于事件损失的建模更容易被行业接受。然而，在农业自然灾害风险评估中，当前使用更广泛的方法，如燃烧分析法、灾害指数法和作物生长模拟法，均主要基于个体地块、格网或区域，得到的结果主要是个体标的、保单或保险区域的年度外部损失风险，因而在计算保险损失风险时可能应用到的更多是个体风险模型。这就对非独立随机变量求和的数学方法提出了很高的要求。相反，聚合风险模型更适合与基于灾害事件模拟方法得到的外部损失风险对应，而当前的难度则主要集中在基于灾害事件模拟方法的外部损失风险评估环节。

2. 基于保险损失风险的保险费率厘定

在针对特定的保险业务、特定区域和特定时段的保险损失风险后，即可相应地获得保险定价与经营的关键参数。

保险损失风险常使用 $\tilde{L}$ 的概率分布曲线 $f(\tilde{L})$ 或年度损失的超越概率曲线（annual loss-exceedance probability，LEP）LEP$(\tilde{L})=\mathrm{Pr}\{\tilde{L}>L\}$ 来表达（图 2.9）。

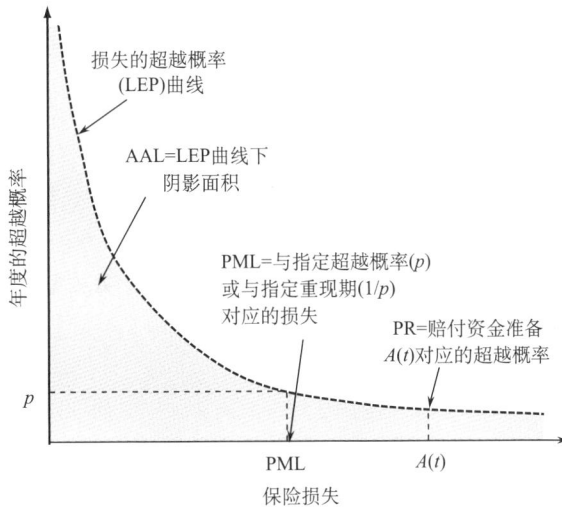

图 2.9　年度保险损失超越概率曲线与保险经营关键参数
（据 Boissonnade and Stojanovski，2011；重绘）

保险行业中最为常用的保险经营关键参数包括以下几种。

（1）年平均损失（annual average loss，AAL）：指年度保险损失风险的平均值，AAL = $E[\tilde{L}]$，对应 LEP 曲线下方的面积。

（2）最大可能损失（probable maximum loss，PML）：指特定重现期（return period，RP）条件下，保险损失可能达到的水平；因此也被称为重现期损失。重现期与超越概率之间为倒数关系；特定重现期 RP 的损失则为超越概率为 1/RP 在超越概率曲线上对应的损失值。行业中通常关注的最大可能损失包括 20 年一遇（1/20a）、50 年一遇（1/50a）、100 年一遇（1/100a）和 250 年一遇（1/250a）；对应的超越概率分别为 0.05、0.02、0.01 和 0.004。更高重现期的最大可能损失也更加极端，但一般意义上用基于历史数据得到的风险评估结果计算得到的如千年一遇的损失已属于外插，实际意义较为有限。

（3）破产概率（probability of ruin，PR）：指保险人在特定时期拥有赔付资金准备 $A(t)$ 的前提下，当期总赔付超过资金准备的概率，$PR = Pr(\tilde{L}_t) > A(t)$。此处的"破产"是一种夸张的说法，因为当这一情况出现时，会导致公司盈余瞬时状态下小于零的情况，保险人需要及时追加资金来应付突然到来的保险责任，但也许在考虑其他诸多因素后，完成赔付后保险人的财务状况不一定会很糟糕，更不一定会真正破产（肖争艳，2010）。

依据保险损失风险曲线，可以相应地进行保险费率厘定。自然灾害保险费率通常由四部分组成：毛费率 = 纯风险损失率+巨灾风险附加费率+行政费率+利润率。其中，行政费率和利润率可由保险人依据经营情况自行确定，而纯风险损失率（即精算公平费率）和巨灾风险附加费率则需要依据损失风险确定。与保险费率厘定相对应的关键指标包括以下几种。

（1）保额损失率（loss-cost ratio，LCR）：指保险损失与对应责任的最大保额 M 的比值，反映单位保险金额的赔偿率，$LCR = \tilde{L}/M$。

（2）纯风险损失率：也称精算公平费率（actuarially fair premium rate），是保额损失率的年期望值，或 AAL 与对应保险金额的比值，$\mu = AAL/M$。

（3）巨灾风险附加费率（catastrophic risk premium loading）：指保险人在一定的赔付资金准备的前提下，为了降低破产概率，而在纯风险损失率基础上额外收取的费率；这部分费率是维持保险人财务安全的重要部分。巨灾风险附加费率的计算方法为 $\nu = (PML-AAL)/M$，或直接计算特定重现期的保额损失率与纯风险损失率的差值 $\nu = LCR_{RP} - \mu$。其值的高低取决于保险人对破产概率或最大可能损失的预期。最大可能损失的重现期越高，附加费率越高，相应的破产概率越低。

（4）巨灾风险附加因子（catastrophe risk loading factor）/安全系数（safety coefficient）：对巨灾风险保费的另一种计量方式，用保险损失风险标准差的倍数进行表示，$\lambda = \dfrac{PML-AAL}{S.D.}$。其表达的含义是，为了保障财务安全，保险人所收取的巨灾风险附加保费相当于保险损失风险标准差的倍数。保险损失风险概率分布的正偏性越强，尾部越长，则在相同重现期前提下，巨灾风险附加因子/安全系数取值越高。

2.3.4　农业自然灾害保险区划方法

1. 区划总原则

1) 综合性与主导因素原则

农业自然灾害系统是自然和人相互作用的复杂系统，区划中要遵循综合性原则。从系统层面看，农业自然灾害保险区划是对农业自然灾害风险和农业自然灾害保险费率等要素的综合划分。在区划过程中，充分考虑"区域决定风险""风险决定费率"的逻辑关系，关注由于区域农业自然灾害的发生发展，区域孕灾环境的控制和致灾因子类型的制约所构成的主导因素；在此基础上，突出强调不同区域以灾害风险和保险费率为特征的社会经济要素作为综合性因素的空间分异规律。

2) 区域共轭性原则

区域共轭性原则，强调每个具体的区划单元都是连续的地域单元，不能存在独立于区域之外而又从属于该区的单元。这一原则决定了区域单元永远是个体的，不能存在着某一区划单元的分离部分。在农业自然灾害保险区划中，农业自然灾害风险具有更强的自然属性，能够更好地体现地带性和非地带性规律，且又作为区划的主导性因素，建议使用区域划分的方法。农业自然灾害保险费率，由于保险经营业务的需求，按照网格或综合地理单元评估得到的结果往往不如在行政区划的基础之上进行区划的结果更容易开展业务操作，这种按照行政区划进行分组或归并得到的区划结果，在通常情况下会打破原有的种植业自然灾害风险的空间格局，在空间上的渐变性与过渡性相对较差。因此，对于农业自然灾害保险费率的区划建议使用类型区划。由两者构成的保险区划，则宜兼顾区域划分和类型区划分两种方法各自的优势，对多要素值进行综合表达。

3) 保持行政界线完整性原则

农业自然灾害保险区划是对多来源、多空间单元信息的综合，主要有自然单元(如地震点、洪水区等)、社会经济单元(如灾情经济损失、行政区)、信息单元(如遥感信息)等。区划的信息综合技术过程，实质上就是不同类型单元的信息匹配过程。尽管更细的空间单元更能够展现区划要素的空间过渡性与渐变性，但农业自然灾害保险区划所服务的风险防范的政府职能及保险经营管理，决定了基本区划单元应以行政区划单元为基准，以便于后续的实务操作。

4) 定量与图谱互馈原则

应用各种信息采集手段和 GIS 技术，建立自然灾害及其种植业数据库和图谱系统，用数字化手段统一处理区划问题，最大限度地集成和利用有关灾害系统的信息资源，从而建立多源信息的系统数据库。在此基础上，采用数据库系统和图谱系统的双轨方式，在数据和图形的协调中，通过多种模型运算，不断派生和优化出新的数据和图形，形成区划过程的数据库系统和图谱系统。

5）动态性、可操作性与实用性原则

从区划的目的、过程与管理角度，提出"一边进行区划、一边应用区划"的新思路，坚持区划的动态可更新性、系统的可操作性、区域划分的实用性。

2. 区划方法

1）"自上而下"和"自下而上"的区划方法

区划的本质就是将大的区域划分成若干小区划的过程。从逻辑关系来讲，区划的基本方法主要有两种："自上而下"和"自上而下"的区划方法。

自上而下的区划方法，是根据地域分异规律，将等级高的自然区划单位划分成等级低的自然区划单位的过程；依据特定的区划标准，从大到小逐级划分，将相对较大的区域拆分成更小的区域。这种方法在我国早期的全国性区划工作中已得到广泛应用，如中国综合自然区划方案（如：黄秉维，1959；赵松乔，1983；任美锷，1985；等）、中国地震烈度区划（中国地震烈度区划图编委会，1992）、中国气象灾害综合区划（冯丽文和郑景云，1994）等。陈传康等（1993）对此类自上而下的区划方法进行了总体概括：在自上而下的过程中，首先依据大尺度的地带性和非地带性分异规律划分热量带和大自然区，将热量带和大自然区进行叠置，得出地区一级单位，依据地区内的地段性差异划分地带、亚地带，再往下一级划分自然省、自然州和自然地理区。

自下而上的区划方法，是将空间上连续的小单元（如格网或自然地理基本单元），依据某些定性或定量特征，从小到大逐级合并，根据区域共轭性原则，将等级低的自然区划单位合并成等级高的自然区划单位的过程。自下而上的区划方法要求拥有分辨率相对较高的空间连续数据，在如"马赛克"拼图式的过程中，将细颗粒基础展现的空间分异规律利用区划分界线进行划分。此种方法对计算机信息技术的要求更高。赵松乔等（1979）最先提出此种方法"似可与全国土地利用类型划分工作相结合"。在此之后，自下而上的区划方法随着遥感与地理信息系统的发展得到更加广泛的应用。

在中国农业自然灾害综合区划方案中，特别强调了自上而下、自下而上相结合的区划方法。在王平（1999）的建议方案中，以自然小区（相当于省或地市水平）为临界尺度，在此空间单元以上的区划强调地带性规律的主导性，采用自上而下逐级划分的方法；而在小于自然小区的范围内，则强调非地带性规律，采用自下而上、从土地类型到景观类型再到自然小区逐级合并的方法进行区划。两者最终在自然小区一级进行对接，从而实现从全国到乡村的各级区划方案。

2）区划的技术手段

区划的技术手段主要有叠置法、主导标志法、地理相关法、景观制图法、聚类分析法等（王静爱，2006；郑度等，2005）。

叠置法是将若干自然要素的分布图或区划图叠置在一起，然后选择其中重叠最多的线条作为区划的依据。在地理信息系统工具尚不发达的时期，叠置法主要通过将不同分布图或区划图绘制在透明胶片上来实现；而随着地理信息系统的不断发展、空间分析算法和功能的不断提升，叠置法可以在地理信息系统软件中利用图层叠加的方式进行实施。

主导标志法是指从众多自然要素中选取起主导作用的要素标志来进行区划的方法，核心是选择各自然要素区域分异界线中最主导的特征值作为综合区划的界线。主导标志法的关键环节是如何在多要素中确定关键是"主导标志"，尽可能避免主观任意性。

地理相关法是指依据各区划要素的区域分异界线之间的相关性来确定区划界线的方法。通常选择各要素区域分异界线之间相关性最高的部分作为综合区划的界线。在传统的地理相关法中，多以专家经验对多要素成因上相关关系的理解作为区划的依据。而在现代地理相关法中，在多要素数据库的支持下，则形成了定量相关分析结合专家经验定性判断的区划过程。

聚类分析法是在拥有区域基本单元数据库的前提下，利用多要素数据，在一定聚类原则的前提下，将基本单元进行分类和归纳的区划方法。这一方法主要采用自下而上合并的区划思路。聚类分析得到的相似系数与差异系数等统计特征则成为划分区域基本单元之间相似或亲疏程度的测度。空间聚类分析则是聚类分析在空间对象上的延伸应用，是指依据多指标将空间数据集中的对象分成由相似对象组成的类，同类中的对象间具有较高的相似度，而不同类中的对象间差异较大(席景科和谭海樵，2009)。

综合来看，区划的技术手段正在大数据、地理信息系统平台的支持下，从以目视判断、专家经验为主的传统方法向基于详细空间数据支持的空间分析方法逐渐过渡，形成以定量分析为基础、专家经验与判断为定性决定的手段。

参 考 文 献

陈传康，伍光和，李昌文. 1993. 综合自然地理学. 北京：高等教育出版社.

冯丽文，郑景云. 1994. 我国气象灾害综合区划. 自然灾害学报，3(4)：49-56.

国家科委自然灾害综合研究组. 1998. 中国自然灾害区划研究进展. 北京：海洋出版社.

黄秉维. 1959. 中国综合自然区划草案. 科学通报，(18)：594-602.

黄崇福. 2005. 自然灾害风险评价理论与实践. 北京：科学出版社.

贾慧聪，王静爱，潘东华，等. 2011. 基于 EPIC 模型的黄淮海夏玉米旱灾风险评价. 地理学报，66(5)：643-652.

聂建亮. 2012. 基于产量统计模型的水稻多灾种产量险精算研究. 北京：北京师范大学硕士学位论文.

任美锷. 1985. 中国自然地理纲要. 北京：商务印书馆.

史培军，吕丽莉，汪明，等. 2014. 灾害系统复杂性：灾害群、灾害链、灾害遭遇. 自然灾害学报，23(6)：1-12.

史培军. 1991. 灾害研究的理论与实践. 南京大学学报(自然科学版)(自然灾害研究专辑)，(5)：37-42.

史培军. 1996. 再论灾害研究的理论与实践. 自然灾害学报，5(4)：8-19.

史培军. 2003. 中国自然灾害系统地图集. 北京：科学出版社.

史培军. 2011. 中国自然灾害风险地图集. 北京：科学出版社.

王季薇，王俊，叶涛，等. 2016. 区域种植业自然灾害保险综合区划研究. 自然灾害学报，25(3)：1-10.

王静爱. 2006. 中国地理教程. 北京：高等教育出版社.

王平，史培军. 2000. 中国农业自然灾害综合区划方案. 自然灾害学报，9(4)：16-23.

王平. 1999. 中国农业自然灾害综合区划研究的理论与实践. 北京：北京师范大学博士学位论文.

王薇. 2011-09-06. 用更强大更精准数据模型把脉中国农作物保险——访怡安奔福再保顾问有限公司及法国再保险公司

专家. 中国保险报.

席景科, 谭海樵. 2009. 空间聚类分析及评价方法. 计算机工程与设计, 30 (7): 1712-1715.

肖争艳. 2010. 精算模型. 北京: 中国财政经济出版社.

叶涛, 史培军, 王静爱. 2014. 种植业自然灾害风险模型研究进展. 保险研究, (10): 12-23.

赵松乔, 陈传康, 牛文元. 1979. 近三十年来我国综合自然地理学的进展. 地理学报, 34 (3): 187-199.

赵松乔. 1983. 中国综合自然地理区划的一个新方案. 地理学报, 38 (1): 1-10.

郑度, 葛全胜, 张雪芹, 等. 2005. 中国区划工作的回顾与展望. 地理研究, 24 (3): 330-344.

中国地震烈度区划图编委会. 1992. 中国地震烈度区划图 (1990) 及其说明. 中国地震, 8 (4): 3-13.

周瑶, 王静爱. 2012. 自然灾害脆弱性曲线研究进展. 地球科学进展, 27 (4): 435-442.

朱俊生. 2011. 中国天气指数保险试点的运行及其评估——以安徽省水稻干旱和高温热害指数保险为例. 保险研究, (3): 19-25.

Arrow K J. 1965. Aspects of the Theory of Risk Bearing. Helsinki: Yrjo Jahnsson Lectures. Reprinted in Essays in the Theory of Risk Bearing (1971). Chicago: Markham Publishing Co.

Beard R E, Pentikainen T, Pesonen E. 1984. Risk Theory. 3d ed. New York: Chapman and Hall.

Bessler D A. 1980. Aggregated personalistic beliefs on yields of selected crops estimated using ARIMA processes. American Journal of Agricultural Economics, 62 (4): 666-674.

Boissonnade A, Stojanovski P. 2011. Modeling Approaches to Agricultural Crop Risk Quantification: Modeling Approaches to Agricultural Crop Risk Quantification. Singapore: Presetation at the General Insurance Conference, June 2-3.

Borch K. 1962. Equilibrium in a reinsurance market. Econometrica, 30 (3): 424-444.

Challinor A J, Wheeler T R, Craufurd P Q, et al. 2005. Simulation of the impact of high temperature stress on annual crop yields. Agricultural and Forest Meteorology, 135 (1-4): 180-189.

Chantarat S, Mude A G, Barrett C B, et al. 2009. Designing Index Based Livestock Insurance for Managing Asset Risk in Northern Kenya: International Livestock Research Institute (ILIB) Research Report.

Cleveland W S. 1979. Robust locally weighted regression and smoothing scatterplots. Journal of the American Statistical Association, 74 (368): 829-836.

Cummins J D. 1991. Statistical and financial models of insurance pricing and the insurance firm. The Journal of Risk and Insurance, 58 (2): 261-302.

Fry D L, Stephens S L. 2006. Influence of humans and climate on the fire history of a ponderosa pine-mixed conifer forest in the southeastern Klamath Mountains, California. Forest Ecology and Management, 223: 428-438.

Gassman P W, Williams J R, Benson V W, et al. 2005. Historical Development and Applications of the EPIC and APEX Models. Working Paper of Center for Agricultural and Rural Development Iowa State University. http://ageconsearch.umn.edu/bitstream/18372/1/wp050397.pdf.

Gollier C. 2003. Insurability. Boston, U. S.: Paper Presented to the Workshop of the NBER Insurance Project, February 2002.

Goodwin B K, Ker A P. 1998. Nonparametric estimation of crop-yield distributions: implications for rating group-risk crop insurance contracts. American Journal of Agricultural Economics, 80 (1): 139-153.

Goudriaan J, Laar H H. 1994. Modelling Potential Crop Growth Processes. Dordrecht: Kluwer Academic Publishers.

Heyerdahl E K, Brubaker L B, Agee J K. 2001. Spatial controls of historical fire regimes: a multiscale example from the interior west, USA. Ecology, 82: 660-678.

Hochrainer-Stigler S, Lugeri N, Radziejewski M. 2014. Up-scaling of impact dependent loss distributions: a hybrid convolution approach for flood risk in Europe. Natural Hazards, 70 (2): 1437-1451.

Just R E, Weninger Q. 1999. Are crop yields normally distributed? American Journal of Agricultural Economics, 81 (2): 287-304.

Ker A P, Coble K. 2003. Modeling conditional yield densities. American Journal of Agricultural Economics, 85 (2): 291-304.

Lei Y D, Wang J A, Luo L. 2011. Drought risk assessment of China's mid-season paddy. International Journal of Disaster Risk Science, 2 (2): 32-40.

Lobell D B, Burke M B. 2010. On the use of statistical models to predict crop yield responses to climate change. Agricultural and

Forest Meteorology, 150(11): 1443-1452.

Lobell D B, Bänziger M, Magorokosho C, et al. 2011. Nonlinear heat effects on African maize as evidenced by historical yield trials. Nature Climate Change, 1(1): 42-45.

Maddala G S. 2001. Introduction to Econometrics (third edition). Chichester, Newyhork, Weinheim, Brisbane, Toronto, Singapore: John Wiley & Sons, Ltd.

Paulson A S, Dixit R. 1989. Some general approaches to computing total loss distributions and the probability of ruin//Cummins J D, Derrig R A. Financial Models of Insurance Solvency. Norwell, MA: Kluwer Academic Publishers.

Peters D P C, Pielke R A, Bestelmeyer B T, et al. 2004. Cross-scale interactions, nonlinearities and forecasting catastrophic events. Proceedings of the National Academy of Sciences of the United States of America, 101: 15130-15135.

Popova Z, Kercheva M. 2004. CERES model application for increasing preparedness to climate variability in agricultural planning-calibration and validation test. Physics and Chemistry of the Earth, Parts A/B/C, 30: 125-133.

Ramirez O A, Misra S, Field J. 2003. Crop-yield distributions revisited. American Journal of Agricultural Economics, 85(1): 108-120.

Rosenzweig C, Tubiello F N, Goldberg R, et al. 2002. Increased crop damage in the US from excess precipitation under climate change. Global Environmental Change, 12(3): 197-202.

Rothschild M, Stiglitz J. 1976. Equilibrium in competitive insurance markets: an essay on the economics of imperfect information. The Quarterly Journal of Economics, 90(4): 629-649.

Schlenker W, Lobell D B. 2010. Robust negative impacts of climate change on African agriculture. Environmental Research Letters, 5(5): 123-129.

Schlenker W, Roberts M J. 2009. Nonlinear temperature effects indicate severe damages to U. S. crop yields under climate change. Proceedings of the National Academy of Sciences of the United States of America, 106(37): 15594-15598.

Semenov M A, Porter J R. 1995. Climatic variability and the modelling of crop yields. Agricultural and Forest Meteorology, 73(3-4): 265-283.

Silverman B. 1986. Density Estimation for Statistics and Data Analysis. London: Chapman Hall.

Stojanovski P, Dong W, Wang M, et al. 2015. Agricultural risk modeling challenges in China: probabilistic modeling of rice losses in Hunan province. International Journal of Disaster Risk Science, 6(4): 335-346.

Tao F, Hayashi Y, Zhang Z. 2007. Global warming, rice production and water use in China: developing a probabilistic assessment. Agricultural and Forest Meteorology, 148(1): 94-110.

Uehara G, Tsuji G Y. 1998. Overview of IBSNAT//Tsuji Y G, Hoogenboom G, Thornton P K. Understanding Options for Agricultural Production Systems. Dordrecht: Kluwer Academic Publishers: 1-7.

Varian H. 1992. Microeconomic Analysis. New York, London: WW. Norton & Company.

Wang H H, Zhang H. 2003. On the possibility of a private crop insurance market: a spatial statistics approach. Journal of Risk and Insurance, 70(70): 111-124.

Wang Z, He F, Fang W, et al. 2013. Assessment of physical vulnerability to agricultural drought in China. Natural Hazards, 67(2): 645-657.

Ye T, Nie J, Wang J, et al. 2014. Performance of detrending models for crop yield risk assessment: evaluation with real and hypothetical yield data. Stochastic Environmental Research Risk Assessment, 29(1): 109-117.

Zuba G. 2011. AIR China Agricultural Risk Model. Beijing, China: Keynote presentation at the Sixth AIR Beijing Seminar.

Zuba G. 2012. Introduction to AIR's Crop Model for China. Beijing, China: Keynote presentation at the Seventh AIR Beijing Seminar.

第3章 种植业综合自然灾害保险区划[*]

种植业保险是中国农业保险体系中最为重要的部分。2015年,中国种植业保险保费收入达253.15亿元,承保主要农作物14.46亿亩,占全国播种面积的58.98%。其中,玉米、水稻、小麦三大口粮作物承保覆盖率分别达73.56%、69.22%和57.93%。2015年,全国种植业保险赔付支出183.52亿元,占农业保险总赔款的70.56%。针对种植业保险开展自然灾害保险区划工作具有重要的意义。本章首先阐述基于单产统计模型的种植业自然灾害保险区划方法。在此基础上,分别针对水稻、小麦、玉米三类主要口粮作物,开展全国省一级行政区的种植业保险区划案例工作;进一步选取湖南省双季稻主产区为案例研究区,开展省到区县一级的种植业保险区划案例工作。本章的核心内容是农业自然灾害保险区划一般性方法在种植业综合自然灾害保险区划上的具体实现,重点是单产统计模型在风险定量评估环节的应用。两个案例分别从"全国到省"和"省到区县"两个空间尺度上对风险定量方法进行了阐述,体现了在不同数据可获取性的前提下风险定量方法针对性的变化,为进一步理解种植业自然灾害保险区划方法提供了可能。

3.1 基于单产统计模型的种植业综合自然灾害保险区划方法

种植业灾害保险区划的核心是实现对种植业自然灾害风险和对应的保险损失风险的定量评估,从而支撑后续的费率厘定与区划工作。单产统计模型也称单产仿真模型(yield simulation model)(Coble et al., 2010),是当前种植业保险定量风险评估与费率厘定环节应用最为广泛的方法。美国农作物保险中的MPCI产品系列的费率厘定工作,以及Aon Benfield、RMS等国际公司研制的中国农业风险模型也均以此方法为基本框架(王薇, 2011; Stojanovski et al., 2015)。

3.1.1 单产统计模型总体框架

单产统计模型通过对历史单产时间序列数据的统计分析,找出作物单产的随机特征,从而确定理论单产及不同水平的减产风险。关于单产统计模型的研究,最早开始于20世纪80年代农业经济学家关于产量时间序列数据中随机波动部分的正态性讨论(Bessler, 1980; Gallagher, 1987; Swinton and King, 1991; Moss and Shonkwiler, 1993; Turvey and Zhao, 1999; Ramirez et al., 2003)。由于模型拟合的残差可以作为单产随机波动的估计量,

---

* 本章撰写人:叶涛、聂建亮、王俊、王静爱、张兴明。

这一方法逐渐被应用到多灾种产量险的费率厘定，以及相关的农业经济问题研究中（Wang et al., 1998；Ker and Goodwin, 2000；Deng et al., 2007）。20 世纪 90 年代起，国内也有学者开始利用产量统计模型开展关于农作物产量风险评估与保险费率厘定的研究（庹国柱和丁少群，1994；邓国等，2002；周玉淑等，2003；邢鹂，2004；张峭和王克，2007）。该方法对数据要求较低，简便直观，因此成为厘定种植业多灾种综合险费率较为流行的方法。

　　单产统计模型主要依赖对历史单产数据的统计分析完成。其主要过程包括（叶涛等，2012）（图 3.1）：经趋势处理剔除时间序列数据中的趋势并取得序列平稳性，再由概率分布拟合得到无趋势单产的概率分布；以分布的期望值为"理论"产量，将低于期望值的部分视作减产，从而计算低于保障水平的绝对减产量或相对减产率的分布函数，完成外部损失风险评估。其关键假设为趋势处理可有效剔除原单产序列中保险责任以外的所有因素造成的单产变化（如技术进步和中长期环境影响）（Ker and Coble, 2003），使无趋势单产中包含的减产风险可以和保险损失风险完全对应。单产统计模型建模的空间单元完全依赖于单产数据本身，若使用农户级别单产数据，得出的则是农户水平波动情况；若使用区域（如县级）单产数据，得出的则是区域级水平的单产波动情况。

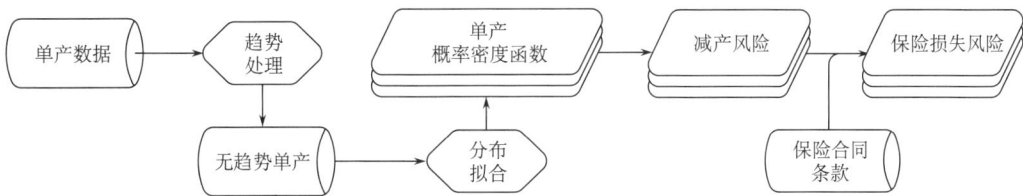

图 3.1　单产统计模型的典型技术流程（叶涛等，2014）

3.1.2　单产数据去趋势

　　单产统计模型依赖的核心数据是保险标的的历史单产数据。研究中普遍假设历史单产的时间序列数据可分为两个成分：中心趋势和随机波动（Goodwin and Ker, 1998；Ker and Goodwin, 2000；Ker and Coble, 2003；Sherrick et al., 2004）。其中，中心趋势指单产数据时间序列上的趋势，反映单产的期望值随时间的变化，这些变化被认为主要是由技术进步、自然地理环境变化、基础设施改善和劳动者素质提高等原因引起的，因此，其也常被称为"技术单产"（Lobell, 2013）。随机波动是指农作物实际单产偏离中心趋势的距离，表征单产损失的风险高低，而这也是风险评估和费率厘定工作关注的部分。模拟未来单产的概率分布，需要将历史单产数据折算到与最近年份同一生产条件下的单产，一般首先要建立历史产量数据的趋势模型，去除其中心趋势，剥离出产量的随机波动值，这一步骤通常被称为"去趋势"（detrend）分析。

　　对历史单产数据进行去趋势处理有两个重要的目的（参见 2.3.2 节）：一是，通过去趋势处理，将原历史单产序列转变为"二阶"稳定序列，保障其均值与方差不随时间变化，从而为下一步的概率分布拟合奠定基础；二是，通过趋势处理，将历史单产变化中与保险责任无关的如技术进步、基础设施改善和劳动者素质提高等变化等造成的影响剔除，从而"确保"去趋势分析的残差均是与保险责任密切相关的单产变化。

1. 历史单产去趋势方法

经典的历史单产去趋势方法使用只含时间自变量的时间序列分析。关于产量的趋势变化有着不同的假设，基本可概括为确定性趋势、随机性趋势，或者确定性和随机性综合趋势（Ozaki et al.，2008a）。其中，确定性趋势是基于时间的函数，随机项不会影响趋势的变化，常用的确定性趋势模型，如线性趋势模型（Gallagher，1987；Swinton and King，1991；Sherrick et al.，2004；Ozaki et al.，2008a；Finger，2010）和非线性趋势模型（Miranda and Glauber，1997；Wang et al.，1998；Ramirez et al.，2003；Wang and Zhang，2003；Ker and Coble，2003；Vedenov and Barnett，2004；Deng et al.，2007；Woodard et al.，2012）。在随机性趋势模型中，当年的趋势总是受到以前年份随机波动的影响，常用的模型包括自回归综合滑动平均趋势模型（Goodwin and Ker，1998；Ker and Goodwin，2000）和卡尔曼滤波器（Moss and Shonkwiler，1993）等。不同的趋势模型存在着各自的优势与劣势（表3.1）。

表 3.1　常用单产去趋势模型优缺点对比

去趋势模型	优点	缺点
线性	方法简单，计算简易	趋势变化速率固定；趋势变化只能上升或下降，过于单一；与实际复杂的趋势变化不相符
对数线性	方法简单，计算简易，趋势变化较线性灵活	趋势变化仍不能很好地捕捉实际产量复杂的趋势变化
自回归综合滑动平均	基于时间序列分析理论模拟趋势；趋势变化非常灵活，上升和下降趋势常常交替出现	模型参数较多，参数估计复杂；趋势变化过于敏感，经常将一些正常的波动误判为趋势变化
指数平滑	基于时间序列分析理论模拟趋势；趋势变化非常灵活，上升和下降趋势常常交替出现	趋势变化过于敏感，经常将一些正常的波动误判为趋势变化
样条插值	方法简单，计算简易，趋势变化较线性灵活，能够反映趋势变化的"突变"特征	较难精确地估计节点（"突变点"）位置
稳健局部回归	利用局部观测数据对欲拟合点进行多项式加权最小二乘法估计，综合了传统的局部多项式回归、局部加权回归，以及具有强鲁棒性的拟合过程	准确度会随样本量的增多而逐渐提高，并且在异常值的影响下，该模型始终可以保持较高的估计精度，具有很强的鲁棒性

资料来源：依据聂建亮等（2012）和 Ye 等（2015）整理。

使用单一的时间自变量对趋势进行解释可能存在忽略变量的问题。因此，与农作物相关的全球变化与自然灾害风险研究对传统的趋势分解模型进行了发展，在时间自变量之外，同时考虑气温、降水量、辐射乃至二氧化碳浓度等要素。利用多要素归因分析方法，从历史单产序列中剥离出趋势、波动和残差，进而区分技术进步、气候要素趋势性变化、气候要素年际变化等的相对贡献。

2. 去趋势分析的不确定性及相关建议

农作物单产是典型的多要素、多过程综合作用的结果，单一的时间趋势是否足以捕捉农作物单产中技术和环境变化造成的影响？针对这一问题，去趋势分析模型处于尴尬的境地。一方面，尽管作物单产趋势作为"技术单产"的假设被广泛采纳，但从未有研究真正立足于实验数据证实两者之间的关系；而有研究则证实，农户对技术的应用也可能存在年际变化（Wang et al., 2016），去趋势的残差结果中可能还包含着技术的影响。然而，在缺少验证数据的前提下，去趋势分析只能借助传统的拟合优度统计量来判别分析结果，从而在趋势模型所能解释的变差（即趋势拟合值）和不能解释的变差（即残差项）之间找到一个界线，而"过度拟合"与"拟合不足"之间的界线则存在很大的人为影响。

另一方面，去趋势分析结果有明显的方法"依赖"。对同一产量序列使用不同趋势模型进行分析可能得出完全不同的波动序列，有时甚至关于增产或减产的定性判断都不相同。Ye 等（2015）的研究发现，当使用线性、对数线性和自回归综合滑动平均 3 种去趋势方法时，单产统计模型得到的中国部分省区的水稻保险费率可相差 5～8 个百分点，而对应的现行毛费率也仅为 5%～7%（Wang et al., 2011）。因此，在实际工作中，必须慎重地选择恰当的趋势模型。Ye 等（2015）对线性、对数线性、滑动平均、Savitzky-Golay 平滑、自回归综合滑动平均、稳健局部回归等 7 种常见的去趋势模型进行分析表明，滑动平均和稳健局部回归较其他模型能够取得更好的趋势捕捉效果，而稳健局部回归则能够更加稳健地应对离群值污染。

3.1.3　单产概率分布拟合

概率分布拟合的主要目的是寻找能够表征农作物单产（产量）随机特征的最佳随机变量。在早期研究中，常常假定农作物单产服从正态分布（Just and Weninger, 1999）。然而，伴随着研究的不断深入，也有很多结果证明正态分布的假设在多数场合并不成立（Atwood et al., 2002；Ramirez et al., 2003），因此其他的一些参数模型被广泛地应用到分布拟合中，如贝塔（Beta）分布（Nelson and Preckel, 1989）、伽马（Gamma）分布（Gallagher, 1987）、反双曲正弦变换（Moss and Shonkwiler, 1993）、对数正态（lognormal）分布（Nelson and Preckel, 1989）、韦伯（Weibull）分布和罗辑斯蒂（Logistic）分布（Sherrick et al., 2004）等。这些模型各有优势和不足之处（表 3.2）。在样本充足的前提下，非参数估计模型，主要是核密度估计模型（kernel density estimator）的应用也很常见（Goodwin and Ker, 1998；Ker and Goodwin, 2000；Turvey and Zhao, 1999）。除了上述三类分布模型，近年来又有学者提出了经验贝叶斯非参数分布模型（Ozaki, 2008）与基于空间和时间的分布模型（Ozaki et al., 2008a；Ozaki et al., 2008b）等。

由于农作物生产的自然条件和社会条件不同，不同地区不同作物的产量概率密度分布往往表现出其独一无二的特征，试图用一种统一的概率密度分布模拟不同地区不同作物的产量概率密度分布是行不通的。因此，在农作物产量概率密度分布模型选择中，必须要探寻符合不同地区不同作物产量分布的特征和规律，通过拟合优度检验，从而确定最优的概率密度分布模型。

表 3.2 单产概率密度拟合常用的参数分布函数对比

分布类型	优点	缺点
正态分布	参数值容易估计 模型被广泛理解和应用	固定的偏度（0） 自变量在（−∞，+∞）内均有分布
对数正态分布	参数值容易估计 模型被广泛理解和应用 自变量的下限为零	偏度和峰度变化范围较窄 自变量的上限为+∞
贝塔分布	偏度和峰度变化范围广 自变量的变化区间可以任意选择	参数值估计较复杂 需要确定自变量的上限
韦伯分布	偏度和峰度变化范围广 自变量的下限为零	自变量的上限为+∞ 参数值估计较复杂

资料来源：依据聂建亮等（2012）整理。

3.1.4 保险损失风险估计中的尺度转换

单产统计模型的结果依赖于历史单产数据。例如使用农户单产，其对应的直接结果则是个体农户尺度的因灾减产风险；而使用县级单产，其对应的结果则是县级尺度的因灾减产风险。保险费率厘定则更关注特定行政单元上的总保险损失风险，是辖区内所有个体保险损失风险之和。如果错误地使用大尺度（如县级、区域级别）的单产数据来评估农户（地块）级别的减产风险，并进一步估计区域的总保险损失风险，则会导致风险的低估（Debrah and Hall，1989；Górski and Górska，2003）。因此，在由区域减产风险估算区域保险损失风险的过程中，必须注意两者是否存在尺度差异。

1. 减产风险与保险损失风险的尺度差异

假定一个区域内（如某省或某县）共有 N 块农田。若任意地块 i 的单产用随机变量 y_{it} 来表示，则其当年的减产量可表示为 $\max[\bar{y}_i - y_{it}, 0]$，其中 $\bar{y}_i = E[y_{it}]$ 系多年平均单产。相应地，地块水平的相对减产率可表示为 $\delta_{it} = \max[\bar{y}_i - y_{it}, 0]/\bar{y}_i$。根据我国当前种植业保险条款的规定，该地块当年可获得的保险赔付则相应为 $M \cdot \delta_{it}$，$\forall \delta_{it} \geq \theta$。其中，$\theta$ 为合同规定的相对免赔水平；M 为最大保险金额。该区域内当年总赔付相应为 $L_t = M \cdot \sum_{i=1,\cdots,N} A_i \delta_{it}$，$A_i$ 为对应地块的面积。此时，对应的区域综合保额损失率为

$$\mathrm{LCR}_t = \frac{\sum_{i=1,\cdots,N} A_i \cdot \max[\bar{y}_i - y_{it}, 0]/\bar{y}_i}{\sum_{i=1,\cdots,N} A_i} \tag{3.1}$$

即地块级别因灾减产率依据地块面积求取的加权平均值。

在没有农户单产数据的情况下，若直接使用该区域的平均单产计算区域尺度因灾减产率，即 $\Delta_t = \max[\bar{Y} - Y_t, 0]/\bar{Y}$，其中 $Y_t = \frac{\sum_{i=1,\cdots,N} A_i \cdot y_{it}}{\sum_{i=1,\cdots,N} A_i}$，$\bar{Y} = E[Y_t]$。经整理可得

$$\Delta_t = \frac{\max\left[\sum_{i=1,\cdots,N} A_i \cdot (\bar{y}_i - y_{it}), 0\right]}{\sum_{i=1,\cdots,N} A_i \cdot \bar{y}_i} \tag{3.2}$$

经观察可知，式(3.2)的分子允许不同地块间的单产丰歉互补。若进一步假定地块面积相同，$A_i = A_j$，$\forall i, j$，区域综合保额损失率与因灾减产率的关系则为

$$\text{LCR}_t = \frac{\sum_{i=1,\cdots,N} \max\left[\bar{y}_i - y_{it}, 0\right]}{\sum_{i=1,\cdots,N} \bar{y}_i} > \frac{\max\left[\sum_{i=1,\cdots,N}(\bar{y}_i - y_{it}), 0\right]}{\sum_{i=1,\cdots,N} \bar{y}_i} = \Delta_t \tag{3.3}$$

因此，在以地块为基本单元进行保险的前提下，使用区域尺度的单产数据直接计算区域尺度的保额损失率会导致低估。在实际测算的过程中，如果以区域单产的相对波动来表达保险人所承担的风险是不合理的，因而必须要使用地块级别的单产数据。

2. 区域单产损失与保险损失的定量转换关系

在实际的研究和实践工作中，因农户级别的历史单产数据缺失，而利用区域尺度的单产计算减产风险又会导致低估保险损失风险，在两者之间构建经验关系对于保险损失风险的估算和区划工作具有重要的意义。学界与行业界均在这一点上进行了大量的尝试。例如，以 Botts-Boles 模型为代表的简化模型假定该县域内所有农户的单产集合 $\{y_{it}\}$ 服从某个特定分布 $f(y_t)$，全县的总保险损失可计为(Botts and Boles, 1958)

$$L_t = \int_0^{(1-\theta)\bar{Y}} l_t(y_t) f(y_t) \mathrm{d}y_t \tag{3.4}$$

式中，$l_t(y_t)$ 为实际单产为 y_t 的地块所获得的赔付；积分上限为对应的起赔点。为了将式(3.4)中所有的地块单产消除，只保留县级单产，模型进行了重要简化：①分布正态性，$\{y_{it}\}$ 服从正态分布，$f(y_{it}) \sim N(\mu_t, \sigma_t)$；②均值代表性，$y_{it}$ 的均值即为当年县域平均单产 $\mu_t = Y_t$；③方差齐性，$\{y_{it}\}$ 的标准差与时间无关 $\sigma_t = \sigma$，且可表示为县域多年平均单产的恒定倍数。在该研究中，笔者最终推荐的经验参数是 $\sigma_t = 0.25 \cdot \bar{Y}$。此时，式(3.4)可简化为关于正态分布的概率计算

$$L_t(Y_t) = \frac{\sum A_i \cdot C}{\bar{Y}} \cdot \left(\bar{Y} - Y_t + \frac{d \cdot \sigma}{C}\right) \tag{3.5}$$

式中，d 为标准正态分布上对应起赔单产 $(1-\theta)\bar{Y}$ 的概率密度值；$C = \int_0^{(1-\theta)\bar{Y}} \phi(x) \mathrm{d}x$，为赔付触发的农田占比。此时，任意一年的保险赔付总额成为当年县域平均单产的一元函数。在拥有足够时间序列 Y_t 的前提下，利用式(3.5)即可估算历史保额成本率并完成定价。

Botts-Boles 模型的假设与简化为在只有县级历史单产数据的提前下进行保险损失风险的估计提供了可能。然而，叶涛等(2014)利用农户级别的调查单产数据，发现大多数情况下拒绝了农户尺度单产的分布正态性、统计单产均值代表性及方差齐性等重要假设，并认为这可能与中国小农种植、地块破碎的种植结构有关。因此，这一转化的方法在中国的适用程度存在问题。相应地，Aon Benfield、RMS 等公司在构建其农业风险模型的过程中也使用美国农业部记录的大量农户级别的数据，对县域内的农户单产损失风险异质性与分布特征进行标定，构建经验关系

推广应用。这些经验关系对于北美地区而言是适用的，但可能仍然与中国的实际情况存在一定的差异。重建中国国内的历史单产的空间分布数据是支持上述研究的关键。

3.2 全国主要粮食作物综合自然灾害保险区划

本节针对全国水稻、小麦、玉米三种主要粮食作物的综合自然灾害保险开展风险评估、费率厘定与区划工作。通过搜集全国省级历史单产数据，应用单产统计模型，实现了省级因灾减产风险的定量评估。在此基础上，结合各省内农业气象站点记录的大田历史单产数据，在省级期望减产率与省级保险纯风险损失率之间构建了经验关系，用于推算保险损失风险、完成费率厘定工作。最终利用多变量空间聚类的方法编制了全国到省一级的保险区划方案。

3.2.1 数 据 来 源

利用单产统计模型进行全国省级主要粮食作物的综合自然灾害保险区划工作，主要使用的数据包括省级（区域）和农业气象站点级别（地块）的水稻、小麦和玉米的历史单产数据。省级单产数据涵盖内地 31 个省（自治区、直辖市）的水稻、小麦和玉米 1978～2014 年（长度为 36 年）的逐年省级单产数据*，每个序列包含 3 个属性列：总产量（kg）、总播种面积（亩）和单产（kg/亩）。数据来源为国家统计局、农业部等国家权威部门机构发布的《中国统计年鉴》（1979～2015 年）、《中国农村统计年鉴》等出版物和种植业信息网（http：//zzys.agri.gov.cn）。

本书使用的抽样大田数据来自中国气象局在各地设立的农业气象站点记录的大田尺度的作物产量数据（中国气象局档案资料馆），时间范围为 1994～2005 年（部分大田的记录的单产长度少于 12 年）。各省（自治区、直辖市）的抽样大田数量的统计结果如图 3.2 所示。

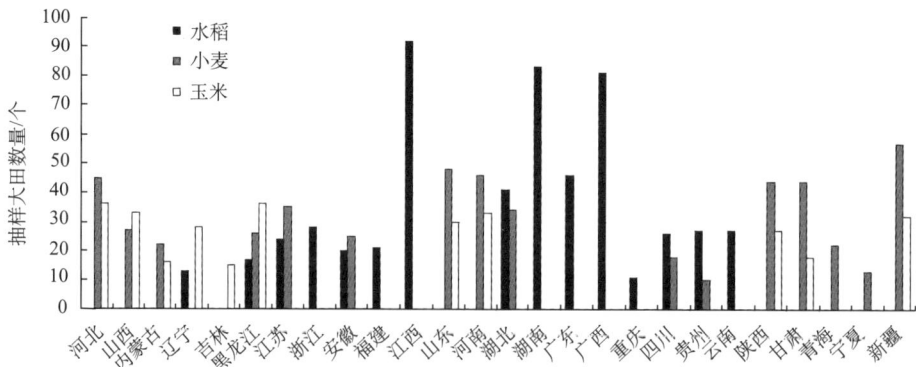

图 3.2　各省（自治区、直辖市）三种作物的抽样大田单产数据样本量

资料来源：聂建亮等，2012

---

*　重庆市于 1997 年成为直辖市。本书依据《四川统计年鉴》（1987～1997 年）记录的分地区农作物产量数据，将重庆市与四川省其他地区分离，形成两个独立的序列，分别与行政区划变动后的重庆（直辖）市和四川省对接。在测算过程中，重庆市与四川省的数据序列为 1986～2015 年（长度为 30 年）。

3.2.2　减产风险评估

1. 省级单产去趋势分析

依据单产统计模型的基本框架，因灾减产风险评估的第一环节是对省级历史单产数据进去趋势处理。基于文献（Ye et al., 2015）对去趋势模型的比较分析，在本案例中使用了稳健加权局部回归方法，对省级历史单产数据进行去趋势处理。在稳健加权局部回归方法中，首先依据确定的窗宽，对窗口内的时间自变量 t 进行加权多项式最小二乘回归，从而获得每个时间自变量的权重系数。在此基础上，利用回归残差确定稳健权重，然后再利用稳健权重与自变量权重系数的乘积，再次进行加权多项式最小二乘回归。循环上述过程，通过重复多次计算新权重和新拟合值，最终得到所需求解的拟合值。在本书中，依据文献（Ye et al., 2015）的建议，取多项式阶数为 2，窗宽为 7，迭代次数为 100，从而找到历史单产数据的拟合值。

在此基础上，即可计算出各省市各种农作物 1978～2014 年的拟合单产 $\hat{Y}_t$。为了处理时间序列中可能包含的"异方差"问题，在进行去趋势处理时，利用实际单产占预测单产的比值 $Y_t/\hat{Y}_t$ 作为随机误差，再利用式（3.6）计算无趋势单产（Deng et al., 2007）：

$$Y_{jt}^{\text{det}} = \frac{Y_{jt}}{\hat{Y}_{jt}}\hat{Y}_{j2014} \tag{3.6}$$

式中，Y_{jt}^{det} 为某作物第 $j=1, 2, \cdots, 31$ 个省（自治区、直辖市）第 $t=1978, 1979, \cdots,$ 2014 年的无趋势单产；Y_{jt} 为第 j 个省（自治区、直辖市）的第 t 年作物的实际单产；$\hat{Y}_{jt}$ 为第 j 个省（自治区、直辖市）的第 t 年的拟合单产，即由去趋势模型拟合的单产；$\hat{Y}_{j2014}$ 为第 j 个省（自治区、直辖市）2014 年的拟合单产。根据去趋势分析的假设，经过上述处理后，2014 年以前的历史单产都调整为 2014 年生产技术水平和自然环境条件下的单产，即无趋势单产。

2. 省级单产减产风险评估

本案例在估计单产分布时所使用的模型主要考虑了正态（normal）、对数正态（lognormal）、伽马（Gamma）和韦伯（Weibull）4 种经验分布函数。在参数估计时采用了最大似然法，并使用 Kolmogorov-Smirnov 拟合优度检验在不同的参数分布函数之间选择相对最优。各省级单产所服从的概率密度分布类型、分布参数，以及求解得出的期望损失率见表 3.3～表 3.5。

表 3.3　水稻省级单产的最优概率密度分布函数相关参数

省份	最优类型	参数 1	参数 2	期望损失率
北京	Weibull	316.73	5.33	0.09
天津	Weibull	122.40	5.37	0.09
河北	Weibull	131.05	11.78	0.04
山西	Weibull	178.68	16.09	0.03

省份	最优类型	参数1	参数2	期望损失率
内蒙古	Weibull	76.67	7.32	0.07
辽宁	Normal	607.52	267.73	0.16
吉林	Weibull	412.95	10.00	0.05
黑龙江	Weibull	458.68	9.00	0.05
上海	Weibull	86.26	3.60	0.13
江苏	Lognormal	5.10	0.18	0.07
浙江	Weibull	304.17	6.27	0.07
安徽	Weibull	230.93	2.67	0.16
福建	Weibull	521.96	7.81	0.06
江西	Gamma	157.20	2.48	0.03
山东	Weibull	420.18	6.13	0.08
河南	Lognormal	4.13	0.27	0.11
湖北	Lognormal	4.64	0.24	0.09
湖南	Weibull	291.93	7.87	0.06
广东	Lognormal	5.01	0.35	0.14
广西	Weibull	522.34	16.38	0.03
海南	Weibull	230.23	8.47	0.06
重庆	Weibull	331.80	13.44	0.04
四川	Lognormal	4.11	0.22	0.09
贵州	Weibull	164.69	5.32	0.09
云南	Weibull	251.24	10.98	0.04
西藏	Weibull	154.44	7.65	0.06
陕西	Weibull	428.12	25.22	0.02
甘肃	Lognormal	5.07	0.10	0.04
青海	Weibull	390.25	7.24	0.06
宁夏	Lognormal	4.58	0.20	0.08
新疆	Weibull	163.08	13.01	0.04

注：香港、澳门、台湾资料暂缺。

表3.4　小麦省级单产的最优概率密度分布函数相关参数

省份	最优类型	参数1	参数2	期望损失率
北京	Lognormal	5.07	0.04	0.02
天津	Weibull	110.47	7.80	0.06
河北	Weibull	375.94	15.67	0.03
山西	Gamma	22.16	11.25	0.08
内蒙古	Gamma	287.44	1.08	0.02

续表

省份	最优类型	参数1	参数2	期望损失率
辽宁	Lognormal	5.68	0.23	0.20
吉林	Weibull	158.72	13.48	0.04
黑龙江	Weibull	178.41	20.77	0.02
上海	Lognormal	4.57	0.29	0.12
江苏	Weibull	367.91	12.53	0.04
浙江	Weibull	111.21	8.35	0.06
安徽	Lognormal	5.52	0.13	0.05
福建	Lognormal	4.02	0.29	0.11
江西	Weibull	113.28	9.04	0.05
山东	Weibull	166.93	10.12	0.05
河南	Lognormal	4.33	0.16	0.07
湖北	Weibull	324.22	16.39	0.03
湖南	Lognormal	5.07	0.10	0.09
广东	Lognormal	5.67	0.16	0.06
广西	Weibull	111.21	8.35	0.11
海南	Lognormal	5.11	0.19	0.08
重庆	Gamma	233.55	0.69	0.03
四川	Weibull	240.31	12.65	0.07
贵州	Lognormal	6.10	0.11	0.04
云南	Lognormal	5.34	0.08	0.03
西藏	Weibull	365.01	15.99	0.03
陕西	Weibull	43.09	4.56	0.10
甘肃	Lognormal	4.83	0.27	0.11
青海	Lognormal	4.71	0.10	0.04
宁夏	Lognormal	4.77	0.08	0.03
新疆	Lognormal	6.16	0.05	0.02

注：香港、澳门、台湾资料暂缺。

表3.5 玉米省级单产的最优概率密度分布函数相关参数

省份	最优类型	参数1	参数2	期望损失率
北京	Weibull	69.25	4.50	0.10
天津	Lognormal	5.17	0.16	0.07
河北	Weibull	133.70	5.01	0.09
山西	Normal	440.55	68.66	0.06
内蒙古	Weibull	175.16	7.58	0.06
辽宁	Normal	318.77	45.28	0.06

省份	最优类型	参数1	参数2	期望损失率
吉林	Weibull	126.59	4.67	0.10
黑龙江	Lognormal	4.55	0.14	0.06
上海	Normal	126.90	50.84	0.15
江苏	Lognormal	4.73	0.11	0.04
浙江	Weibull	300.32	11.60	0.08
安徽	Weibull	281.02	11.73	0.04
福建	Lognormal	6.16	0.19	0.08
江西	Weibull	316.73	5.33	0.18
山东	Weibull	458.68	9.00	0.11
河南	Weibull	420.18	6.13	0.16
湖北	Lognormal	4.84	0.12	0.05
湖南	Lognormal	6.27	0.10	0.04
广东	Lognormal	5.33	0.12	0.05
广西	Weibull	508.44	11.05	0.04
海南	Lognormal	5.67	0.16	0.14
重庆	Weibull	45.35	5.11	0.09
四川	Weibull	321.44	10.67	0.09
贵州	Normal	76.37	37.86	0.17
云南	Lognormal	6.40	0.17	0.07
西藏	Lognormal	5.94	0.05	0.02
陕西	Weibull	527.80	24.13	0.02
甘肃	Weibull	125.13	9.18	0.05
青海	Lognormal	5.29	0.13	0.05
宁夏	Lognormal	5.25	0.27	0.11
新疆	Weibull	527.80	24.13	0.04

注：香港、澳门、台湾资料暂缺。

在进行了最优概率密度分布估计的基础上，即可依据分布的特征，通过积分等方式求得对应的省级单产减产率期望值与省平均单产减产率期望值(图3.3～图3.5)。

3.2.3　保险费率厘定

1. 保险损失风险估算

当前中国执行的财政支持下的农作物保险是以多种灾因为触发条件、以作物产量的相对减产率为定损标准、以农作物生产的物化成本为最大保险金额的一种产品。此类保险的定损与理赔单元是农户、地块级别。从触发机制与定损标准的角度来看，其与美国和加拿

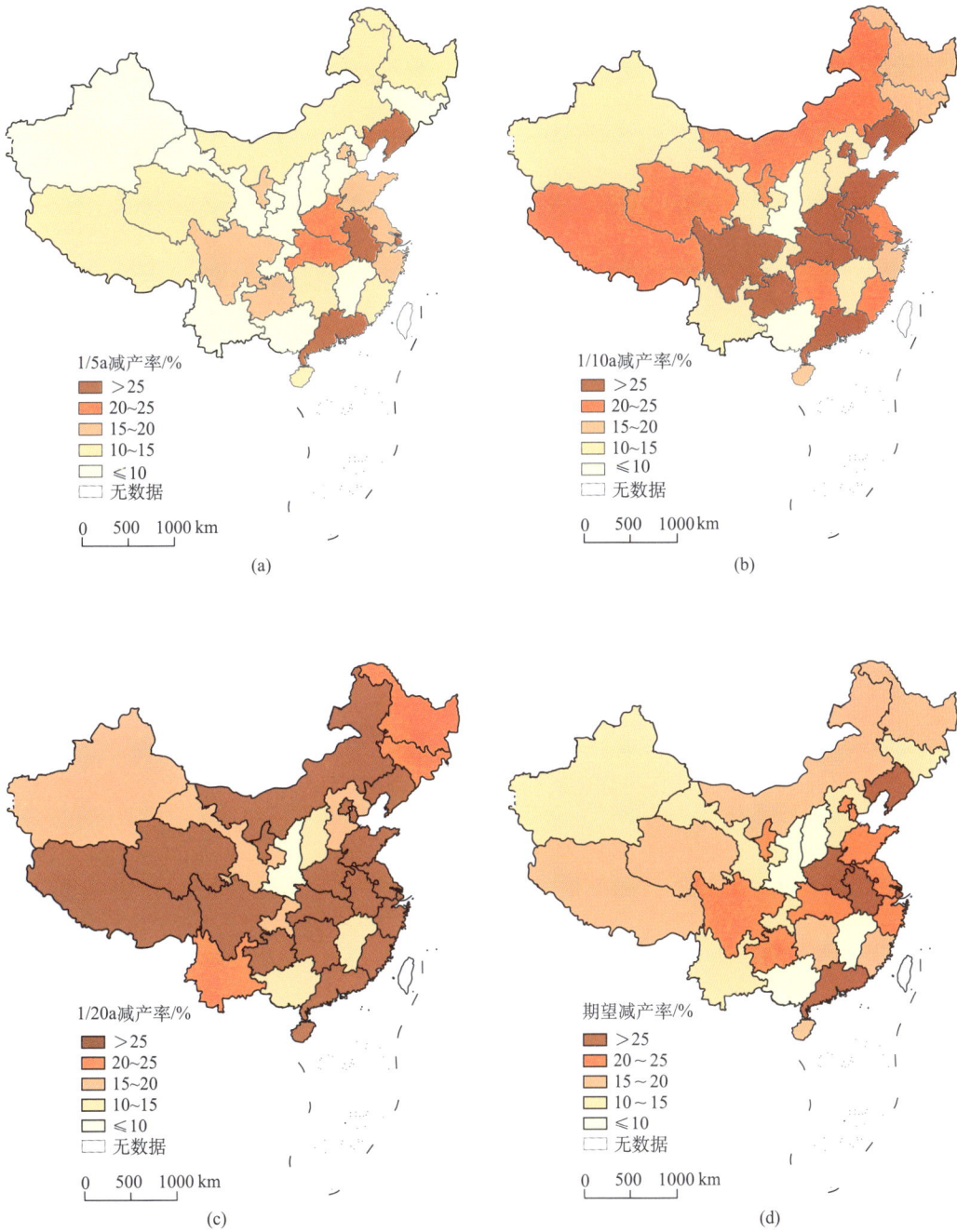

图 3.3　中国水稻单产减产风险

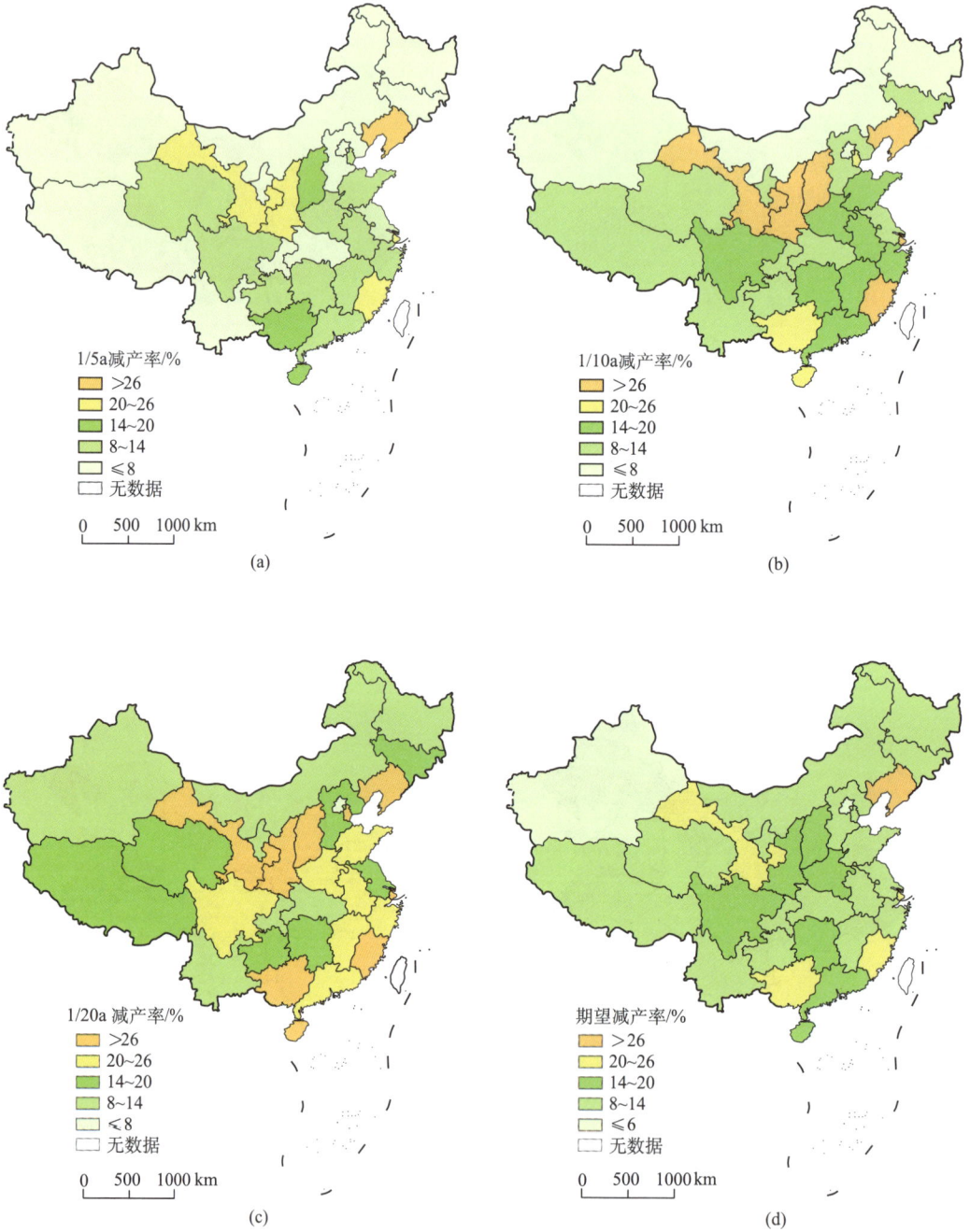

图 3.4　中国小麦单产减产风险

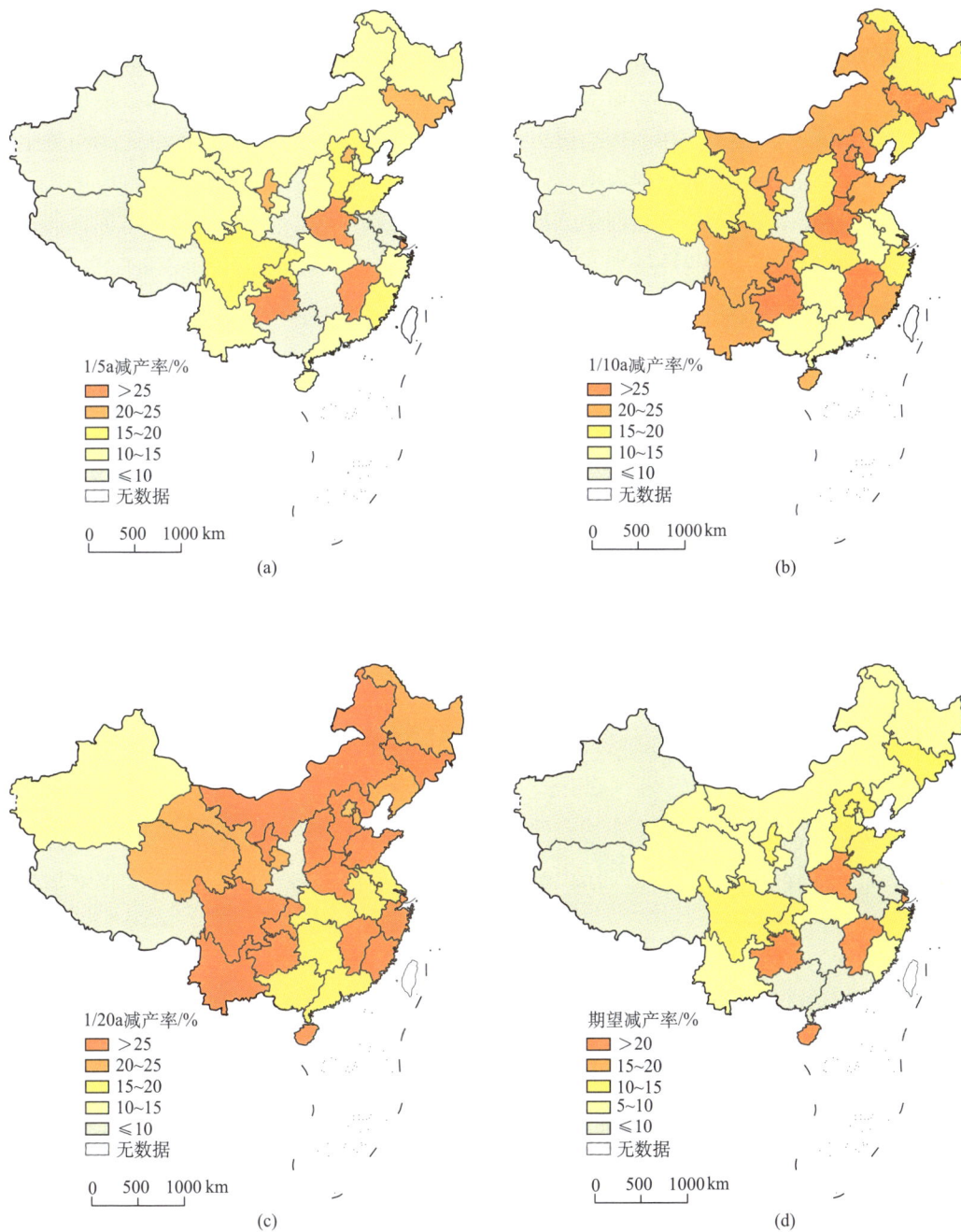

图 3.5　中国玉米单产减产风险

大执行的多灾种产量保险(Barnett,2000)基本一致。然而,北美地区的 MPCI 保险定价,是在由农户提供的实际历史单产数据(actural production history,APH)的基础上实现的。我国农户或地块尺度的历史单产数据并不公开发布,这为直接使用单产统计模型估计省级保额损失率造成了困难。正如本章 3.1.4 节中所述,由于空间尺度的差异,依据省级单产的减产风险直接计算省级保额损失率会造成严重的低估。在拥有一定数量个体地块历史单产数据的前提下,则可以尝试在个体地块级别的保额损失率与区域因灾减产率之间构建定量关系,从而全面估计省级保额损失率,完成定价工作。

由于全国范围内的大田级别的单产数据是有限的(图 3.6),因此只能采用统计抽样的方法,实现区域单产损失与保险损失的转换。

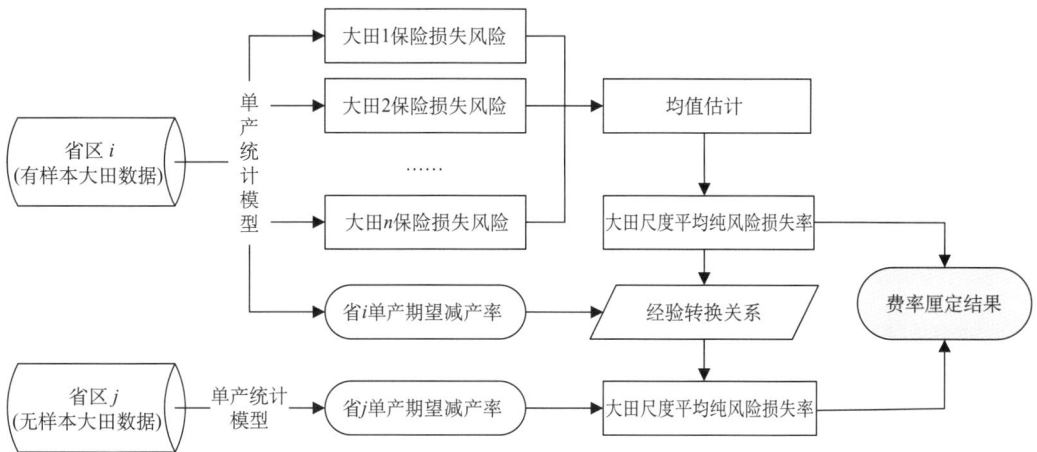

图 3.6 基于产量模拟模型的费率厘定流程 (据聂建亮等,2012;重绘)

其具体流程如下。

(1)基于抽样大田单产数据,应用单产统计模型估计各个抽样大田单产的保额损失率期望值(纯风险损失率)。

(2)以省为单元,将抽样大田纯风险损失率作为样本,通过统计方法,对总体(即某省内所有大田单产纯风险损失率)的均值进行推断,从而得出各省的平均大田纯风险损失率,即省级纯风险损失率。

(3)在抽样大田单产数据不足的地区,首先依据省级因灾减产风险评估结果(3.2.2节)计算省级单产期望减产率。在省级单产期望减产率与省平均纯风险损失率之间建立经验关系,并将其应用到抽样大田单产数据不足的省区,以估计相应的纯风险损失率。

1)地块尺度的保险损失风险估算

由于各省(自治区、直辖市)农气站点记录的抽样大田数据时间序列较短,只有 1994~2005 年 12 年单产数据(部分大田记录的单产长度少于 12 年),在实际估计中进行了数据的"扩充"。本书采用了模拟"伪"单产数据(pseudo yield)的方法(Deng et al.,2007)。该方法将大田单产视作省级单产基础上的一个随机波动 ε,并假定这种随机变化不依赖于省级单产的实际值。此时，即可在省级单产与随机波动之间进行交叉，以获取大量"伪"单产数据：

$$y_{it} = Y_{jt} \times \varepsilon_{it}, \quad \forall i \in j, \ s = 1994，1995，\cdots，2005 \tag{3.7}$$

式中，y_{it} 为第 i 块大田某种作物第 t 年的单产；Y_{jt} 为对应该大田所在省份的该种作物的省级单产；ε_{it} 为该大田单产与其对应的省级单产的相对波动（比值）。在假定这种基于省级单产的随机波动对省级单产无差别的情况下，可将某一年的产量波动用于其他年份，从而达到数据样本扩充的目的。基于省级去趋势单产和上述的波动序列，所以通过式(3.8)模拟大量的大田数据：

$$y_i^{\mathrm{pseudo}} = Y_j^{\mathrm{det}} \times \varepsilon_i \tag{3.8}$$

式中，Y_j^{det} 为上述求得的第 j 个省份的去趋势单产按时间先后排列的列向量（向量长度为 36 ×1）；ε_i 为该省份内第 i 块大田每年波动值构成的行向量（1×12）；y_i^{pseudo} 为模拟的该块大田的单产数据，其数据个数为 36×12，扩充了大田单产数据样本量。

基于上述扩展的大田单产数据，利用核密度估计方法拟合单块大田的单产概率密度分布。设 X_1，X_2，$\cdots$，X_n 为取值于 R 的独立同分布随机变量，其所服从的密度分布函数的核密度估计为

$$\tilde{f}_h(x) = \frac{1}{nh} \sum_i K\left(\frac{X_i - X}{h}\right), \ x \in R \tag{3.9}$$

即某一随机变量 x 的概率密度函数可以看成是若干个核密度函数之和。式中，$K(\cdot)$ 为核函数。在核密度估计中，常用的核密度函数包括 Guassian 核函数、Epanechnikov 核函数和 Biweight 核函数等。通常情况下，选用任何核函数都能保证密度估计具有稳定相合性。本书中选择了较常使用的 Guassian 函数：

$$K(u) = \frac{1}{\sqrt{2\pi}} e^{u^2/2} \tag{3.10}$$

式(3.9)中的 h 为预先给定的正数，通常称为窗宽或光滑参数。窗宽对估计分布的光滑程度影响很大，窗宽越小，核密度估计对原样本值拟合得越好，但密度曲线很不光滑，即方差越大；窗宽越大，密度曲线越光滑，方差小，但核估计的偏差却增大。在实际应用中，通常依据样本点之间的关系确定最优窗宽。而当核函数为高斯函数时，最优窗宽简化为

$$h_{\mathrm{opt}} = 1.06\sigma n^{-1/5} \tag{3.11}$$

式中，参数 σ 取分布的标准差和四分位距/1.34 之间的最小值(Silverman，1986)。

依据上述方案可得样本大田单产的概率密度函数。在此基础上，依据式(3.12)进行积分，即可求得对应的减产率期望值，即纯风险损失率：

$$\bar{\delta}_i = E[\delta(y_i)] = \int_0^{\theta\bar{y}_i} \delta(y_i)f(y_i)\,\mathrm{d}y_i = \int_0^{\theta\bar{y}_i} \frac{\theta\bar{y}_i - y_i}{\theta\bar{y}_i}f(y_i)\,\mathrm{d}y_i \tag{3.12}$$

式中，$\bar{\delta}_i$ 为产量期望减产率；$\delta(y_i)$ 为当实际产量为 y_i 时的减产率；$f(y_i)$ 为产量所服从的概率密度分布；$\bar{y}_i$ 为 y_i 的期望值，即依据统计模型推断出的平均产量（可视作理论产量）；

θ 为单产保障水平，在本书中进行了简化，设保障水平 $\theta=1$，即无免赔。

2）经验转换关系的构建

基于 3.2.2 节估计得到的各省份期望减产率和 3.2.3 节估计得到的部分省份纯风险损失率，即可在两者之间构建经验关系(图 3.7)，用于推测缺少抽样大田数据省份的纯风险损失率。

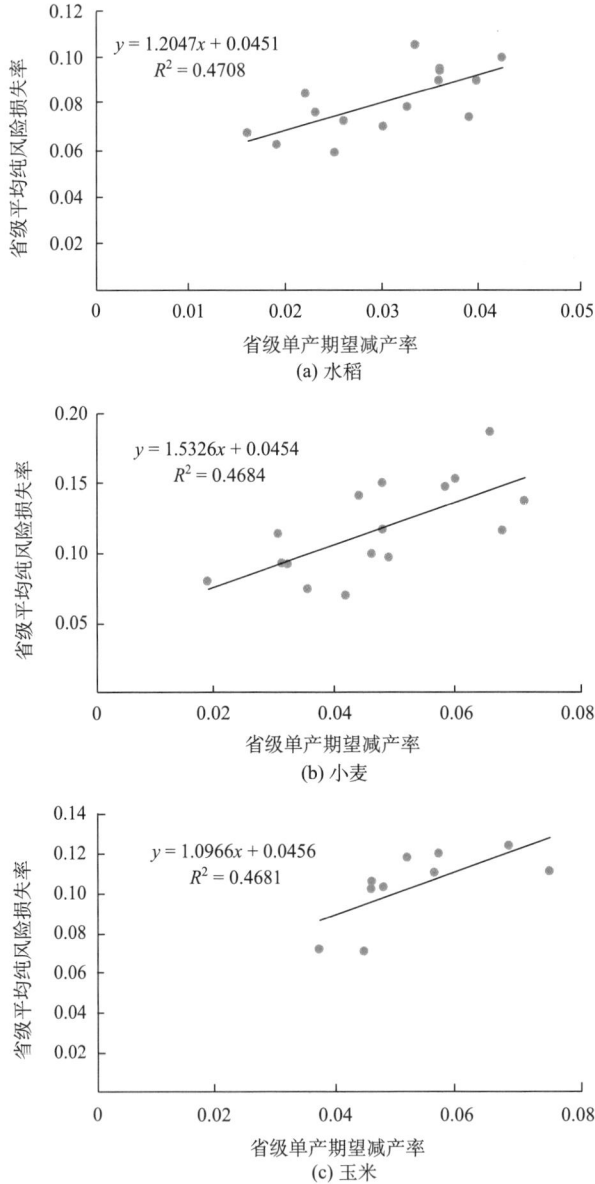

图 3.7　各作物省级单产期望减产率与省级平均纯风险损失率的经验关系
（据聂建亮等，2012；重绘）

从图 3.7 中可以看出，三种作物的省级单产期望减产率与省级平均大田纯风险损失率的回归结果 R^2 值均较高，两者间存在显著的相关性(均通过了 5% 的显著性检验)，即样本大田表现出的平均单产波动越大，区域尺度的省级总单产的波动性也就越大。同时，拟合的 3 个关系式的斜率参数均大于 1，并且截距大于 0，反映出省级平均大田纯风险损失率要高于省级统计单产的期望减产率，即 3.2.2 节中所述的尺度差异问题。三种作物中，小麦显现出的低估效应最为明显(斜率最大)。

2. 费率厘定

经过上述经验关系，即可对各省(自治区、直辖市)三类作物的综合纯风险损失率水平进行测算。在测算过程中进行了如下处理：①凡抽样大田数据个数满足推断省平均纯风险损失率的样本量时，依据省内所有抽样大田的期望减产率进行参数估计的最优分布拟合，就可以得到该省平均大田期望减产率，即对应的纯风险损失率。②凡抽样大田数据不足，无法直接利用抽样数据进行推断，且种植规模达到 10 万亩以上的，依据 3.2.3 节导出的经验关系，基于省级单产期望减产率推算出省平均大田单产期望减产率，并作为对应的纯风险损失率。③凡抽样大田数据不足，无法直接利用抽样数据进行推断，且种植规模未达到 10 万亩的，认为省级单产期望减产率可以近似为纯风险损失率。其测算结果见表 3.6。

表3.6　全国省级主要粮食作物保险费率厘定结果　　　　(%)

省份	水稻费率	小麦费率	玉米费率	省份	水稻费率	小麦费率	玉米费率
北京	9.4	15.7	11.6	湖北	7.8	9.9	8.6
天津	12.0	17.5	11.3	湖南	7.2	10.0	9.1
河北	8.5	9.7	10.2	广东	7.4	16.6	9.1
山西	12.4	13.7	11.7	广西	7.9	11.0	9.8
内蒙古	9.6	18.6	11.1	海南	7.9	—	9.5
辽宁	6.7	20.5	12.4	重庆	7.4	8.7	7.7
吉林	11.9	15.7	10.7	四川	7.0	9.2	8.1
黑龙江	9.5	14.7	11.0	贵州	10.5	15.0	8.1
上海	8.2	10.6	9.1	云南	7.6	13.0	7.6
江苏	5.9	6.9	8.6	西藏	18.4	10.7	11.8
浙江	8.4	10.3	8.6	陕西	10.3	15.3	10.3
安徽	9.4	11.6	12.7	甘肃	11.8	14.1	12.0
福建	6.7	11.1	8.4	青海	—	11.3	12.0
江西	6.9	10.1	11.9	宁夏	8.4	11.6	10.2
山东	12.0	7.4	7.1	新疆	11.2	7.9	7.0
河南	11.3	9.2	10.6				
				最大值	18.4	20.5	12.7
				最小值	5.9	6.9	7.0
				均值	9.0	12.3	9.9

注：香港、澳门和台湾资料暂缺。资料来源：聂建亮等，2012。

从表 3.6 中可以看出，各省份水稻纯风险损失率的分布范围为 5.9%～18.4%，均值为 9.0%；小麦纯风险损失率最小值和最大值分别为 6.9% 和 20.5%，均值为 12.3%；玉米对应的纯风险损失率的分布范围为 7.0%～12.7%，均值为 9.9%。3 种作物中，小麦的纯风险损失率均值最高，揭示出小麦在全国范围内的平均减产率和生产风险的平均状况要高于玉米和水稻。对于水稻而言，除了位于我国西部和北部地区的西藏、吉林、天津、甘肃和新疆等少部分省份的水稻费率在 10% 以上外，大部分地区的水稻费率均在 10% 以下。我国西部和北部地区自然地理环境恶劣、气候系统不稳定且波动性较强，导致了西部和北部地区的水稻生产具有较高风险，为较不适宜的水稻种植区。对于小麦而言，东北三省、内蒙古、甘肃、陕西、北京和天津等北方地区的小麦费率均高于全国平均水平，是小麦种植的高风险区。我国广大中部地区和南方部分地区的小麦生产风险较低。对于玉米而言，全国所有省份的玉米纯风险损失率均在 10% 左右浮动，变化幅度很小，费率最大的安徽与费率最小的新疆的差值仅为 5.7%，远远小于小麦和水稻的费率变化区间（区间长度分布为 12.5% 和 13.6%），显示出我国的玉米生产在全国范围内风险的地域差异相对较小。

3.2.4　保险区划

1. 区划实施原则与过程

依据风险评估与费率厘定的结果，以及全国到省级的尺度水平，对各区划总原则（2.3.4 节）作进一步解读，制定了如下区划实施的原则和步骤。

（1）以省级行政区划边界为最小区划单元，保持其完整性。

一方面，保险业务的开展均以行政单元设立经营机构，保险区划提供的相关参数应与行政单元保持一致。另一方面，本案例所依据的数据的最小空间尺度为省（区、市），因此只能利用省级行政单元作为最小单元。

（2）以因灾减产风险和保险损失风险为区划定量指标。

以风险评估结果测算的各省区因灾减产率和保险纯风险损失率作为定量区划指标，利用 K 均值聚类方法，在 ArcGIS 软件中进行了最优类别数的计算。在此基础上，分别形成 3 类作物的 K 均值聚类分组结果，作为区划最基础的定量参考依据。

（3）依据综合性、主导性和区域共轭原则对分区结果进行合并和调整。

在区划过程中，参照中华人民共和国农业区划、自然灾害区划和农业自然灾害区划的格局，依据不同作物在不同区域内的种植方式，特别是熟制上的差异，按照区内相似性、区间差异性、地带性和非地带性相结合的原则，对省级行政单元进行分组和合并。

2. 区划方案

根据上述原则和实施步骤，完成了全国分省水稻、小麦和玉米的综合自然灾害保险区划方案（图 3.8～图 3.10）。

将全国划分为 9 个水稻多灾种保险区域，包括：湘皖鄂赣桂水稻保险区、苏浙闽粤琼水稻保险区、云贵川渝水稻保险区、黑吉早熟稻保险区、辽蒙宁旱作稻保险区、鲁豫单季稻保险区、冀陕晋单季稻保险区、甘新旱作稻保险区和青藏稻作非适宜区（表 3.7）。

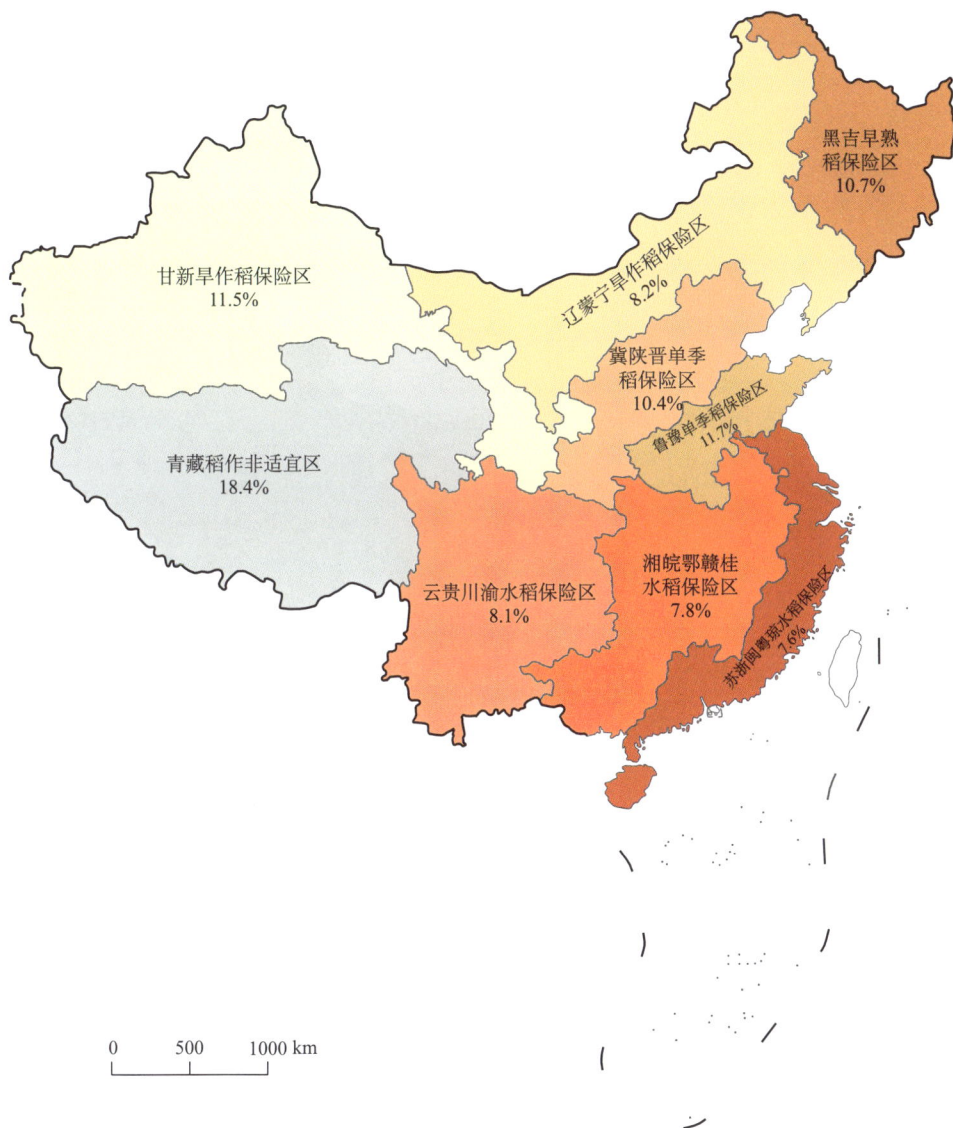

图 3.8　中国水稻多灾种保险区划图
注：香港、澳门、台湾资料暂缺

　　将全国划分为 9 个小麦多灾种保险区，包括：冀鲁豫晋苏皖冬麦保险区、陕甘宁春麦保险区、川渝鄂冬麦保险区、云贵冬麦保险区、青藏新春麦保险区、蒙黑吉春麦保险区、湘赣粤桂琼冬麦保险区、浙闽冬麦保险区、辽宁春麦保险区(表 3.8)。

　　将全国划分为 7 个玉米多灾种保险区，包括：黑吉辽蒙春玉米保险区、冀鲁豫春夏播玉米保险区、云贵川渝玉米保险区、晋陕甘宁春玉米保险区、苏皖鄂湘粤桂玉米保险区、青藏新玉米保险区、赣浙闽玉米保险区(表 3.9)。

图 3.9　中国小麦多灾种保险区划图
注：香港、澳门、台湾资料暂缺

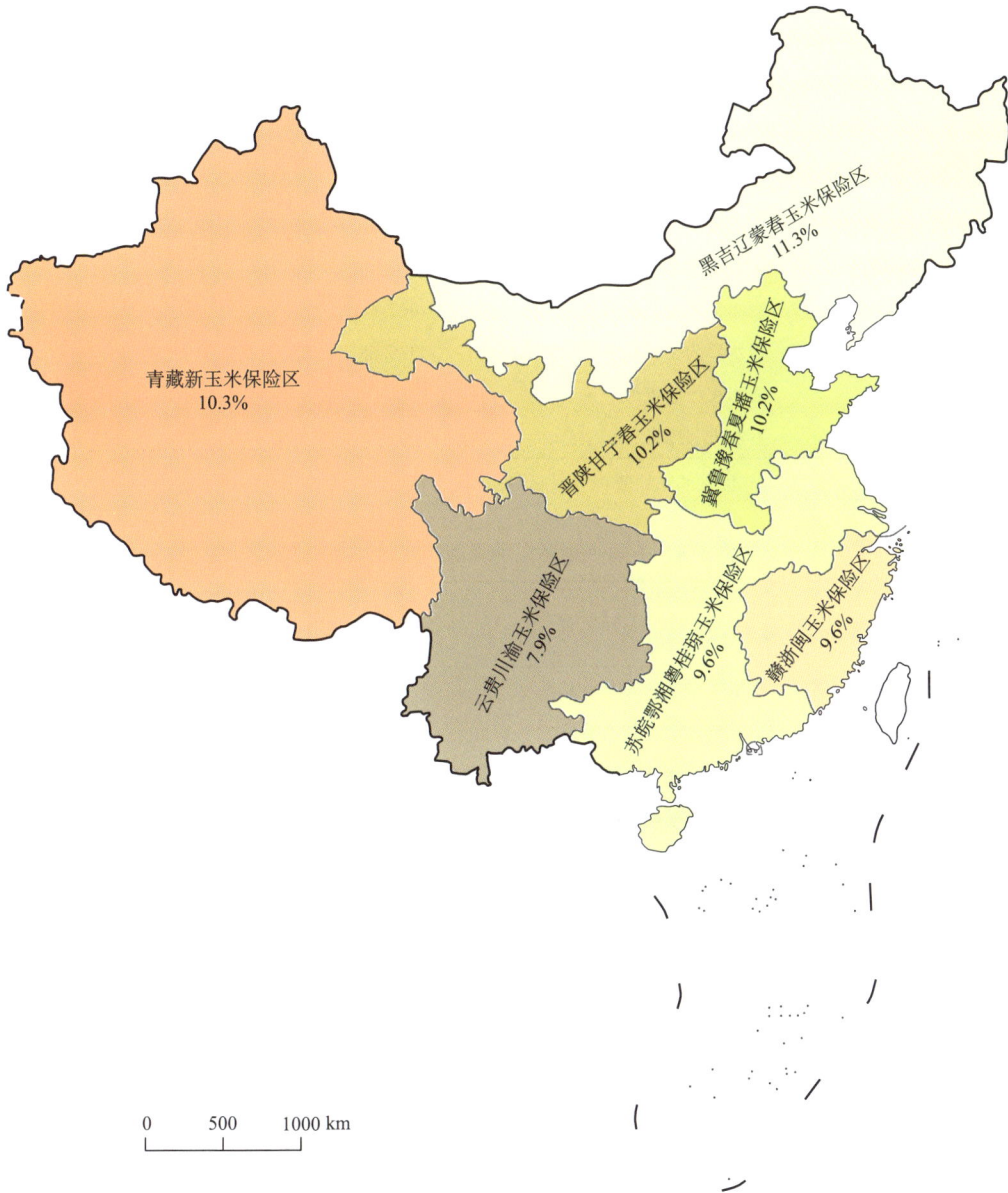

图 3.10　中国玉米多灾种保险区划图
注：香港、澳门、台湾资料暂缺

表 3.7　中国水稻多灾种保险区划分区特征表

保险区	主要自然灾害	种植面积/万亩*	因灾减产率/%		纯风险损失率/%
			期望	20 年一遇	
湘皖鄂赣桂水稻保险区	水灾、旱灾	19 716.78	7.5	30.2	7.8
苏浙闽粤琼水稻保险区	以水灾为主，其次为风灾、旱灾和病虫害	10 231.47	8.8	35.1	7.3
云贵川渝水稻保险区	水灾、旱灾、地质灾害（滑坡、泥石流）	6 848.93	6.4	26.8	8.1
黑吉早熟稻保险区	水灾和冻灾等为主	3 603.37	5.0	23.0	10.7
辽蒙宁旱作稻保险区	以水旱为主，有冻灾、病虫害等	1 091.82	10.2	43.6	8.2
鲁豫单季稻保险区	以水旱为主，其中旱灾尤为严重	982.42	9.1	35.9	11.7
冀陕晋单季稻保险区	以水旱为主，其中旱灾尤为严重	376.38	5.3	23.5	10.4
甘新旱作稻保险区	有水灾、冻灾等	115.17	3.9	16.5	11.5
青藏稻作非适宜区	有水灾、冻害	1.65	6.4	28.2	18.4

*　各区总播种面积为 2000 年以来的平均值。

表 3.8　中国小麦多灾种保险区划分区特征表

保险区	主要自然灾害	种植面积/万亩*	因灾减产率/%		纯风险损失率/%
			期望	20 年一遇	
冀鲁豫山苏皖冬麦保险区	以水旱为主，其中旱灾尤为严重	23 505.4	5.0	20.7	9.8
陕甘宁春麦保险区	以水旱为主，其次有冻灾、病虫害等	3 836.8	8.0	31.2	16.8
川渝鄂冬麦保险区	有水灾、旱灾、地质灾害（滑坡、泥石流）	3 719.6	4.4	16.0	9.3
云贵冬麦保险区	有水灾、旱灾、地质灾害（滑坡、泥石流）	1 412.1	3.6	14.2	14.0
青藏新春麦保险区	水灾、冻灾和雪灾等	1 344.1	3.0	12.6	10.0
蒙黑吉春麦保险区	水灾、旱灾、雪灾和冻灾、病虫害等	1 199.3	2.8	12.4	16.3
湘赣粤桂琼冬麦保险区	以水灾为主，其次为风灾（台风、风暴潮等）旱灾和病虫害	159.1	7.8	25.8	11.9
浙闽冬麦保险区	有水灾、旱灾、风灾（台风、风暴潮等）和病虫害	144.6	8.6	33.2	10.7
辽宁春麦保险区	水灾、旱灾、雪灾和冻灾、病虫害等	60.0	20.0	39.6	20.5

*　各区总播种面积为 2000 年以来的平均值。

表 3.9 中国玉米多灾种保险区划分区特征表

保险区	主要自然灾害	种植面积/万亩*	因灾减产率/% 期望	因灾减产率/% 20 年一遇	纯风险损失率/%
黑吉辽蒙春玉米保险区	水灾、旱灾、雪灾和冻灾、病虫害等	13 106.3	6.9	28.8	11.3
冀鲁豫春夏播玉米保险区	以水旱为主,其中旱灾尤为严重	12 037.3	10.4	36.5	10.2
云贵川渝玉米保险区	水灾、冻灾和雪灾等	5 399.4	10.5	43.4	7.9
晋陕甘宁春玉米保险区	水灾、旱灾、地质灾害(滑坡、泥石流)	4 215.2	6.0	24.1	10.2
苏皖鄂湘粤桂玉米保险区	以水旱为主,其次有冻灾、病虫害等	3 620.9	7.0	25.5	9.6
青藏新玉米保险区	水灾、冻灾和雪灾等	749.3	3.7	13.6	10.3
赣浙闽玉米保险区	以水灾为主,其次为风灾、旱灾和病虫害	146.8	11.3	33.9	9.6

* 各区总播种面积为 2000 年以来的平均值。

3.3 湖南省晚稻综合自然灾害保险区划

3.3.1 研究区域与数据

1. 研究区概况

本节选取湖南省双季晚稻种植区(双季稻播种面积占稻谷播种面积60%以上)为案例研究区,在行政区划上主要包括除张家界市、怀化市和湘西自治州 3 个地级市以外的 11 个地级市共 81 个县域单元(含各地级市市辖区)(图 3.11)。研究区范围内地势中间低、四周高,海拔基本在 500 m 以下,是湖南省内"马蹄型"盆地的主体区域。区域内的地貌单元主要包括湘江流域,资江、沅江和澧水中下游地区,以及洞庭湖区。这一区域以中亚热带季风气候为主,年降水量为 1200~1600 mm,由东向西递减。

湖南省是我国重要的水稻生产基地,水稻播种面积、产量均位居全国第一。湖南省水稻播种面积约为 6 411.14 万亩,覆盖 14 个市州 112 个县市区,双季稻和一季稻均有种植。就产量构成而言,晚稻产量所占的比重比早稻和一季稻都要多(据《湖南农村统计年鉴》数据),其在水稻生产中占有重要的地位。湖南省晚稻的生育期整体上集中于每年 6 月下旬~10 月中下旬,容易发生的农业气象灾害包括洪涝、干旱、高温热害、寒露风、湿害、连阴雨、大风等(李克勤,2005)。这些灾害中,洪涝主要影响晚稻的秧苗期。干旱主要影响晚稻前期的营养生长和后期的生殖生长。高温热害则易导致晚稻早穗。寒露风主要影响晚稻的抽穗扬花。湿害主要影响晚稻的抽穗开花期。夏季发生的连阴雨将导致晚稻僵苗不发、分蘖缓慢、生长期延长,秋季连阴雨则会造成晚稻大雨洗花、空壳率高。大风会造成晚稻的倒伏。在各类自然灾害中,以洪涝、干旱两种灾害造成的损失最为严重。

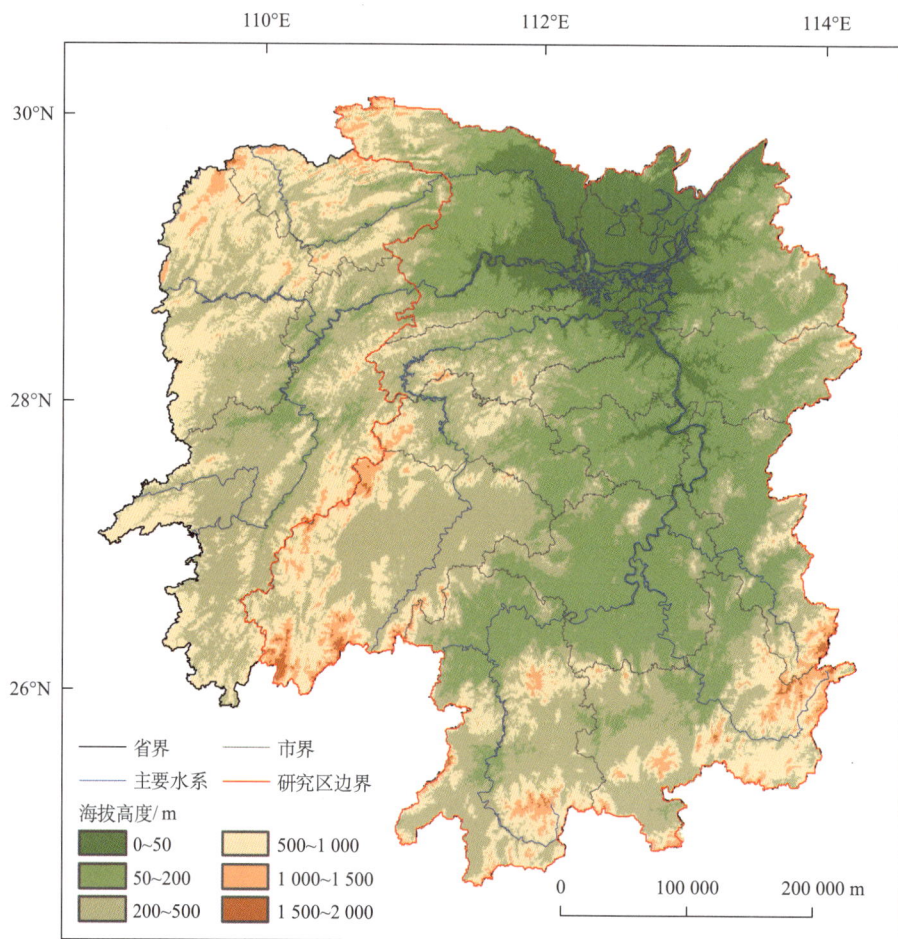

图 3.11　湖南省案例研究区

湖南省是我国最早开办水稻保险的地区之一。在 20 世纪 90 年代，就曾研制过杂交水稻制种保险，并开展过水稻自然灾害与减灾对策方面的研究(程梓华等，1991)。2007 年以来，在新一轮政策性农业保险试点过程中，湖南省又成为全国 6 个农业保险首批试点省区之一。在此之后，湖南省连续开办了水稻保险业务，承保规模及承保面积逐年增加，并位居全国水稻承保面积之首。2012 年以前，湖南省水稻保险承保面积约为播种面积的70%；2012 年以后，湖南省水稻保险承保面积达到了播种面积的 80% 以上，个别市州达到了 90% 以上。

2. 基础数据

本案例中涉及的数据来自从当地各部门(包括农业部门、水利部门、统计部门、气象部门、国土部门)实地收集的地理空间数据、气象数据、种植业生产数据(包括种植业生产情况、生产风险管理与技术进步)、保险业务数据等，以及在当地实地调查农户级别种植业情况的数据(表 3.10)。

表 3.10 基础数据清单

数据类型	指标	描述	数据来源
标准站气象数据	降水、气温、日照三要素	国家标准站, 日值, 1959~2011 年	中国气象局
农业气象数据	降水、气温、日照三要素	农业气象站点, 旬值, 1991~2011 年	中国气象局
农作物生育期数据	农作物生育期观测数据	农业气象站点, 生育期观测值, 1991~2011 年	中国气象局
农作物产量统计数据	农作物生育期调查数据	常德地区, 抽样农户调查	基于作者野外调研与抽样
	产量、播种面积、单产	县域统计数据, 年值, 1999~2011 年	《湖南农村统计年鉴》
农业技术信息	杂交水稻、旱苗育秧、抛秧、化肥、农药	县域统计数据, 年值, 1999~2011 年	《湖南农村统计年鉴》
县域单元灾情记录	灾害起止时间、受灾面积	报刊记录数据, 1949~2000 年	国内各大报刊记录
农户尺度农作物产量抽样数据	产量、播种面积、单产	常德地区, 抽样农户单产, 2007~2012 年	基于作者野外调研与抽样
保险业务	保费收入、承保规模、赔付支出	市(州)、县两级统计数据, 2008~2012 年	中国人保财险湖南省分公司; 中华联合财产保险公司湖南分公司

3.3.2 减产风险评估

1. 县级单产"趋势-波动"分解

1) 单产"趋势-波动"分解概念模型

在单产统计模型中, 对历史单产进行去趋势的第二类方法即是"趋势-波动"分解。相比于单纯基于时间自变量的时间序列分析去趋势分析方法, 此类方法在去趋势分析的过程中直接引入可能影响单产变化的气候变量与技术变量, 从而更准确地从历史单产序列中找出各类组分的相对贡献水平, 并识别真正与保险责任对应的单产年际波动, 保障风险评估和费率厘定的准确性。

现有文献中一般认为, 作物单产变化受到三方面要素的影响(Wang et al., 2016): ①气候变量, 长期而较为稳定的那部分气候要素对晚稻产量所造成的影响, 对于水稻而言, 主要包括温度、降水和日照的变化情况, 同时包括气候的趋势性变化与年际波动。②技术变量, 作物生长过程中所采用的保障高产稳产的技术手段, 如品种、化肥、农药、种植技术等; 在已有研究中, 通常认为技术的应用只有正向的趋势性变化, 但本案例的实际数据则说明农户对技术的应用也可能存在年际间的波动性变化, 因此其时间趋势与年际波动都应被考虑。③灾害事件变量, 指那些突发性灾害事件, 如低温冷害、洪涝、大风、干旱等。以上三要素分别都存在两个构成部分, 即中心趋势部分和随机波动部分, 且各个要素的趋势变化和波动变化分别与作物单产的趋势变化和波动变化逐一对应, 即要素波动变化影响单产波动变化, 要素趋势变化影响单产趋势变化。除上述要素可解释单产序列变化外，其他无法被解释的部分通过随机误差项进行表示。

为了将上述框架进行数学表达，通常借助气候变化研究领域常用的单产分解模型（Schlenker and Lobell，2010；Lobell et al.，2011b）：

$$y_{it} = f(w_{it}) + f(\text{tech}_{it}) + \gamma_i t + \varepsilon_{it} \tag{3.13}$$

式中，y_{it} 为研究区县域单元 $i = 1，2，\cdots，81$ 在 $t = 2000$ 年，2001 年，$\cdots$，2011 年的晚稻历史单产；$f(w_{it})$ 为每年各个县域单元气候变量要素引起的单产变化；$f(\text{tech}_{it})$ 为每年各个县域单元技术进步要素引起的单产变化；t 为时间趋势项，所有与时间变化相关的趋势变化部分都可以通过该变量进行解释；β_i 为时间变量的系数；ε_{it} 为随机误差项，即其他未考虑的要素都可以通过该部分进行解释。

将式(3.13)简化为线性模型，可得

$$y_{it} = \beta_i + \sum \beta_{wi} w_{it} + \sum \beta_{\text{techi}} \text{tech}_{it} + \gamma_i t + \varepsilon_{it} \tag{3.14}$$

从而将任意县域 i 的晚稻单产序列分解为 3 个组分：①可由气候变量解释的组分 $\sum \beta_{wi} w_{it}$，包括其趋势变化（与气候变化的影响对应）、年际波动（与天气影响对应）；②可由技术变量解释的组分 $\sum \beta_{\text{techi}} \text{tech}_{it}$；③时间项 $\gamma_i t$ 和随机误差 ε_{it}。进而，气候变量 w_{it} 和技术变量 tech_{it} 也可按时间进行趋势和波动分解，即 $w_{it} = \hat{C}_{wi} + \hat{\delta}_{wi} t + \hat{\mu}_{wit}$，$\text{tech}_{it} = \hat{C}_{\text{techi}} + \hat{\delta}_{\text{techi}} t + \hat{\mu}_{\text{techi}}$。此时有

$$y_{it} = \hat{C}_i + \left(\sum \hat{\beta}_{wi} \hat{\delta}_{wit} + \sum \hat{\beta}_{\text{techi}} \hat{\delta}_{\text{techit}} + \hat{\gamma} \right) \cdot t + \sum \hat{\beta}_{\text{techi}} \hat{\mu}_{\text{techit}} + \sum \hat{\beta}_{wi} \hat{\mu}_{wit} + \hat{\varepsilon}_{it} \tag{3.15}$$

式中，第一项为常数产量；第二项为所有与时间相关的趋势变化项，包括气候、技术及其他因素趋势性变化对产量带来的影响；第四、第五项分别是由技术和气候变量的年际波动造成的单产影响；最后一项仍然是随机误差项，当灾害事件未直接进入模型时，其影响将包含在随机误差项中。因此，上述组分中，种植业保险责任所涵盖的仅包括气候变量的年际波动影响及随机误差。因此，与保险责任对应的外部损失风险评估的关键是求解 $\sum \hat{\beta}_{wi} \hat{\mu}_{wi} + \hat{\varepsilon}$ 所对应的随机变量的分布。

2）模型估计

将上述概念模型应用于湖南省晚稻 81 个县域单元×12 年的数据中，即可实现对各要素对单产的贡献水平的估计。现有研究中常用的回归方法主要分为三类（Lobell and Burke，2010）：时间序列回归模型、横截面回归模型及面板数据回归模型。鉴于本案例中各县单产时间序列只有 12 年，选择对应的气候变量要素和技术进步要素较多，若直接采用各县数据单独进行时间序列回归模型分析，其回归结果的稳健性和可信度都不高。与此同时，历史数据的截面单元数（81 个县域）远大于时期数（12 年），即截面很大而时间序列较短。由于横截面个体不通过随机抽样获得，因而采用固定效应面板回归模型更为合适（胡志宁，2010）。

在回归变量的选取中，气候变量主要考虑了晚稻生育期累计降水量（mm）、日平均气

温(℃)、日照时数(h)3个指标。这些指标也是当前研究气候变化的粮食产量影响时最常见的指标(Rosenzweig et al., 2002; Schlenker and Roberts, 2009; Lobell et al., 2011a; Lobell et al., 2011b)。在将站点记录数据与县域单产数据进行匹配的过程中，首先利用湖南省境内共25个农气站观测的水稻生长发育信息，确定不同区域内晚稻生育期的起止日期。在此基础上，利用普通克里金方法，将日期插值到湖南省内64个国家基准站点位，从而形成各站点计算降水、气温和日照时数指标的时间依据。在此基础上，将64个站点计算得到的3个指标历年值再度进行插值，从而获取研究区内每个县级行政单元中心点位的相应值，并将其作为气候变量数据进入模型。

利用关于时间变量一元线性回归模型构建各指标与时间变量之间的线性关系，获得各个站点线性回归模型的斜率，以此表征各站点对应指标的趋势变化。对晚稻主产区81个县域单元平均气温、累计降水量及总日照时数3个指标的趋势变化分布进行统计，结果表明(表3.11)，各气象要素变化通过显著性检验的不多，尤其是累计降水量指标检验结果表明各县域单元均没有显著的线性变化趋势。对于气温，虽然显著的县域单元都显示出上升趋势，但是通过检验的仅占所有县域单元的3.70%；从变异系数结果分析，生产期平均气温指标和总日照时数指标波动特征都不明显，而降水的变异系数达到0.36，说明累计降水量指标以波动变化特征为主。

表 3. 11　湖南省晚稻主产区各县域单元气候变量变化情况表

指标	有显著时间趋势的县域比例/%	其中		变异系数
		显著上升/%	显著下降/%	
生产期平均气温	3.70	3.70	0.00	0.02
累计降水量	0.00	0.00	0.00	0.36
总日照时数	4.94	3.70	1.23	0.08

技术变量的指标主要考虑了与水稻生长密切相关的因素，包括杂交稻播种面积比(%)、旱育秧技术播种面积比(%)、抛秧播种面积比(%)、肥料使用量(kg/亩)及农药使用量(kg/亩)共5项指标。对研究区81个县域单元的上述指标分别作时间趋势拟合，并统计其变异系数，结果表明(表3.12)，各指标中只有肥料使用量在50%以上的县域存在显著的时间趋势，趋势方向以显著上升为主。农药使用量也呈现上升趋势。然而，与单产密切相关的杂交水稻技术和旱育秧技术的使用率随时间显著下降的县域单元比显著上升的县域单元多。对于表征各指标波动情况的变异系数而言，各指标整体的变异性较大(≥10%)，尤其是旱育秧技术和杂交水稻技术的变异系数分别达到了0.89和0.24。这一结果充分说明，技术的应用并不像文献中广泛假设的那样，只存在与时间对应的线性上升趋势，而是上升与下降并存，年际波动显著。因此，在分解过程中，对这些要素的年际变化进行考虑是十分必要的。

基于上述模型与变量设置，在EViews7.2中完成了固定效应面板数据回归的估计，获得了县级单产与生育期降水、气温、日照时数、水稻生产技术变量及时间趋势之间的经验关系(表3.13)。

表 3.12　湖南省晚稻主产区各县域单元技术变量变化情况表

指标	有显著时间趋势的县域比例/%	其中		变异系数
		显著上升/%	显著下降/%	
肥料使用量	54.32	41.98	12.35	0.11
农药使用量	28.40	18.50	9.88	0.45
杂交稻播种面积比	37.04	13.58	23.46	0.24
旱育秧技术播种面积比	32.10	8.64	23.46	0.89
抛秧播种面积比	40.74	28.40	12.35	0.59

表 3.13　面板数据回归模型参数结果表

变量名称	系数	标准误差	t 检验值	显著性
常数项	353.691	51.57	6.86	0.00
生产期平均气温	4.814	2.22	2.16	0.03
累计降水量	-0.001	0.01	-0.20	0.84
总日照时数	-0.046	0.03	-1.57	0.12
杂交稻播种面积比	0.142	0.06	2.31	0.02
旱育秧技术播种面积比	4.844	7.95	0.61	0.54
抛秧播种面积比	-1.688	1.85	-0.91	0.36
肥料使用量	0.006	0.01	0.58	0.56
农药使用量	-0.058	0.08	-0.77	0.44
时间趋势项	-1.202	0.56	-2.15	0.03
Adjusted-R^2	0.740		F	28.17

资料来源：王季薇等，2016。

　　从整体上看，面板数据回归模型是显著的，调整后的 R^2 达 74.1%，方程的总体拟合效果较好。从各自变量的系数来看，湖南省晚稻单产与各自变量之间存在正相关的是晚稻生育期的平均气温、杂交稻播种面积比、旱育秧技术播种面积比及肥料使用量，呈现负相关关系的是晚稻生育期内的累计降水量、总日照时数、抛秧播种面积比、农药使用量及时间趋势项。各自变量中，显著的仅包括晚稻生育期内的平均气温、杂交稻播种面积比及时间趋势项 3 个变量。结果显示，当前湖南省气温上升对晚稻单产的增加有正向作用，平均气温每上升 1℃ 将导致晚稻单产增加 4.814kg/亩。杂交稻播种面积比每上升 1 个百分点，将引起晚稻单产增加 0.142kg/亩。然而，由于该技术的普及率在晚稻主产区中 19.20% 的县域单元均呈现出下降趋势，因而其实质上对晚稻单产的贡献能力有限。时间趋势项的系数表明湖南省晚稻单产整体呈现出下降趋势。

　　基于面板数据回归得到的模型结果，代入各县各个变量对应的要素数值，获得晚稻主产区各个县域晚稻单产"趋势-波动"分解的各个组分。本书通过剔除与减产风险无关的技术进步组分及气候变化趋势组分后，即可获得需要进行减产风险评估的各县无趋势单产时间序列数据集：

$$y_{it}^{\text{det}} = \hat{C}_i + \sum \hat{\beta}_{wi}\hat{\mu}_{wit} + \hat{\varepsilon}_{it} = y_{it} - \left(\sum \hat{\beta}_{wi}\hat{\delta}_{wit} + \sum \hat{\beta}_{\text{techi}}\hat{\delta}_{\text{techit}} + \hat{\gamma} \right) \cdot t - \sum \hat{\beta}_{\text{techi}}\hat{\mu}_{\text{techit}}$$

$$(3.16)$$

2. 县级单产减产风险评估

在 3.3.2 节第一小节研究结果的基础上，可利用无趋势单产样本对县级单产的概率分布进行拟合，并评估减产风险。由于本书各县域单元无趋势晚稻单产仅有 12 年数据，属于小样本问题，进行风险分析时宜采用信息扩散方法（黄崇福，2012）。首先，在考虑研究区单产取值区间的前提下，假设无趋势单产的论域为 $U = \{u_1, u_2, \cdots, u_n\} = \{1, 2, \cdots, 999\}$。依据式（3.17），将某个县域单元每一年的无趋势单产 y_{it}^{det} 所携带的信息扩散给 U 中的所有点：

$$f(u_i) = \frac{1}{h\sqrt{2\pi}}\exp\left[-\frac{(y_{it}^{\text{det}} - u_i)^2}{2h^2}\right]$$

$$(3.17)$$

式中，h 为扩散系数，可根据样本集合中样本的最大值 b 和最小值 a 及样本个数 n 确定（黄崇福，2012），其计算公式为

$$h = \begin{cases} 0.8146(b-a)\,, & n=5 \\ 0.5690(b-a)\,, & n=6 \\ 0.4560(b-a)\,, & n=7 \\ 0.3860(b-a)\,, & n=8 \\ 0.3362(b-a)\,, & n=9 \\ 0.2986(b-a)\,, & n=10 \\ 2.6851(b-a)\,, & n \geqslant 11 \end{cases}$$

$$(3.18)$$

若对第 j 个县域单元的某一年单产 y_{jt}^{det} 依据式（3.18）进行扩散，令 $c_j = \sum\limits_{i=1}^{n} f_j(u_i)$，得到相应的模糊子集的隶属度函数为 $u_{y_{jt}^{\text{det}}}(u_i) = f_j(u_i)/c_j$。式中，$u_{y_{jt}^{\text{det}}}(u_i)$ 为样本 y_{jt}^{det} 的归一化信息分布。继续令

$$q(u_i) = \sum_{j=1}^{m} u_{y_{jt}^{\text{det}}}(u_i)$$

$$(3.19)$$

对 $q(u_i)$ 进行求和，得 $Q = \sum\limits_{i=1}^{n} q(u_i)$，则有

$$p(u_i) = \frac{q(u_i)}{Q}$$

$$(3.20)$$

即所求的对应单产为 u_i 的风险概率估计值。

依据上述信息扩散方法，分别求出各县单产的期望值，然后以其为基准，测算减产率的期望值和不同重现期（1/5a、1/10a、1/20a）的特征值，并作为减产风险评估的定量结果（图 3.12）。

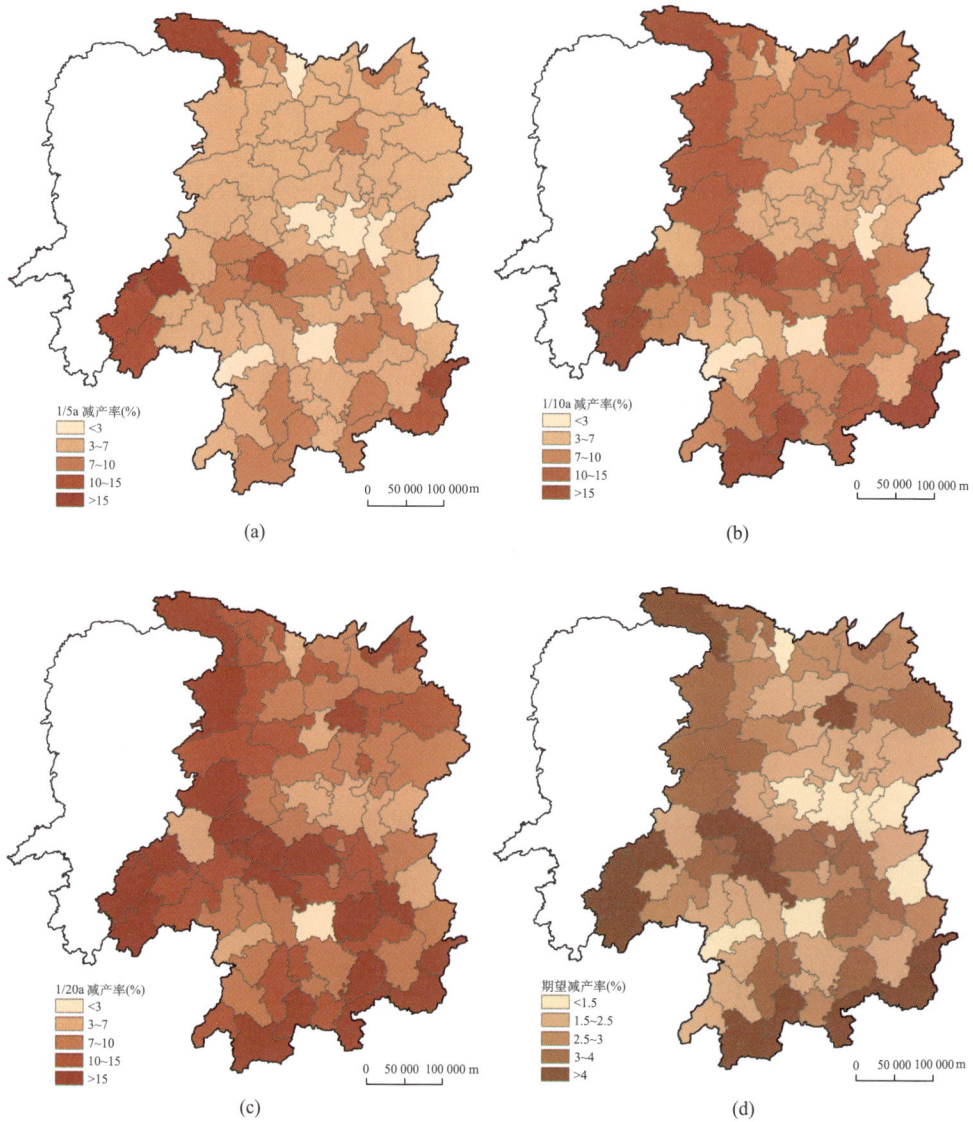

图 3.12 不同重现期和期望水平条件下湖南省研究区县级晚稻单产减产风险
资料来源：王季薇等，2016，重绘。

从评估结果来看，湖南省晚稻主产区各县域单元的晚稻单产期望损失率为 0.81% ～ 9.71%；5 年一遇、10 年一遇、20 年一遇条件下，晚稻单产的减产率最小值分别为 1.65%、2.32% 及 3%，最大值分别为 19.16%、31.97% 及 44.02%。随着重现期的增加，各个县域单元的单产减产率都在增大。从空间分布上看，湘中长株潭地区期望损失率较低，而湘南郴州地区则相对较高，洞庭湖区县域单元的风险以中等为主。期望损失率或减产率高的县域单元大部分属于山地分布区，特别如石门县、汝城县和桂东县，均属于高山山地区。

3.3.3　保险费率厘定

1. 保险损失风险估算

与全国案例类似，在依据农户个体的因灾减产率确定保险赔付合同的前提下，县级单产的减产率无法直接指导县级费率厘定，而必须以基层农户为单元进行建模，再汇总形成县级总保险损失风险(叶涛等，2014)。针对这一问题，本案例利用常德市 794 个农户的 6 年的单产调查数据，使用经验正交函数分解与蒙特卡罗仿真方法，对农户级别单产进行仿真，从而得到符合样本特征的大量伪农户单产数据，并对各个农户的多年平均赔付情况进行仿真，以估算县级总保险损失。在此基础上，通过构建农户级别保险损失风险与县级单产减产风险之间的经验关系，对缺少农户单产数据的县级保险损失风险进行估计。

1) 农户级别保险损失风险估算

为了估计农户级别的保险损失风险，依托中国人保财险湖南省分公司、中华联合财产保险公司湖南分公司在湖南省常德市各县区的基层农业保险服务网点，于 2013 年 1 月中、下旬在常德市 9 个县市区分别开展了农户级别的历史单产问卷调查。通过保险公司的基层服务网点工作人员在各个村一级行政单元内随机发放设计的产量调查问卷，最终获取了有效问卷共计 794 份。除地处山区的石门县外，取样点的分布在研究区内较为均匀，具有较好的代表性(图 3.13)。

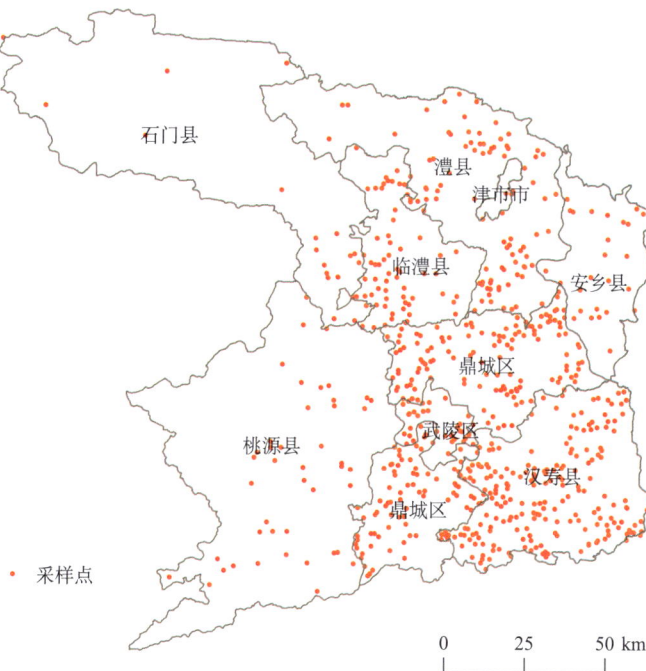

图 3.13　湖南省常德地区农户历史水稻单产调查点位分布

问卷调查的核心内容为 2007～2012 年农户种植的晚稻产量。最终，获得了 794 户×6 年的有效数据。类似全国案例中对地块级别保险损失风险分析中遇到的问题，本案例中，农户级别的单产数据序列长度依然较短，为直接应用单产统计模型造成了障碍。为此，也需要考虑利用恰当的方法，生成大量的"伪"历史单产。由于本案例中常德市的空间范围较为有限，抽样点位之间的距离很近，因此在仿真时必须考虑农户单产之间的相关性。为此，使用了研究中应对此类问题常见的经验正交函数（empirical orthogonal function，EOF）分解的方法。

EOF 分解方法在多变量联合仿真中有广泛的应用。通过 EOF 分解，可将原始数据正交分解为空间维的模态与对应时间系数。如果将空间模态与时间系数进行线性重组，则可还原历史数据，或随机仿真生成大量符合历史数据规律的"伪"数据，从而实现数据量的扩充，以开展费率厘定（Stojanovski et al.，2015）。针对本案例中农户单产数据的特点，制定了相应的 EOF 分解和蒙特卡罗仿真的技术路线（图 3.14）。

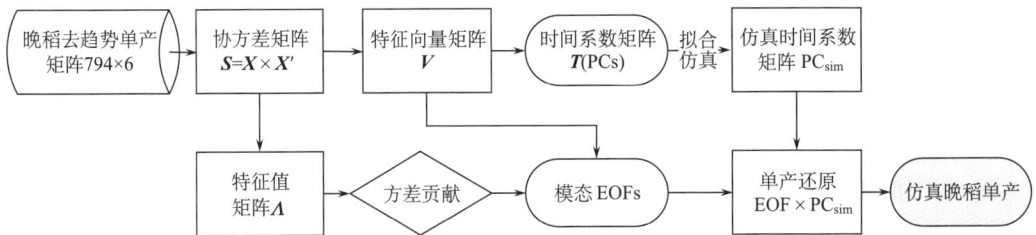

图 3.14　湖南常德地区农户单产 EOF 分解与蒙特卡罗仿真的技术路线

首先，基于有效调查问卷建立 794 户×6 年的原始晚稻单产数据矩阵 $X_{794×6}$，并对其进行距平值处理。在此基础上，求解其协方差矩阵的特征值矩阵和特征向量矩阵，将原数据分解为空间模态矩阵和时间主成分矩阵。分解结果显示，前四主模态的累计方差贡献率达到 99.79%（表 3.14）。在此基础上，针对前四主模态的时间系数分别进行分布拟合，再依据分布仿真生成大量"伪"时间系数，并将其与主模态矩阵进行线性重组，即可得到 794 个农户在更长时间跨度上的仿真单产数据。使用 SPSS 分别对前 6 个 PCs 进行正态分布检验，结果显示，6 个 PCs 全部服从正态分布，即可以基于正态分布假设对时间系数矩阵进行蒙特卡罗模拟仿真。

表 3.14　常德地区农户单产 EOF 分解的方差贡献

编号	特征值	方差贡献率/%	累计方差贡献率/%
1	819 729 003	98.79	98.79
2	5 104 922	0.62	99.40
3	1 943 107	0.23	99.64
4	1 220 993	0.15	99.79
5	941 664	0.11	99.90
6	840 785	0.10	100.00

依据上述 EOF 分解与仿真的方法,共生成了 794 户、1000 年的仿真单产数据。仿真结果取得了较高的可靠性,仿真单产与历史单产期望值之间的相对误差控制在 1% 以内,相关系数达到 0.99;两者之间标准差的相对误差相对较高(15%),而相关系数也达到了0.87(图 3.15)。

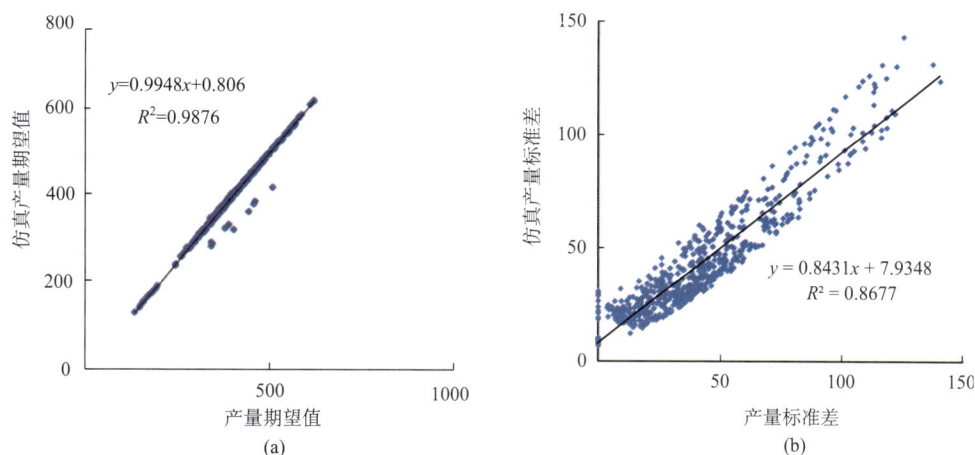

图 3.15　湖南常德地区农户单仿真结果的验证

在此基础上,依据当前水稻保险条款的规定,即可测算每个农户的期望单产、历年相对减产率和对应的赔款水平。结合调查得到的每个农户的播种面积数据,可相应地得到各县的总赔款与对应的保额损失率。通过对仿真得到的 1000 个事件的年数据进行简单统计分析,即可确定县级保险损失与保额损失率的期望值与重现期特征值(表 3.15)。

表 3.15　基于仿真结果测算的常德市水稻保险赔偿金额及保额损失率

县(市)名	保险损失/万元				保额损失率(LCR)/%			
	期望值	1/20a	1/10a	1/5a	期望值	1/20a	1/10a	1/5a
安乡县	322	802	671	508	5.11	12.70	10.64	8.06
石门县	35	142	108	73	2.74	11.22	8.50	5.80
汉寿县	1 040	2 293	1 926	1521	4.56	10.06	8.45	6.67
津市市	105	285	228	173	3.41	9.26	7.44	5.62
澧县	213	619	494	368	2.91	8.48	6.77	5.04
临澧县	514	1 152	996	765	4.66	10.44	9.03	6.93
桃源县	1 066	2 407	2 039	1 606	4.38	9.89	8.38	6.60
武陵区	176	647	485	328	6.53	23.96	17.97	12.16
鼎城区	1 322	2 758	2 440	1 911	4.83	10.07	8.91	6.98
常德市	4 854	10 202	8 592	6 953	4.57	9.61	8.09	6.55

仿真结果显示,各区县的晚稻纯风险损失率为 2.74%~6.53%。为了验证该结果,将研究区当地经营主体 2009~2012 年水稻保险的保费收入、保额规模及历史赔付数据进行

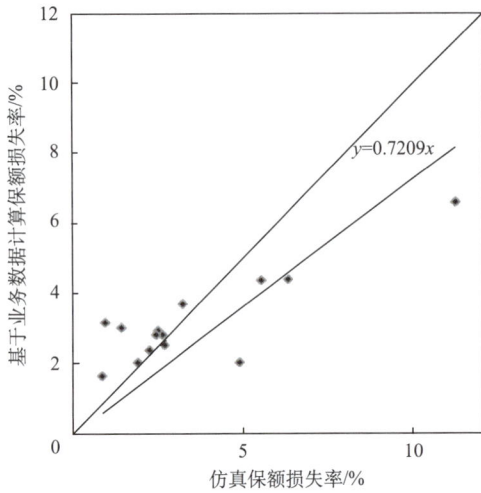

图 3.16 仿真保额损失率的验证

了简单统计，分别求得各县区的保额损失率。将其与保险历史业务数据进行验证的结果显示，仿真保额损失率与实际业务的保险损失率之间的相关系数为 0.72，效果较好(图 3.16)。

2) 县级减产风险与保险损失风险的经验转换关系

为了获取研究区其他县域的保额损失率特征值，在常德市仿真结果的基础上进一步分析了各项保险损失指标(期望值与重现期特征值)与各项因灾减产指标(期望值与重现期特征值)之间的关系，并分别使用了线性、指数和二次函数三个模型对减产量与保险损失的关系进行拟合。结果表明，因灾减产总量(即因灾减少单产×播种面积)与总保险赔付之间存在较理想的二次多项式关系：

$$L_t = 0.05 \cdot LP_t^2 + 92.39 \cdot LP_t + 222.49 \tag{3.21}$$

式中，L_t 为任意 t 年全县总保险赔付(亿元)；LP_t 为对应的该年总减产量(t)。式(3.21)的拟合优度为 0.774。

基于之前计算得到的各县因灾单产减产，结合各县播种面积统计数据，即可利用式(3.21)估计研究区其他各县历年晚稻保险赔付额及保额损失率。在对各县保额损失率进行概率分布拟合时，由于样本量的限制，再次应用了信息扩散的方法，实施步骤与 3.3.2 节减产风险评估类似。评估结果显示(图 3.17)，保险损失率高值区主要分布于湖南南部和湘西的山地丘陵地区，以及种植面积偏少的县域单元；中等值的县域较为离散地分布于湘

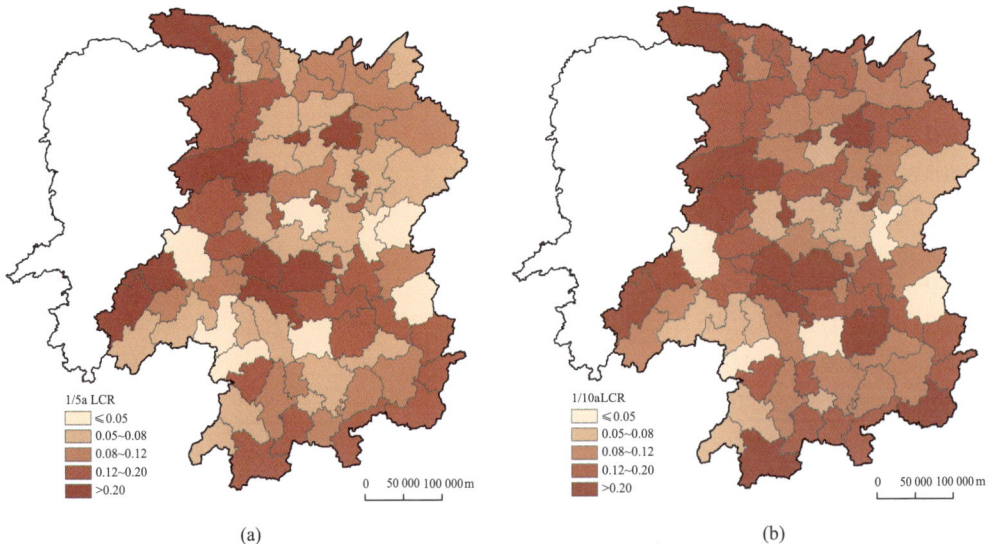

(a)

(b)

(c)

(d)

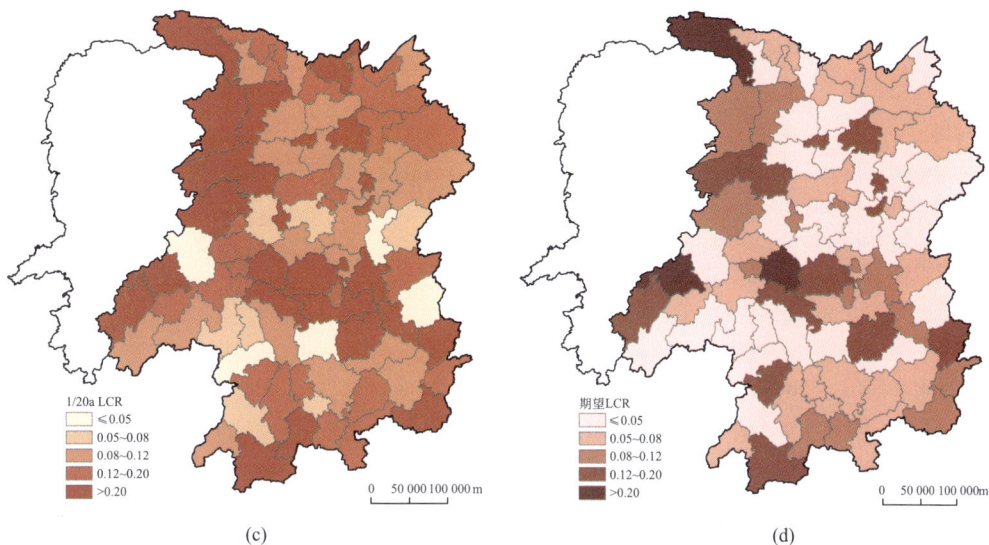

图 3.17　湖南省研究区县级晚稻保险损失风险评估结果（据王季薇等，2016；重绘）

南和湘北；低值的地区主要分布于海拔较低的平原地区，主要集中于湘江中下游流域。

2. 保险费率厘定

依据费率厘定的基本原理，各县域水平保额损失率的期望值，即为对应的县级纯风险损失率。由此可将湖南省晚稻保险的纯风险损失率列入表 3.16。

表 3.16　湖南省研究区晚稻保险县级费率厘定结果

县域单元	纯风险损失率/%	县域单元	纯风险损失率/%	县域单元	纯风险损失率/%
邵东县	22.97	茶陵县	2.54	道县	3.86
衡东县	9.39	隆回县	3.31	嘉禾县	6.67
衡阳县	16.85	洞口县	30.51	宜章县	7.63
南岳区	11.38	绥宁县	17.99	蓝山县	9.30
祁东县	13.34	武冈市	5.48	临武县	9.81
衡阳市辖区	8.72	新宁县	4.51	江永县	6.87
衡南县	7.93	东安县	3.51	江华自治县	12.79
安仁县	8.78	祁阳县	4.45	石门县	22.98
耒阳市	13.12	冷水滩区	3.84	澧县	6.51
炎陵县	13.59	城步苗族自治县	4.99	临湘市	4.86
桂东县	11.00	常宁市	1.97	临澧县	4.47
汝城县	11.88	零陵区	2.21	华容县	7.23
益阳市辖区	3.37	桃源县	8.22	安乡县	4.90
长沙县	4.38	常德市辖区	8.59	津市市	7.85

县域单元	纯风险损失率/%	县域单元	纯风险损失率/%	县域单元	纯风险损失率/%
浏阳市	4.12	安化县	12.54	岳阳市辖区	7.62
望城县	4.55	新化县	9.84	岳阳县	6.32
长沙市辖区	13.64	冷水江市	7.06	南县	6.19
湘潭县	3.36	新邵县	7.47	沅江市	4.76
湘乡市	2.93	邵阳市辖区	8.12	汉寿县	4.24
涟源市	3.87	邵阳县	6.61	平江县	7.30
株洲市辖区	7.20	永兴县	4.95	湘阴县	18.35
湘潭市辖区	14.48	资兴市	7.54	汨罗市	7.08
醴陵市	3.34	桂阳县	5.29	益阳市	19.54
株洲县	2.52	双牌县	12.73	桃江县	4.80
双峰县	4.66	宁远县	6.03	宁乡县	6.36
衡山县	5.91	新田县	7.39	韶山市	10.88
攸县	5.76	郴州市辖区	7.66	娄底市辖区	9.46

3.3.4 保险区划

1. 区划实施原则与步骤

依据研究区实际情况,对区划总原则(2.3.4节)作进一步解读,制定了如下区划实施原则和步骤。

(1) 以县域边界为最小区划单元,保持其完整性。

考虑到保险区划服务的对象,在此仍然建议选取行政边界作为最小区划单元,以便于同保险实务对接。

(2) 依据因灾减产风险评估结果和保险损失风险评估结果进行多指标综合聚类。

本案例中的保险综合区划属于典型的多要素(风险和费率)、多指标(期望值与不同重现期特征值)区划问题。为此,分别选取县级因灾减产风险的期望值与1/20a特征值、保额损失率的期望值(纯风险损失率)与1/20a特征值作为区划的定量指标,采用K-均值空间聚类方法进行类型区划分,从而从大的空间格局上综合灾害风险与保险损失风险两类要素的分异规律,为后续的区划工作制作草图。在ArcGIS软件中对上述4个指标进行了最优类别数的计算。结果显示,当分类数达到10类时,伪F统计量首次达到峰值,其后随着分类数的增加,伪F统计量处于波幅波动状态。因此,将空间聚类数量初步定为10类,且在空间分布上取得了明显的区块化结果。

(3) 依据主导因素原则和区域共轭原则进行自下而上合并。

在由K均值聚类所取得的类型区划分结果的基础上,对临近的最小区划单元进行自下而上的合并。在这一过程中,主要考虑以下要点:一是孕灾环境的主导性,在进行合并过程中充分体现大的孕灾环境，特别是大的地貌单元对水稻自然灾害风险的决定性影响。二是区域共轭原则，主要解决 K 均值聚类的分类结果出现的飞地问题。在合并过程中，主要坚持就近合并原则：一是空间上就近合并；二是级别上就近合并。合并完成后，即可获得相应的区划结果。

2. 区划方案

依据上述实施原则，最终结果将湖南省划分为 5 个区：湘北洞庭湖区平原保险区、湘中长株潭丘陵保险区、湘中南衡邵盆地丘陵保险区、湘南块状山地丘陵保险区和湘西南山地保险区（图 3.18，表 3.17）。

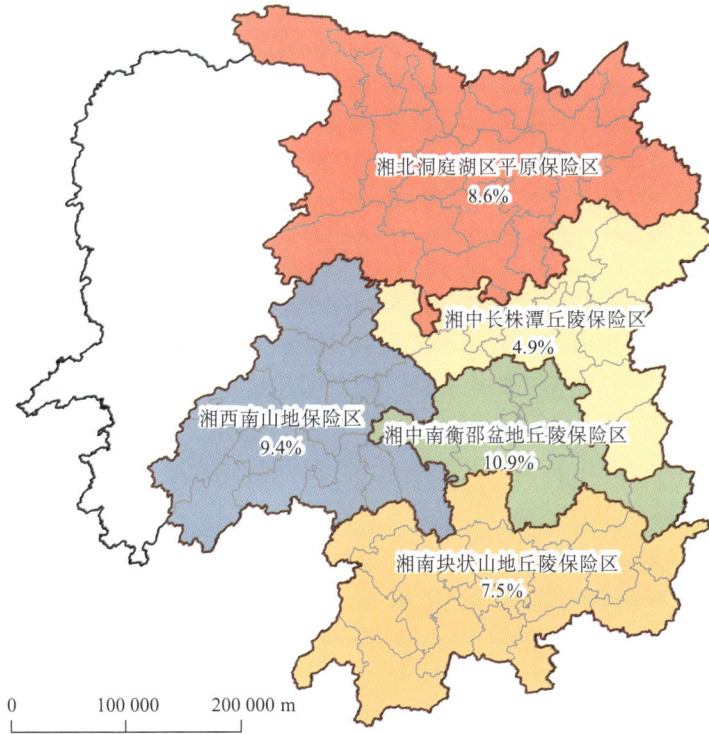

图 3.18 湖南省晚稻自然灾害保险综合区划

表 3.17 湖南省晚稻保险区划结果表

分区	因灾减产率/%		保额损失率/%		地理环境及主要灾害类型
	期望值	1/20a 值	期望值	1/20a 值	
湘北洞庭湖区平原保险区	3.0	12.3	8.6	19.7	平原为主，四周多低山丘陵。生长季水、光、热条件充足，土壤肥沃，适宜农作物生长。湖区水源充足，受旱灾影响小，易发生洪涝灾害
湘中长株潭丘陵保险区	1.6	6.6	4.9	9.7	低山丘陵为主，属亚热带季风湿润气候，气候适宜，易于多种农作物生长，受灾害影响小

续表

分区	因灾减产率/%		保额损失率/%		地理环境及主要灾害类型
	期望值	1/20a 值	期望值	1/20a 值	
湘中南衡邵盆地丘陵保险区	3.1	12.8	10.9	24.8	丘陵盆地为主,受地形下沉气流影响,降水较少,为湖南的少雨中心,夏秋季节易形成高温天气,导致旱灾发生
湘南块状山地丘陵保险区	3.5	15.0	7.5	14.4	地形复杂多样,河川溪涧纵横交错,山岗盆地相间分布,地形因素一方面导致晚稻种植的不稳定,另一方面易受到山区局地灾害性天气影响造成减产
湘西南山地保险区	3.6	15.1	9.4	23.4	地貌类型多样,以山地丘陵为主,受地形影响,容易形成局地暴雨,造成山区洪涝灾害,同时也容易遭受旱灾

各风险区基本情况如下。

1) 湘北洞庭湖区平原保险区

该区位于湖南省北部的洞庭湖区,处于两湖平原之上,平原四周为低山丘陵地貌,包括常德市、岳阳市和益阳市所辖县域单元,共26个县域。气候类型为亚热带季风湿润气候,具有热量丰富、无霜期长、降水充沛、雨季明显、易多雨成灾、日照普遍偏少、春寒阴雨突出等特征。气候均一,生长季水、光、热条件充足,土壤肥沃,适宜农作物生长。区域水源充足,因而受旱灾影响不大,但是由于降水量异常增多或上游来水过多,以及湖区蓄水顶托作用而形成洪涝灾害,会对晚稻生产造成影响。因灾减产率的期望值为3.0%、20年一遇值为12.3%,保额损失率的期望值为8.6%、20年一遇值为19.7%,风险和费率位于湖南省中等水平。

2) 湘中长株潭丘陵保险区

该区位于湖南省的中东部地区,地形以低山丘陵为主,包括长沙市、湘潭市和株洲市所辖县域单元,共12个县域。区域属亚热带季风湿润气候,其中株洲市无霜期在286天以上,年平均气温为16~18℃,适宜多种农作物生长,为湖南省有名的粮食高产区和国家重要的商品粮基地。区内有湘江及各支流贯穿全境,同时加上经济实力比较雄厚,晚稻生长受自然灾害的影响较小。因灾减产率的期望值为1.6%、20年一遇值为6.6%,保额损失率的期望值为9.9%,20年一遇值为9.7%,属于风险和费率水平较低的区域。

3) 湘中南衡邵盆地丘陵保险区

该区位于长株潭地区以南,地形以丘陵盆地为主,包括衡阳市所辖的8个县域,郴州市的安仁县和株洲市的炎陵县。衡阳市山地占总面积的21%,丘陵占27%,岗地占27%,平原占21%。衡阳盆地四周山丘围绕,中部平岗丘陵交错。东部为罗霄山余脉,南部为南岭,西部为越城岭的延伸,西北部、北部为大云山、九峰山和衡山。盆地受下沉气流的影响，降水较少，干旱概率高，为湖南的少雨中心，夏秋季节容易形成高温天气，导致旱灾发生，对晚稻生长不利。因灾减产率的期望值为 1.6%、20 年一遇值为 6.6%，保额损失率的期望值为 10.9%，20 年一遇值为 24.8%，属于研究区内风险和费率较高的区域。

4）湘南块状山地丘陵保险区

该区位于湖南省南部，为平均海拔最高的一区，地形复杂多样，山地丘陵占 3/4。包括郴州市和永州市南部，共 18 个县域。河川溪涧纵横交错，山岗盆地相间分布，西部是都庞岭-阳明山系，南部是萌渚岭-九疑山系、东部是南北延伸的罗霄山脉，最高峰海拔为 2061.3 m。该区气候属于中亚热带大陆性季风湿润气候区，一年四季比较分明，降水一般是山区多于平岗区，南部多于北部。春季气候最显著的特征是开春早，气温回升快，降水丰沛，多阴雨及冰雹大风。夏季气候炎热，易发生盛夏干旱，也易出现暴雨洪涝。地形因素一方面导致晚稻种植的不稳定；另一方面易受到山区局地灾害性天气影响造成减产，因而晚稻生产具有较高的风险。因灾减产率的期望值为 3.5%、20 年一遇值为 15%，保额损失率的期望值为 7.5%、20 年一遇值为 14.4%，属于风险和费率中等的地区。

5）湘西南山地保险区

该区位于湖南省西南部，地貌类型多样，以山地丘陵为主，包含的地级市主要为邵阳市和永州北部地区，共 15 个县域。邵阳市为江南丘陵向云贵高原的过渡地带，西部雪峰山脉系云贵高原的东缘，东、中部为衡邵丘陵盆地的西域。该区北、西、南面高山环绕，中、东部丘陵起伏，平原镶嵌其中。受地形影响，该区容易形成局地暴雨，造成山区洪涝灾害，同时也容易遭受旱灾的影响，晚稻生长受此影响较大。因灾减产率的期望值为 3.6%、20 年一遇值为 15.1%，保额损失率的期望值为 9.4%、20 年一遇值为 23.4%，属于风险和费率中等的地区。

3.4 小 结

本章以种植业综合自然灾害保险为对象，应用单产统计方法，完成了保险区划的案例工作。在理论方法层面，从单产统计模型的总体框架出发，分别阐述了农作物历史单产去趋势、单产概率分布拟合，以及从因灾减产风险向保险损失风险转换等环节。其中，重点强调了农作物历史单产去趋势环节的模型选择与不确定性，以及因灾减产风险与保险损失风险存在的尺度差异和定量转换关系等问题。在此基础上，应用基于单产统计模型的种植业自然灾害保险区划方法，分别针对全国范围主要粮食作物的综合自然灾害保险，以及湖南省晚稻的综合自然灾害保险，开展了风险定量的案例工作。与本书中的畜牧业保险和森林保险的区划案例相比，本章案例的主要特点是风险评估的最小单元均为行政单元，数据资料以统计资料为主。本章中的两个案例分别为"全国到省（区）"和"省（区）到区县"两级空间尺度，在定量研究过程中，使用的方法依据数据的可获取性进行了适当的调整。为此，两个案例互为参照和对比，有利于进一步深入理解种植业自然灾害保险区划的方法。

本章的案例工作中依然有许多不足，亟待探讨与改进。首先，单产统计模型对历史单产统计数据存在严重的依赖性。历史统计数据的数据量与质量直接影响着风险定量评估结果的可靠性。其次，单产统计模型本身在历史单产去趋势、单产概率分布拟合及保险损失风险估计 3 个关键环节，都存在着一定的模型选择不确定性。利用区域水平的减产风险估计对应的总保险损失风险，必须考虑尺度差异的问题。而在此方面的研究，由于农户单产数据的可获取性问题仍有欠缺，为分析结果带来了不确定性。因此，对于种植业保险区划工作而言，获取较长时间序列、空间代表性较好的农户级别单产数据是改进定量评估结果的关键。本章的内容作为完整的保险区划案例，这些数据与模型中的不足不影响区划工作的整体性和系统性。在拥有更好的数据基础时，可将其直接应用到风险评估环节，而后续的费率厘定和区划工作可立即在更新的风险评估结果图上展开。

参 考 文 献

程梓华, 凌桂录, 胡家鼎. 1991. 水稻生产的灾害与减灾对策. 北京: 海洋出版社.

邓国, 王昂生, 周玉淑, 等. 2002. 中国省级粮食产量的风险区划研究. 南京气象学院学报, 25(3): 373-379.

丁少群. 1997. 农作物保险费率厘订问题的探讨. 西北农业大学学报, 25(S1): 103-107.

黄崇福. 2012. 自然灾害风险分析与管理. 北京: 科学出版社.

李克勤. 2005. 湖南粮油作物生产与气象. 长沙: 湖南科学技术出版社.

聂建亮, 叶涛, 王俊, 等. 2012. 基于双尺度产量统计模型的农作物多灾种产量险费率厘定研究. 保险研究, (10): 47-55.

聂建亮. 2010. 基于产量统计模型的水稻多灾种产量险精算研究. 北京: 北京师范大学硕士学位论文.

庹国柱, 丁少群. 1994. 农作物保险风险分区和费率分区问题的探讨. 中国农村经济, (8): 43-47.

王季薇, 王俊, 叶涛, 等. 2016. 区域种植业自然灾害保险综合区划研究. 自然灾害学报, 25(3): 1-10.

王薇. 2011-09-06. 用更强大更精准数据模型把脉中国农作物保险——访怡安奔福再保顾问有限公司及法国再保险公司专家. 中国保险报, 2011-9-6.

邢鹂. 2004. 中国种植业生产风险与政策性农业保险研究. 南京: 南京农业大学博士学位论文.

叶涛, 聂建亮, 武宾霞, 等. 2012. 基于产量统计模型的农作物保险费率厘定研究进展. 中国农业科学, 45(12): 2544-2551.

叶涛, 史培军, 王静爱. 2014a. 种植业自然灾害风险模型研究进展. 保险研究, (10): 12-23.

叶涛, 谭畅, 刘杨宾. 2014b. 基于县域单产数据的种植业保险定价模型关键假设检验. 保险研究, (6): 3-10.

张峭, 王克. 2007. 中国玉米生产风险分析和评估//中国农业信息科技创新与学科发展大会论文汇编: 20-30.

周玉淑, 邓国, 齐斌, 等. 2003. 中国粮食产量保险费率的订定方法和保险费率区划. 南京气象学院学报, 26(6): 804-814.

Atwood J, Shaik S, Watts M. 2002. Can normality of yields be assumed for crop insurance? Canadian Journal of Agricultural Economics, 50(2): 171-184.

Barnett B J. 2000. The U. S. Federal crop insurance program. Canadian Journal of Agricultural Economics, 48(4): 539-551.

Bessler D A. 1980. Aggregated personalistic beliefs on yields of selected crops estimated using ARIMA processes. American Journal of Agricultural Economics, 62(4): 666-674.

Botts R R, Boles J N. 1958. Use of normal-curve theory in crop insurance rate making. Journal of Farm Economics, 40(3): 733-740.

Coble K H, Knight T O, Goodwin B K, et al. 2010. A Comprehensive Review of the RMA APH and COMBO Rating Methodology. http://www. rma. usda. gov/pubs/2009/comprehensivereview. pdf [2013-05-30].

Debrah S, Hall H H. 1989. Data aggregation and farm risk analysis. Agricultural Systems, 31(3): 239-245.

Deng X, Barnett B J, Vedenov D V. 2007. Is there a viable market for area-based crop insurance? American Journal of Agricultural Economics, 89(2): 508-519.

Finger R. 2010. Revisiting the evaluation of robust regression techniques for crop yield data detrending. American Journal of Agricultural Economics, 92(1): 205-211.

Gallagher P. 1987. U. S. Soybean yields: estimation and forecasting with nonsymmetric disturbances. American Journal of Agricultural Economics, 69(4): 796-803.

Goodwin B K, Ker A P. 1998. Nonparametric estimation of crop yield distributions: implications for rating group-risk crop insurance contracts. American Journal of Agricultural Economics, 80(1): 139-153.

Górski T, Górska K. 2003. The effects of scale on crop yield variability. Agricultural Systems, 78(3): 425-434.

Just R E, Weninger Q. 1999. Are crop yields normally distributed? American Journal of Agricultural Economics, 81(2): 287-304.

Ker A P, Coble K. 2003. Modeling conditional yield densities. American Journal of Agricultural Economics, 85(2): 291-304.

Ker A P, Goodwin B K. 2000. Nonparametric estimation of crop insurance rates revisited. American Journal of Agricultural Economics, 82(2): 463-478.

Lobell D B, Burke M B. 2010. On the use of statistical models to predict crop yield responses to climate change. Agricultural and Forest Meteorology, 150(11): 1443-1452.

Lobell D B, Bänziger M, Magorokosho C, et al. 2011a. Nonlinear heat effects on African maize as evidenced by historical yield trials. Nature Climate Change, 1(1): 42-45.

Lobell D B, Field C B. 2007. Global scale climate-crop yield relationships and the impacts of recent warming. Environmental Research Letters, 2: 014002.

Lobell D B, Schlenker W, Costa-Roberts J. 2011b. Climate trends and global crop production since 1980. Science, 333(6042): 616-620.

Lobell D B. 2013. The use of satellite data for crop yield gap analysis. Field Crop Research, 143: 56-64.

Miranda M J, Glauber J W. 1997. Systemic risk, reinsurance, and the failure of crop insurance markets. American Journal of Agricultural Economics, 79(1): 206-215.

Moss C B, Shonkwiler J S. 1993. Estimating yield distributions with a stochastic trend and nonnormal errors. American Journal of Agricultural Economics, 75(4): 1056-1062.

Nelson C H, Preckel P V. 1989. The conditional beta distribution as a stochastic production function. American Journal of Agricultural Economics, 71(2): 370-378.

Ozaki V A, Ghosh S K, Goodwin B K, et al. 2008b. Spatio-temporal modeling of agricultural yield data with an application to pricing crop insurance contracts. American Journal of Agricultural Economics, 90(4): 951-961.

Ozaki V A, Goodwin B K, Shirota R. 2008a. Parametric and nonparametric statistical modelling of crop yield: implications for pricing crop insurance contracts. Applied Economics, 40(9): 1151-1164.

Ozaki V A. 2008. Pricing farm-level agricultural insurance: a Bayesian approach. Empirical Economics, 36(2): 231-242.

Ramirez O A O, Misra S, Field J. 2003. Crop-yield distributions revisited. American Journal of Agricultural Economics, 85(1): 108-120.

Rosenzweig C, Tubiello F N, Goldberg R, et al. 2002. Increased crop damage in the US from excess precipitation under climate change. Global Environmental Change, 12(3): 197-202.

Schlenker W, Lobell D B. 2010. Robust negative impacts of climate change on African agriculture. Environmental Research Letters, 5(1): 014010.

Schlenker W, Roberts M J. 2009. Nonlinear temperature effects indicate severe damages to U. S. crop yields under climate change. Proceedings of the National Academy of Sciences of the United States of America, 106(37): 15594-15598.

Sherrick B J, Zanini F C, Schnitkey G D, et al. 2004. Crop insurance valuation under alternative yield distributions. American Journal of Agricultural Economics, 86(2): 406-419.

Silverman B. 1986. Density estimation for statistics and data analysis. Chapman and Hall, 37(1): 1-22.

Stojanovski P, Dong W, Wang M, et al. 2015. Agricultural risk modeling challenges in China: probabilistic modeling of rice losses in Hunan province. International Journal of Disaster Risk Science, 6(4): 335-346.

Swinton S M, King R P. 1991. Evaluating robust regression techniques for detrending crop yield data with nonnormal errors. American Journal of Agricultural Economics, 73(2): 446-451.

Turvey C, Zhao J H. 1999. Parametric and Nonparametric Crop Yield Distributions and their Effects on All-Risk Crop Insurance Premiums. Ontario: University of Guelph.

Vedenov D V, Barnett B J. 2004. Efficiency of weather derivatives as primary crop insurance instruments. Journal of Agricultural and Resource Economics, 29(3): 387-403.

Wang H H, Hanson S D, Myers R J, et al. 1998. The effects of crop yield insurance designs on farmer participation and welfare. American Journal of Agricultural Economics, 80(4): 806-820.

Wang H H, Zhang H. 2003. On the possibility of a private crop insurance market: a spatial statistics approach. Journal of Risk and Insurance, 70(1): 111-124.

Wang M, Shi P, Ye T, et al. 2011. Agriculture insurance in China: history, experience, and lessons learned. International Journal of Disaster Risk Science, 2(2): 10-22.

Wang Z, Ye T, Wang J, et al. 2016. Contribution of climatic and technological factors to crop yield: empirical evidence from late paddy rice in Hunan Province, China. Stochastic Environmental Research and Risk Assessment, 30(7): 2019-2030.

Woodard J D, Schnitkey G D, Sherrick B J, et al. 2012. A spatial econometric analysis of loss experience in the U. S. crop insurance program. Journal of Risk and Insurance, 79(1): 261-286.

Ye T, Nie J L, Wang J, et al. 2015. Performance of detrending models for crop yield risk assessment: evaluation with real and hypothetical yield data. Stochastic Environmental Research and Risk Assessment, 29(1): 109-117.

第4章　畜牧业自然灾害指数保险区划[*]

养殖业保险规模在中国农业保险体系中仅次于种植业保险，位居第二。2015 年，全国养殖保险的保费收入为 88.96 亿元，占农业保险总保费收入的 24%；赔付支出为 62.84 亿元，占总赔款的 24.16%。由自然灾害造成的养殖业损失主要发生在广大的草原牧区散养型畜牧业中，其中自然灾害主要是指极端天气气候事件，如干旱、大雪或强风。这些区域中的多数地区地域广阔、地势起伏平缓，牲畜标的分散且存在一定程度的流动性，更适宜采用指数保险的方式提供风险保障。因此，畜牧业自然灾害保险区划的工作通常包含着自然灾害指数保险的设计，以及在此基础上进行的定量风险评估、费率厘定与区域划分。

本章首先介绍农业自然灾害指数保险区划方法，包括其总体框架、灾害保险指数选取及基差风险与空间尺度。在此基础上，分别选取内蒙古东部和青藏高原中部的草原牧区，围绕以羊群为代表的畜牧业雪灾指数保险的产品设计与保险区划工作，进行基于灾害指数模型法的应用。本章的核心内容是农业自然灾害保险区划一般性方法在畜牧自然灾害指数保险区划上的具体实现，重点是灾害指数模型法在风险定量评估环节的应用。特别地，两个案例研究区之间在羊群雪灾的致灾-成害机制上存在差异，从而决定了两地采用完全不同的灾害指数与保险保障方案，为进一步深入理解农业自然灾害指数保险区划方法提供了可能。

4.1　基于灾害指数模型的指数农业保险区划方法

农业自然灾害指数保险区划的关键是在深入理解区域致灾-成害机制的基础上，合理选取灾害保险指数、设计保险保障方案，从而有效估计自然灾害损失、保障保险赔付与灾害损失的一致性，最大限度地控制基差风险。在定量风险评估的方法上，首选灾害指数模型法。

4.1.1　农业自然灾害指数保险区划总体框架

农业自然灾害指数保险是指依据合同中事先约定的、可客观观测的、可靠测量的、与保险标的损失高度相关且不受人为因素影响的保险指数来决定保险赔付的一类产品（Miranda and Farrin，2012）。在指数保险的机制下，保险公司对农户进行的保险赔付完全依赖于事前在保险合同中约定的灾害保险指数的取值情况。因此，灾害保险指数的选取至关重要：一方面，从指数保险产品的设计角度而言，灾害保险指数是连接外部损失与保险

---

　　* 本章撰写人：叶涛、易湉湉、李懿珈、高瑜、王季薇。

损失的桥梁，也是控制基差风险的关键；另一方面，在特定的保险赔付机制下，灾害保险指数的不确定性决定着保险赔付的不确定性，对保险损失的估计必须建立在对灾害保险指数危险性估计的基础上。

指数农业保险的基本特征决定了在其设计与区划工作中应采用灾害指数法。正如2.3.2节中所介绍的，灾害指数法的核心是找到可以准确解释自然灾害损失的"理想"指数，以及对应的脆弱性函数，从而实现对外部损失风险和保险损失风险的估计，完成费率厘定工作。当灾害指数法应用于农业自然灾害指数保险的设计和区划时，其具体流程可进一步细化为以下步骤(图4.1)。

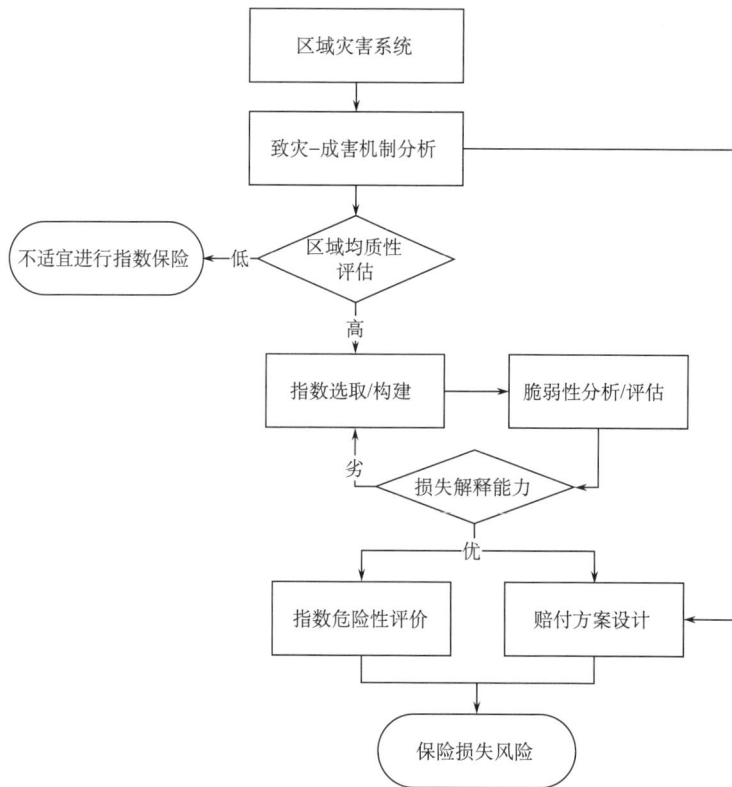

图 4.1　农业自然灾害指数保险设计与区划的流程框架
(据易汝泫等, 2015; 重绘)

1) 致灾-成害机制分析

对致灾-成害机制的分析是指数选取、脆弱性评估及产品赔付方案设计的前提。充分理解自然灾害损失的形成机制，理清各类致灾因子在损失中占的比重，从而确定指数保险的适用性、基本类型、主要针对的灾因，并为保险指数的构建和脆弱性建模提供先验知识。

2) 区域均质性评估

均质性是指数保险控制基差风险的关键。在拟开展指数保险的区域内，开展区域均质性评估，分析灾害保险指数可识别的最小空间单元内损失的均质性。均质性可依据历史自然灾害损失在各个保险标的间或投保人之间的相关性水平进行计量。在历史数据缺乏的前提下，也可依据致灾-成害机制分析的结果，选取恰当的指标体系进行孕灾环境稳定性的空间差异评估与区划。若最小空间单元内的均质性较高，则说明可以利用相对单一的保险指数表征该区域内的个体灾害损失；反之，则说明灾害指数法的适用性存在问题，而该区域也不适宜实施指数农业保险。

3) 指数选取与脆弱性建模

依据致灾-成害机制，选取表达致灾因子强度的参数，辅以孕灾环境、承灾体的基础数据，构建若干可能的保险指数，并建立保险指数与损失之间的定量关系(即脆弱性建模)。综合考虑保险指数选取原则，对各类备选指数方案不断优化，最终选定一个相对最优的指数及其对应的脆弱性关系，从而进入后续步骤。

4) 指数保险赔付方案设计

依据致灾-成害机制，确定保险责任、保险时期、投保时期、理赔时期等保险合同要素；依据脆弱性关系，确定灾害保险指数与实际赔付之间的定量关系、起赔点(起赔阈值)、免赔条款等合同要素。其关键是体现保险的损失补偿原则：尽可能使由灾害保险指数确定的保险赔付与实际损失之间保持高度的一致性。

5) 灾害保险指数危险性评估与费率厘定

与传统农业保险产品相比，在指数农业保险区划过程中，保险赔付的确定不依据实际损失进行，而只依据灾害保险指数。因此，无需再利用外部损失风险估计结果作为中介对保险损失风险进行估计，只需对灾害保险指数的危险性进行建模，结合保险赔付方案对不同指数取值条件下的保险赔付的定义，即可获得对保险损失风险的估计。具体而言，首先应针对选定的灾害保险指数进行概率建模，估计指数的概率分布及超越概率，确定不同重现期条件下由指数表达的致灾强度(即危险性)。再结合产品框架中的理赔方案等条款，相应地计算指数保险赔付的概率分布，并厘定纯风险损失率。

4.1.2　灾害保险指数选取原则

恰当的指数选取是产品设计的关键，其决定了指数产品能否发挥其优势、克服其缺点。在选取保险指数时，应尽量遵循如下原则。

1) 灵敏性

灵敏性表达的是灾害保险指数对实际灾害损失的解释能力。在一个保险标的与灾害过程相对均质的区域内，保险指数必须能够准确地反映损失的大小，从而真正在保险赔付与实际损失之间建立可靠的桥梁，作为实际损失的一个良好的代理变量。灵敏性是从保险指数本身控制基差风险、维持产品吸引力的关键保障。

2）客观性

灾害保险指数应尽可能由描述致灾因子强度的若干物理指标构成，其取值应只受灾害事件本身影响，而不受或少受人为因素，特别是利益相关者行为的影响。

3）可测性

保险指数本身必须是一个对事实/事件进行客观描述的变量，必须可以通过科学的方式进行定量测度。

4）公正性

保险指数必须能够通过投保人与保险人之外的第三方来发布。第三方必须具有足够的公信力，第三方发布的数据必须是权威的。

5）时效性

保险指数必须能够在灾害事件发生后快速测量、计算与发布，以保证保险理赔能够及时发放到投保人手中，从而发挥保险的实际效益。

6）透明性

保险指数的测量方法、发布方式，以及基于保险指数计算保险赔款的方法，都应向全社会公开并接受监督。此种情况下，可保证投保人与保险人均享受同等的获取指数信息的权力，避免出现信息不对称问题。

7）友好性

指数及对应的赔付方案需通俗易懂，便于计算。这对于在发展中国家推行指数保险而言尤为重要。

4.1.3　基差风险与空间尺度

基差风险是指依据灾害指数所确定的保险赔付与标的实际损失之间存在的不确定的差异，其也是影响指数保险风险转移效果的最大障碍。因此，指数保险产品研发与设计的重要目标是在保持其固有优势的前提下，最小化基差风险。从目前来看，基差风险的形成主要包括两方面的原因：一方面，保险指数选取不当会造成明显的基差风险。由于指数保险对赔付的确定完全依赖于保险指数选取及对应的脆弱性函数，若指数本身对灾害损失的解释能力有限，脆弱性（即指数与损失之间的定量关系）存在较大的不确定性，必然与实际损失之间存在较大的随机误差。另一方面，指数保险的基差风险与区域均质性和空间尺度存在很大的联系。正如 2.2.1 节中所论述，农业自然灾害损失及其风险在空间上表达出的渐变性和破碎性与空间尺度密切关联，受到气象气候条件、地形地貌、水文土壤以及农业生产经营方式和水平的综合影响。

因此，指数保险对基差风险的控制与自然灾害保险区划的理念是相通的，在空间上找出那些损失形成过程和风险高度相似的片区。对于指数保险而言，保险区划工作中比"区域决定风险"的第一原则更加基础性的判断是"区域决定适宜性"。大尺度上的均质性与渐变性是使用相对单一的指数表达自然灾害损失的重要前提条件；而强烈的局地与破碎特征则是农业指数保险应用的重要障碍。因此，在指数保险的区划工作中，孕灾环境异质性程度必须作为区划中的一项重要指标进行考量。

4.2　内蒙古东部地区羊群雪灾指数保险区划

本节以内蒙古东部地区为案例研究区，以羊群雪灾为研究对象，实现指数保险的产品设计，编制保险区划方案。通过实地调研，确定当地在棚圈条件极大改善的条件下，羊群雪灾区别于传统"白灾"的致灾-成害机制。选取冬半年超过特定雪深阈值的累计持续天数为雪灾指数，制定雪灾指数保险的保障方案，利用灾害指数模型方法评估羊群雪灾风险，以乡镇为基本单元，厘定保险纯风险损失率，并编制羊群雪灾指数保险区划。

4.2.1　研究区域与数据

1. 研究区概况

本案例所选取的内蒙古东部地区是指锡林郭勒盟以东的草原地区，其位于北纬 41°12′~53°23′，东经 126°04′~111°08′，行政区划上包括锡林郭勒盟、赤峰市、通辽市、兴安盟和呼伦贝尔盟(图 4.2)。研究区内整个地势呈现西高东低的态势，海拔从东部地区的 400 m逐步上升到西部地区的 1 000~1 500 m。本区域以大兴安岭为界，以东为松嫩平原、西辽河平原；以西自北向南依次为呼伦贝尔高平原、乌珠穆沁盆地、阿巴嘎高平原-熔岩台地。这一区域气候以温带大陆性季风气候为主，年降水量为 150~450 mm，降水量自东北部向西部逐渐递减。

受地形、气候及土壤等要素的综合影响，研究区内的植被分布主要分为 3 个亚区(图4.3)：①大兴安岭北部以东地区的林区，植被类型以温带针叶林和落叶阔叶林为主；②大兴安岭南段以东的平原区，是典型的农牧交错区，植被类型以农田人工植被和典型草原镶嵌为主；③大兴安岭以西地区是研究区内的草原区，草场类型自东向西，随降水梯度逐渐由草甸草原区、典型草原区向最西侧的荒漠草原区过渡。

内蒙古是中国最大的畜牧业生产基地，而研究区则是内蒙古重要的畜牧业基地。2014年的统计数据显示，仅锡林郭勒盟和呼伦贝尔盟两地的畜牧业总产值就达 280.6 亿元，占内蒙古全区的 23.3%；各类牲畜 1553 万头(只)，占全区的 21.9%，其中大牲畜 180 万头，占全区的 21.5%，羊 1334 万只，占全区的 24%。

该地区散养放牧的经营方式长期以来极易受到雪、旱等自然灾害的影响。据历史数据

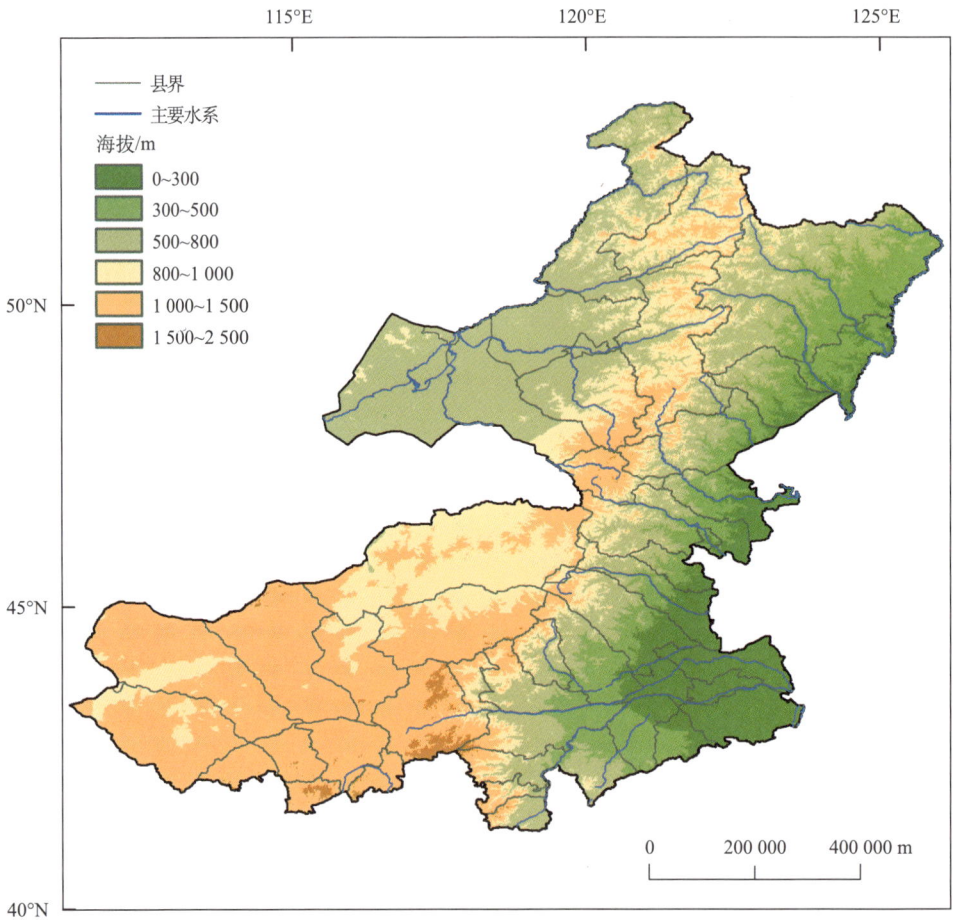

图 4.2　内蒙古东部地区案例研究区

显示，1949～1999 年内蒙古地区共出现中等以上雪灾 14 次，差不多 3～4 年就要发生一次区域性雪灾。从地域看，东部和北部地区是暴风雪的主要发生地区，特别是锡林郭勒盟东北部和呼伦贝尔盟大兴安岭以西地区是雪灾发生概率最高的地区。1950～2000 年，锡林郭勒盟和呼伦贝尔盟地区仅有少数年份未发生雪灾，1960 年、1962 年、1974 年、1988～1992 年、1995～1997 年，这些年份出现牲畜因雪灾死亡，占到所有年份的 22%（温克刚，2008）。其中，1977 年锡林郭勒盟中部地区因暴雪引起的严重白灾曾使该地区家畜损失达 70% 以上。在这一区域探讨使用灾害指数保险的方式转移畜牧业雪灾风险，具有较强的代表性和实践指导意义。

2. 基础数据

本案例所使用的基础数据除研究区基础地理数据外，还包括基于遥感数据反演的历史积雪深度数据、气象站点实测雪深数据资料，以及在呼伦贝尔、锡林郭勒、巴彦淖尔和鄂尔多斯等地进行座谈和入户访谈获取的信息（表 4.1）。

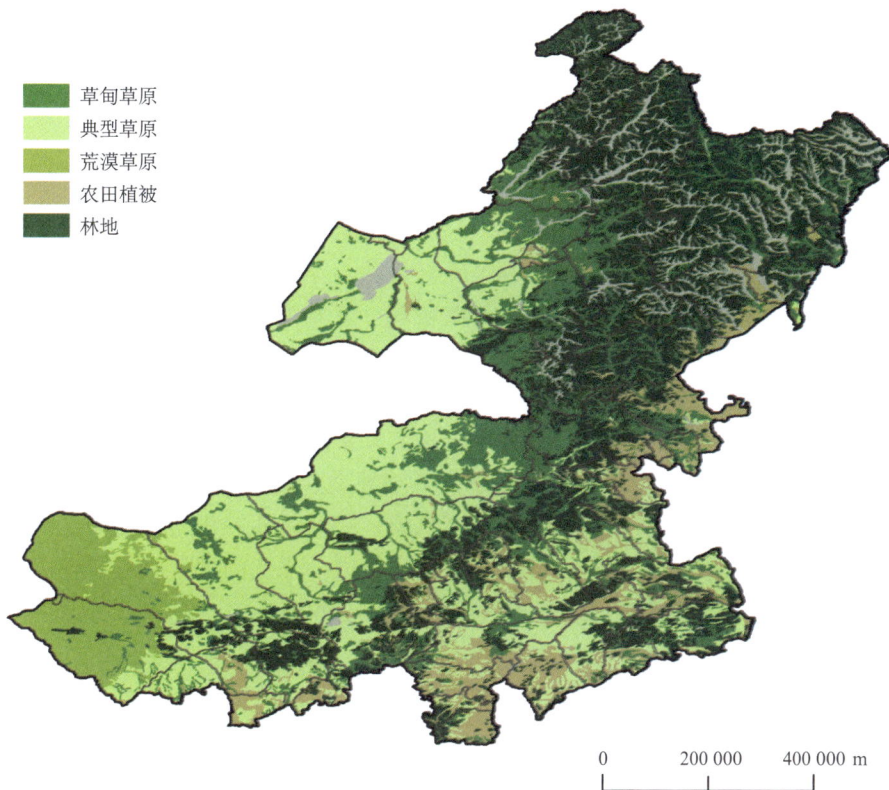

图 4.3　内蒙古东部地区土地覆盖

表 4.1　内蒙古东部地区羊群雪灾指数保险区划基础数据清单

数据类型	指标及描述	数据来源
行政区划底图	内蒙古盟市、旗县及苏木行政区划底图	国家基础地理信息中心
积雪深度数据集	基于被动微波遥感 SMMR 和 SSM/I 亮度温度数据反演的逐日雪深栅格数据，空间分辨率：25km×25km	中国科学院寒区旱区环境与工程研究所
气象站点实测数据	锡林郭勒盟辖区内共 15 个国家基准站记录的 2012 年 10 月 1 日～2013 年 3 月 31 日的逐日积雪深度	内蒙古锡林郭勒盟气象局
畜牧业雪灾实地调查数据	畜牧业雪灾成害机制及脆弱性特征	基层座谈及入户调研

4.2.2　致灾–成害机制分析

1. 雪灾致灾–成害机制

农业自然灾害指数保险产品设计的原则和流程，以及基于灾害指数模型进行风险评估，都要求首先对区域自然灾害致灾–成害机制进行深入分析，以保障指数选取的合理性和有效性。为此，先后于 2013～2014 年赴内蒙古中、东部畜牧业养殖具有代表意义的呼伦贝尔、锡林郭勒、巴彦淖尔和鄂尔多斯 4 个盟市进行实地调研。通过走访当地农牧局、气象局、草监局等与畜牧业生产或畜牧业气象灾害相关的专家、领导，基层公司的农险经理与专员以及养殖户代表等，收集了研究区羊群典型气象灾害的类型、灾害强度、灾害发生频率，以及研究区羊群规模、饲养状况及基础设施条件等资料。

调研显示，内蒙古传统意义的雪灾是指冬天牧区由于降雪量大、积雪过厚，牧草被埋，大批牲畜吃不到草，冻饿而死的现象，这种情况被通俗地称为"白灾"（宫德吉和郝慕玲，1998）。而昼夜温差变化导致积雪表层反复融化、结冰，进一步导致牲畜行动困难、无法采食，且在试图刨开冰面过程中导致蹄趾破坏、失血等机械性损伤，则可能加重牲畜行动困难的情况，也会加剧牲畜死亡的现象，这种情况在当地被称为"冰灾"或"铁雪灾"（李友文和刘寿东，2000）。对于研究区而言，雪灾一般出现在每年 10 月到次年 5 月，以 11 月至次年 3～4 月为主（杨晓光等，2010）。从灾害系统的角度来看，白灾或雪灾的成灾机制（图 4.4）主要受到以下要素的影响：孕灾环境要素主要是草场状况，包括草场类型、长势、载畜量等；致灾因子要素包括降雪量、气温、持续时间、积雪深度等；承灾体要素主要是由羊群体况条件决定，包括畜牧密度、啃食能力、举步高度、自身膘情、生育期状况，以及灾害发生后的补饲能力等（宫德吉和郝慕玲，1998）。

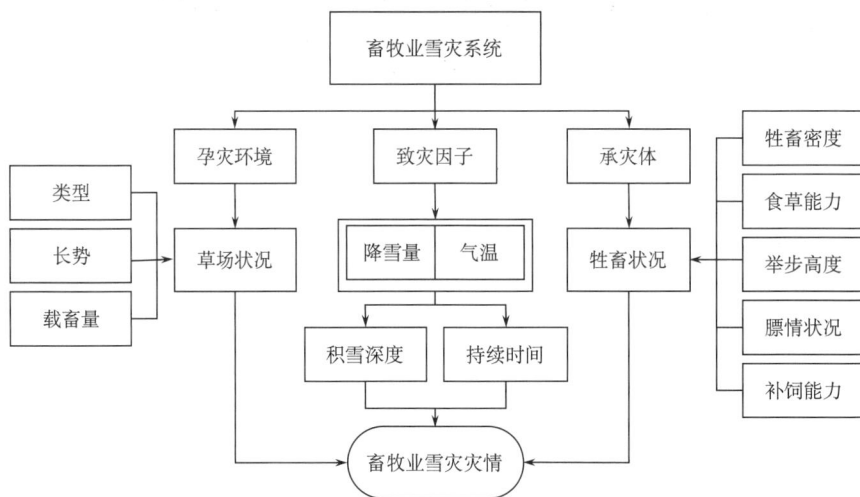

图 4.4 牧区雪灾传统致灾-成害机制

近年来，随着牧区基础设施条件的改善，牧区生产条件显著改善，棚圈建设和牧草供给保障工作到位，羊群雪灾的成害机制已发生显著变化。当雪灾发生时，牧民仅需将散养放牧或半舍饲改为用储备牧草和饲料进行棚舍圈养（简称"全舍饲"），即可减少羊群因饥饿、低温、蹄伤等造成的死亡。在这种情况下，雪灾造成羊群死亡的损失的情况变得较为少见。然而，全舍饲并不意味着雪灾就不再造成任何损失。调研显示，从半舍饲改为全舍饲后，牧民需要投入足够的青干草和饲料。其中，每只羔羊平均每天消耗 1～1.5 kg 青干草、0.2～0.5 kg 精饲料；母羊平均每天消耗 1.5～2.5 kg 青干草、0.3～0.35 kg 精饲料；种公羊平均每天消耗 2.5～3.5 kg 青干草、0.5～1.0 kg 精饲料。2013 年秋冬季，当地的青干草成本为 0.7 元/kg，精饲料为 3 元/kg。

因此，当前内蒙古东部地区羊群雪灾的成害机制为积雪过深→不能进行放牧散养→改为棚舍圈养→所需牧草饲料增加→饲养成本增高→牧民损失。在这种成害机制下，雪灾仍是核心的致灾因子，但牧民的损失由全舍饲的天数和每天上升的饲养成本决定。因此，对应的灾害保险指数选取的核心是指数能够对导致牧民进行全舍饲的阈值条件进行描述。

2. 雪灾保险指数选取

依据文献显示，导致全舍饲的雪灾阈值主要考虑两类条件：一是，由于积雪覆盖，导致羊群行动困难；二是，由于积雪覆盖，盖过牧草，导致羊群采食困难。关于这两类条件，在各类文献与标准中有着不同的定义。

针对行动困难这一情况，主要受到积雪深度的影响（李海红等，2006；李友文等，1997）（表 4.2）。

表 4.2　不同牲畜受积雪深度影响的临界阈值

牲畜	马	羊	牛
食草深度/cm	20~30	10~20	<10
举步高度/cm	15	5~6	8~12

资料来源：李友文等，1997。

针对第二类进食困难的情况，国家标准与内蒙古地方标准均给出了相关的标准。《牧区雪灾等级 GB/T20482—2006》国家标准中（李海红等，2006）（表 4.3），使用积雪掩埋牧草程度、积雪持续日数和积雪面积比 3 项指标共同表征雪灾的等级，从轻灾到特大灾共分为 4 级。与此同时，这一标准中也半定量地给出了家畜受灾的情况，可以为针对传统白灾成灾机制的雪灾指数保险赔付方案提供参考。

表 4.3　牧区雪灾国家标准等级指标

雪灾等级	指标表征			家畜受灾情况
	积雪掩埋牧草程度/%	积雪持续日数/d	积雪面积比/%	
轻灾	0.30~0.40	≥10	S≥20	影响牛的采食，对羊影响小，对马无影响，牲畜死亡一般在 5 万头（只）以下
	0.41~0.50	≥7		
中灾	0.41~0.50	≥10	S≥20	影响牛羊采食，对马影响尚小，牲畜死亡在 5 万~10 万头（只）
	0.51~0.70	≥7		
重灾	0.51~0.70	≥10	S≥40	影响各类牲畜的采食，牛、羊损失较大，牲畜死亡在 10 万~20 万头（只）
	0.71~0.90	≥7		
特大灾	0.71~0.90	≥10	S≥60	影响各类牲畜的采食，如果防御不当，将造成大批牲畜死亡，牲畜死亡在 20 万头（只）以上
	>0.90	≥7		

注：积雪程度为雪深与牧草高度比，计算公式为积雪程度=积雪深度(cm)/草群高度(cm)；
积雪面积比=积雪面积(hm²)/实际草地面积(hm²)。
资料来源：李海红等，2006。

内蒙古地方标准则利用积雪深度、持续日数、草群入冬前的高度、日平均气温稳定低于0℃的累计日数等指标进行了综合计算，构建了雪灾评判系数，并利用该系数的取值，确定雪灾等级和家畜表现特征及放牧情况(李友文和刘寿东，2000)(表4.4)。与国标相比，这一地方标准的优势是进行了指标的归一化和综合，使得最终可以利用简单的一元指数对雪灾等级和影响程度进行判断。这一地方标准区别于国家标准的另一大特征是考虑了温度，从而对铁雪灾的情况进行了表达。

表4.4　牧区雪灾内蒙古标准等级指标

雪灾等级	雪灾评判系数	家畜表现特征及放牧情况
轻雪灾	0.31~0.50	影响牛的放牧采食，对羊的影响小，对马放牧无影响
中雪灾	0.51~0.80	主要影响牛、羊的放牧采食，对马的影响尚小
重雪灾	0.81~1.30	家畜放牧普遍受影响，掉膘明显或部分家畜死亡
特大雪灾	≥1.31	无法放牧或大量家畜死亡

注：雪灾评判系数(仅限于牧区缺水草场评定)：

$$Sd = \frac{H_s \times D_s}{\overline{H_g} - \Delta D}$$

式中，Sd 为雪灾评判系数；H_s 为积雪深度(cm)，取积雪剖面垂直测量的深度；D_s 为积雪持续日数(d)，入冬后地表各有积雪时段分别累计的日数；$\overline{H_g}$ 为草群入冬前的平均高度(cm)；ΔD 为日平均气温稳定低于0℃的累计日数(d)，采用5日滑动平均方法。

资料来源：李友文和刘寿东，2000。

由于草场情况对雪灾影响较大，所以在考虑雪灾等级时，有学者将草势和雪势综合考虑，以确定雪灾等级大小(中国牧区畜牧气候区划科研协作组，1988)(表4.5)。

表4.5　基于草势和雪势的雪灾等级划分

雪灾等级	草场类型	积雪深度 /cm	积雪掩埋牧草相当于牧草平均高度的百分数/%	冬春降雪量相当于历年同期降雪量的百分数/%	家畜受害情况
无雪灾	草甸草场	<15	<30	<120	没有未定积雪，对各类放牧家畜均无影响
	草原草场	<10	<30		
轻雪灾	草甸草场	15~20	30~50	>120	影响牛的放牧采食，对羊的影响较小。对马的放牧无影响
	草原草场	10~15	30~50		
中雪灾	草甸草场	20~25	50~65	>140	主要影响牛、羊的放牧采食，对马的影响尚小
	草原草场	15~20	50~65		
重雪灾	草甸草场	>25	>65	>160	各类家畜的放牧均受影响，如果防御不当，将造成大批家畜死亡
	草原草场	>20	>65		

资料来源：中国牧区畜牧气候区划科研协作组，1988。

尽管上述文献主要针对基础设施条件较差的情况下，雪灾导致羊群死亡的成害机制，但其在雪灾影响和家畜受害情况中，关于对牛、羊、马等采食的影响程度的描述可为内蒙古东部地区的雪灾指数选取提供重要的参考。综合来看，上述文献基本都选取了积雪深度、积雪覆盖面积、积雪持续天数、草场高度(相对于雪深的相对高度或绝对高度)等指标来描述雪灾致灾强度。将这些指标进行综合后,即可用于指示全舍饲发生的阈值条件,在本案例研究中进行参考。结合灾害保险指数选取的基本原则,对上述备选指标进行了综合比较和优选(表4.6)。

表 4.6 内蒙古雪灾指数保险备选指标

指标类型	计算方法	计算需要的数据来源
积雪深度	站点观测、遥感反演	气象台站、遥感数据
积雪持续天数	积雪深度超过特定阈值的天数	根据逐日积雪深度直接计算
积雪面积比	积雪面积/实际草地面积	遥感监测
牧草高度	入冬前草群的平均高度	农牧局/草监局监测网点

上述4个指标中,积雪深度、积雪持续天数和积雪面积比均是直接描述雪灾致灾强度的指标。入冬前草场高度则表达了基本的孕灾环境,可能对局部地区的实际致灾强度进行改变。对各个指标的具体分析如下。

(1)在表征积雪程度的相关指标中,积雪深度较积雪面积比能够更好地表征全舍饲条件的触发,因此在两者中建议使用积雪深度指标。

(2)积雪持续天数是计算牧民饲养成本增加的关键指标,在雪灾指数中必须考虑。在拥有逐日监测数据的前提下,积雪持续天数可以很容易地通过计算获得。

(3)入冬前牧草高度是确定局地有效致灾强度的重要指标。由于入冬前的牧草高度受夏半年降水等条件的重要影响,存在较大的年际波动。在实际监测数据可获取的条件下,应将其作为重要变量代入指数。即使在数据难以获取的情况下,也应依据草场类型分布的基本信息,将不同区域的多年平均牧草高度作为孕灾环境的参数,在进行风险评估、费率厘定和区划时加以考虑。

因此,雪灾指数可以利用冬半年(11月1日至次年4月30日)超过临界雪深阈值的积雪累计持续天数作为致灾强度指标。而临界雪深阈值,则应依据不同地区的草场类型和入冬前的草深情况进行设定。

4.2.3 雪灾风险评估

1. 评价指标

在内蒙古东部地区羊群雪灾的现行成害机制下,致灾强度可按上述讨论,利用雪深和持续天数构建雪灾指数进行表达;而雪灾指数与最终牧民损失之间的脆弱性关系,则是由舍饲条件下每日新增饲养成本(元/羊单位)及暴露水平(羊单位数)共同决定的。因此,风险评估的核心工作转化为对雪灾指数危险性的评价,即对冬半年超过临界雪深阈值的积雪累计持续天数的不确定性进行评估。

积雪深度的空间分布与降雪量、风力、温度、地形等参数的共同作用有关,容易形成积雪厚度的局地差异(武鹤等,2008),如汇风处风速较大,积雪浅,散风处风速减小,积雪深；迎风坡积雪易受侵蚀，背风坡积雪易堆积（史培军和陈晋，1996）。因此，在实际应用中，必须通过提高积雪深度观测数据的空间分辨率来克服空间异质性造成的问题。站点人工测量的雪深数据具有很高的精度，但要求站点具备固态降水观测能力，此类站点的布设密度通常较低。在此种条件下，站点监测数据不具备空间覆盖能力，会对估计结果造成一定的影响。相对而言，遥感反演雪深的算法已有较大的进步。尽管反演数据的精度仍有待提高，但其在空间上的连续性为抓住空间异质性提供了可能。

本案例使用由中国科学院寒区旱区环境与工程研究所发布的 1978～2012 年中国雪深长时间序列数据集作为数据源（车涛和戴云礼，2011）。该数据集使用被动微波遥感数据作为原始数据源，在采用 Chang 算法（Chang et al.，1987）基础上，针对中国地区改进的算法对积雪深度进行反演。其空间分辨率为 25 km，时间分辨率为 1 天，经度范围为 60°～140°E，纬度范围为 15°～55°N。利用该遥感数据源，可以统计各个尺度（如像元尺度、行政单元尺度）1978～2012 年冬半年（11 月 1 日至次年 4 月 30 日，平年共计 181 天）的逐日积雪深度。

2. 评价方法

对于任意保险单元（如一个像元、苏木或旗县），在获取冬半年逐日雪深数据的前提下，一旦依据草高给定任意临界积雪深度阈值 SD，即可依据积雪深度逐日数据获得保险时期内实际积雪深度超过 SD 的累计天数 d_{SD}。通过对 1978～2012 年共 34 年 d_{SD} 的数据进行分析与拟合，即可完成保险指数危险性的评估。通过对历史数据的观察发现，d_{SD} 的经验分布不符合常见的参数分布函数，本书采用了非参数核密度估计的方法（Goodwin and Ker，1998；Silverman，1986）。在拟合过程中，使用了高斯核函数，设定 d_{SD} 值域范围为 [0，181]，并取核函数窗宽为 1，以使拟合结果符合累计天数是有界离散型分布的实际物理意义。

图 4.5 中给出了研究区内某示例像元的雪灾指数危险性拟合结果。为了便于展示，取临界积雪深度阈值 10cm、15cm、20cm 和 25cm。从图 4.5 中可知，雪灾指数的危险性由雪

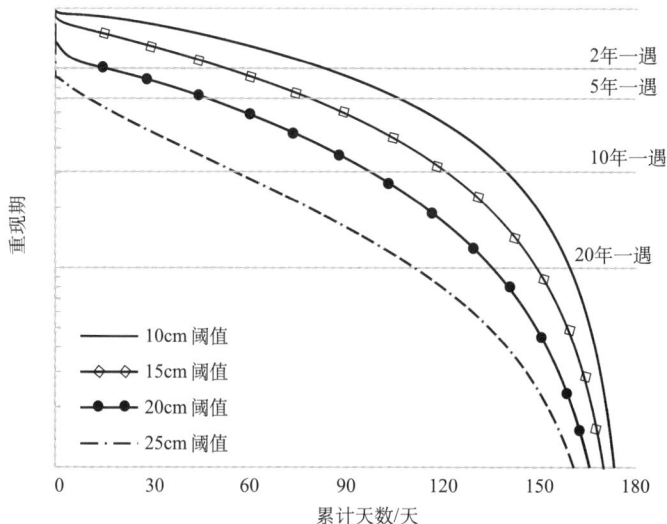

图 4.5　研究区某像元不同积雪深度阈值条件下
积雪累计天数的超越概率曲线（易泼泼等，2015）

深阈值和累计天数共同决定。在相同的重现期水平下，积雪深度阈值越高，累计达到该积雪深度阈值的天数越少。危险性分析的结果提供了不同重现期条件下、任意临界积雪深度阈值下的累计天数，其是在产品最终设计中讨论起赔阈值组合选取的重要依据。

3. 评价结果

根据基于像元尺度计算得到的超过特定积雪深度阈值累计天数的结果，采用 ArcGIS 制图软件进行空间制图，得到内蒙古东部地区不同重现期条件下（1/5a、1/10a、1/20a 及平均值）超过特定积雪深度阈值（5cm、10cm、15cm、20cm、25cm）累计天数的空间分布图，并根据不同积雪深度和累计天数组合的数值特征，将累计天数划分为 0~1 天、1~30 天、30~60 天、60~90 天、90~120 天、120~150 天和 150~180 天共 7 级。分级显示结果如图 4.6~图 4.10 所示。

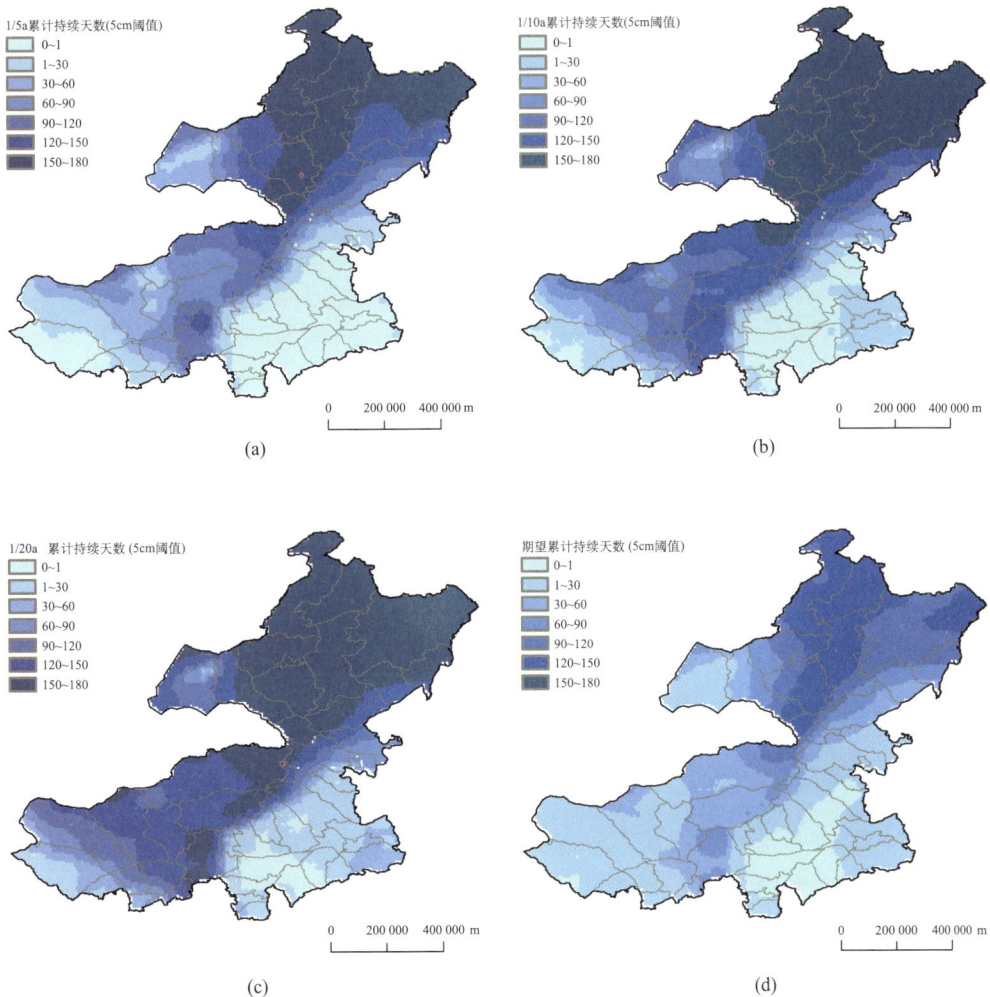

(a)　　　　　　　　　　　　　　　　(b)

(c)　　　　　　　　　　　　　　　　(d)

图 4.6　内蒙古东部地区冬季积雪累计持续天数（5 cm 雪深阈值）分布图

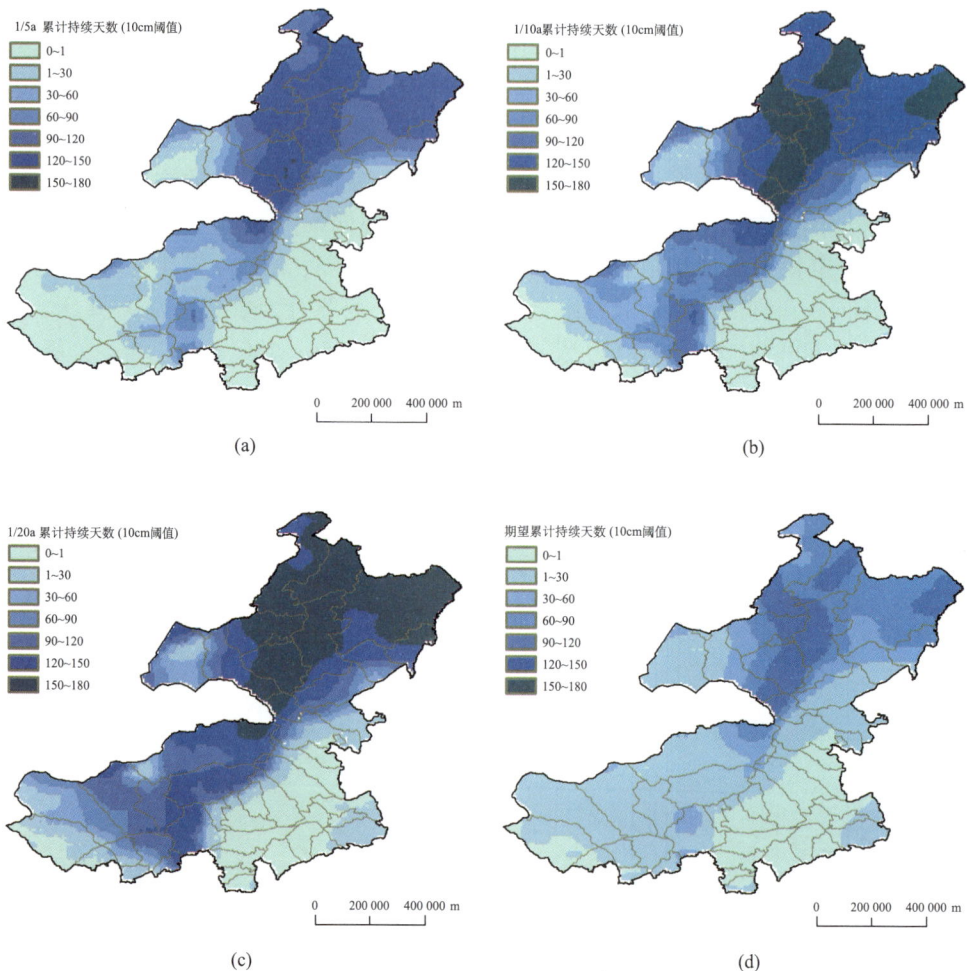

(a)

(b)

(c)

(d)

图 4.7　内蒙古东部地区冬季积雪累计持续天数(10 cm 雪深阈值)分布图

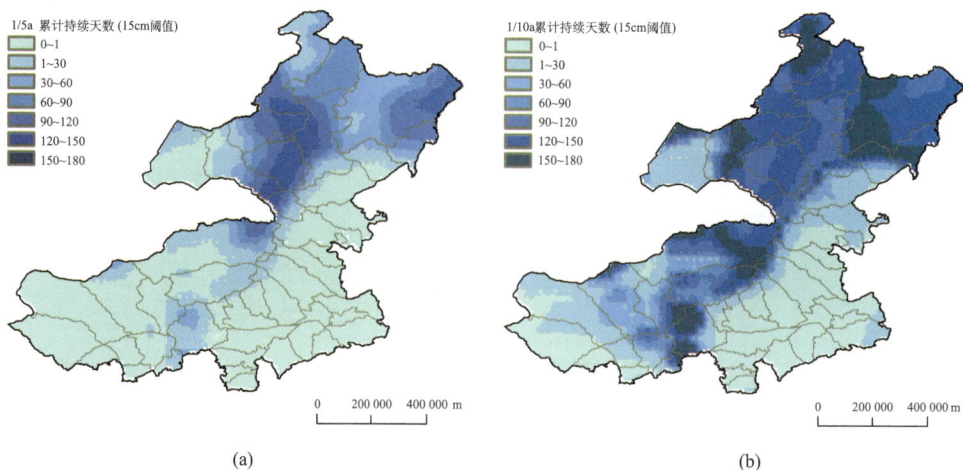

(a)

(b)

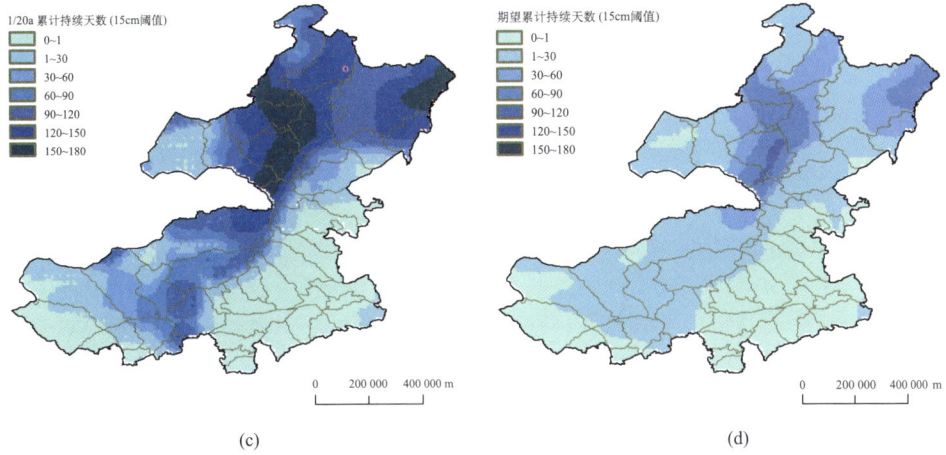

图 4.8 内蒙古东部地区冬季积雪累计持续天数(15 cm 雪深阈值)分布图

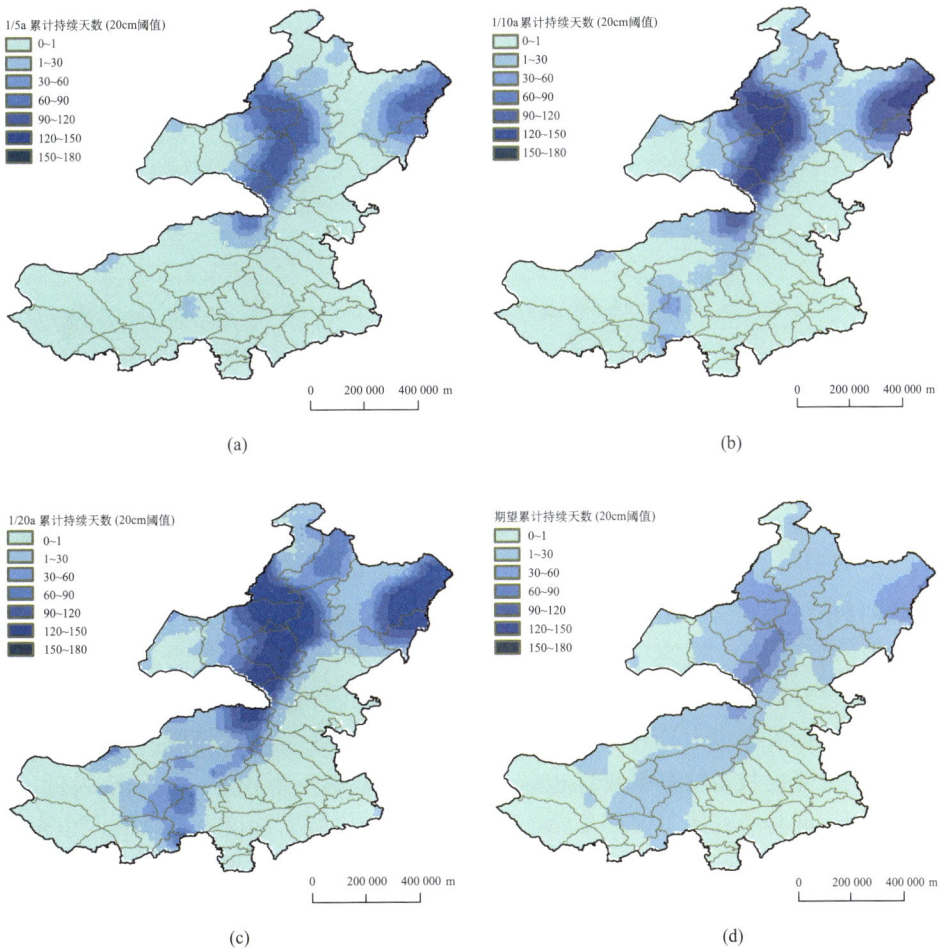

图 4.9 内蒙古东部地区冬季积雪累计持续天数(20 cm 雪深阈值)分布图

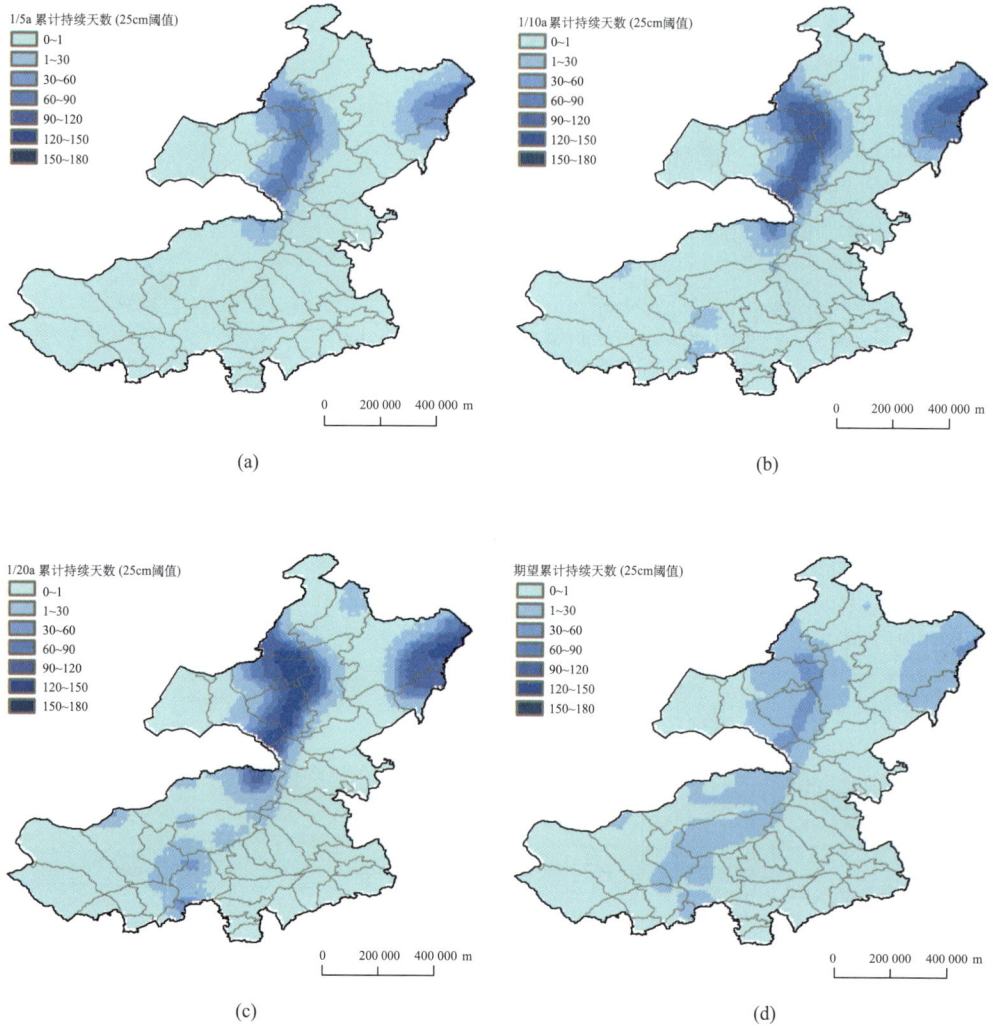

图 4.10 内蒙古东部地区冬季积雪累计持续天数(25 cm 雪深阈值)分布图

从风险评估结果来看，不同雪深阈值条件下，各重现期水平的累计持续天数所展现的空间分异规律高度一致。在第一层级上，主要以大兴安岭为界，呈现出东西分异的基本规律。其中，大兴安岭以东(含)区域为研究区内主要的农区和林区，此区域即使在最低雪深阈值条件下，持续天数也十分有限，属于研究区内雪灾致灾危险性最低的区域。而这一区域作为农区，散养放牧畜牲畜暴露性也非常有限，因此属于畜牧业雪灾风险最低的区域。大兴安岭以西地区是研究区主要的草原牧区。此区域内，积雪深度及持续时间由东北向西南递减，与研究区降水的空间分布特征相符。随着雪深阈值和重现期水平的不断提高，可以逐级识别区域内不同等级的风险区。其中，中低风险区主要位于研究区西部、锡林郭勒盟西侧。这一区域降水量较少，草场类型以荒漠草原为主，冬季降雪相对较少。高风险区在研究区内有两个核心区域,包括锡林郭勒盟东部的乌拉盖向呼伦贝尔一线、大兴安岭西侧地带以及研究区东北部区域。这两个区域是整个研究区内积雪最深、持续时间最长的地区,即使取到最高雪深阈值和较高的重现期,也仍然有相对较长的累计持续时间。

4.2.4 保险费率厘定

1. 保险损失风险估算

1)羊群雪灾指数保险赔付办法

依据雪灾风险评估结果,折算保险损失风险,需首先明确指数不同取值条件下对应的赔付办法。依据前述调研结果可知,牧民损失与进入全舍饲条件的累计日数有关。因此,基本赔付公式可设计为

保险赔付(元/羊单位)=赔付触发天数(天)×每日赔付单价[元/(天·羊单位)]

其中,每日赔付单价可依据锡林郭勒盟调研得到的每日新增饲养成本确定(参见4.2.2节)。

赔付触发天数 = 冬半年达到约定积雪深度阈值以上的累计日数-起赔天数

式中涉及两个阈值指标:积雪深度阈值和起赔天数。这两类指标受到不同区域草场类型、羊群啃食习惯等条件的综合影响(武鹤等,2008),宜采用区域差异化的阈值标准。

2)起赔条件设置

(1)积雪深度阈值的设定。临界积雪深度阈值的确定需依据草场类型、羊群啃食习惯等条件综合考虑。研究区内的草场可划分为7个植被类型区(中国科学院内蒙古宁夏综合考察队,1980),而基于考察数据获取的各区域上、下层主草群和草高数据可以为制订不同分区的雪深阈值提供重要的参考(表4.7)。

表 4.7　内蒙古东部地区草场植被类型及草高

植被类型	上层草高	下层草高
呼伦贝尔中部羊草-大针茅草原区	羊草、大针茅,35~45 cm	丛生禾草10~25 cm
呼伦贝尔西部克氏针茅草原区	克氏针茅,30~35 cm	丛生小禾草10~15 cm
大兴安岭山麓贝加尔针茅-线叶菊草甸草原区	—	—
西辽河流域针茅草原区	—	—
锡林郭勒中东部羊草-大针茅草原区	羊草、大针茅,35~45 cm	伏地草本和小半黄灌木,10 cm以下
锡林郭勒中西部克氏针茅草原区	克氏针茅、丛生禾草,13~35 cm	
锡林郭勒西部小针茅荒漠草原区	小针茅、丛生禾草,10~15 cm	

资料来源:据卓义,2011,经整理。

在7个植被类型区中,大兴安岭山麓贝加尔针茅-线叶菊草甸草原区和西辽河流域针茅草原区缺少相应的草高数据。然而,这一区域恰恰不是本研究区内主要的放牧散养区,

因此可不作考虑。将与上述分区草场类型和植被信息对应的区划图与《中国植被区划》中对应区域的划分方案进行比对，两者具有高度的相似性。因此，可在综合考虑两者基础上，对研究区内每一个像元的雪深阈值进行定义。在进行阈值设定时，参考了表4.3和表4.5中雪深与草高之间的相对关系，上层草深的40%～50%作为雪深阈值。考虑到本案例研究为羊群指数保险服务的最终目标，将雪深阈值以5cm为间隔取整，最终分为5cm、10 cm和20 cm 三档，分别对应荒漠草原、典型草原和草甸草原3种植被类型。

（2）起赔天数的设定。起赔天数的确定需考虑牧民储存草料的习惯和产品最终的吸引力。在当地，牧民冬半年一般至少会准备2个月的草料，60天以内的全舍饲不属于牧民增高的成本，而是正常的冬季饲养消耗，因此建议将最低起赔阈值设定为60天；整个冬半年共181天，若将起赔天数定得过高，牧民获得的最大赔付太少，对牧民缺少吸引力，因此建议将最高起赔天数阈值设定为90天。为方便理解，可以30天为一档，最终将起赔天数阈值设计为60天和90天两档。

3）保险损失风险评估

依据上述拟定的赔付办法，以及区域化的雪深阈值 SD 和起赔天数阈值 d_0 可知，任意冬半年每个羊单位的赔付(以天为单位计量)为

$$l_t^{\mathrm{SSII}} = \begin{cases} 0, & d_t \leqslant d_0 \\ d_t - d_0, & d_t > d_0 \end{cases} \tag{4.1}$$

式中，d_t 为第 t 年11月1日至次年4月30日日积雪深度超过阈值 SD 的累计天数。将以天为单位计量的损失 l_t^{SSII} 乘以保险合同规定的每个羊单位单日赔偿金额，即可确定货币单位的赔付。为确保保险赔付与损失的一致性，单日赔偿金额应参考当年冬季饲草、饲料价格水平确定。

依据第2章中的定义，保额损失率为保险损失与对应最大保险金额之间的比值。因此，任意年份 t 的保额损失率为

$$lcr_t^{\mathrm{SSII}} = \frac{l_t^{\mathrm{SSII}}}{181 - d_0} \tag{4.2}$$

式中，分母 $181 - d_0$ 为最大可能的赔付(以天为计量单位)。

依据式(4.2)，以及各项目所在区域取特定的雪深阈值 SD 和起赔天数阈值 d_0，即可获取每个像元在历史数据的34年中对应的保额损失率。在此基础上，同理，可利用非参数方法针对保额损失率进行概率密度拟合，相应地获得每个像元保额损失率的概率密度分布，并相应地计算出重现期保额损失率和期望保额损失率(图4.11、图4.12)。

从保额损失率的空间分布来看，起赔天数为60天和90天的各重现期结果在空间分布规律上较为接近。整个区域内以东西分异为主，呼伦贝尔盟中部地区的草甸草原区为各起赔标准、各重现期水平的保额损失率高值区。呼伦贝尔盟西部、锡林郭勒盟东部区域的典型草原区为保额损失率次高值区。锡林郭勒盟中西部的典型草原区为中值区，而锡林郭勒盟西部的荒漠草原区在各类情况下均为低值区。从各年遇水平的结果来看，5年一遇的结果属于频率更高、保险损失相对较小的情况。因此，当起赔天数设置较高时(如90天的结

果），可能出现保险赔付无法触发的情况，因此在锡林郭勒盟西部的部分地区保额损失率为 0。对应地，20 年一遇的结果属于频率相对较低、保险损失相对较重的情况。然而，如果在 20 年一遇水平条件下，区域的保额损失率仍然很低，则说明该区域很可能不适宜开展对应的保险产品。从保额损失率的期望值来看，起赔天数为 60 天和 90 天的两组结果中，期望值均处于 10 年一遇和 20 年一遇的水平之间。

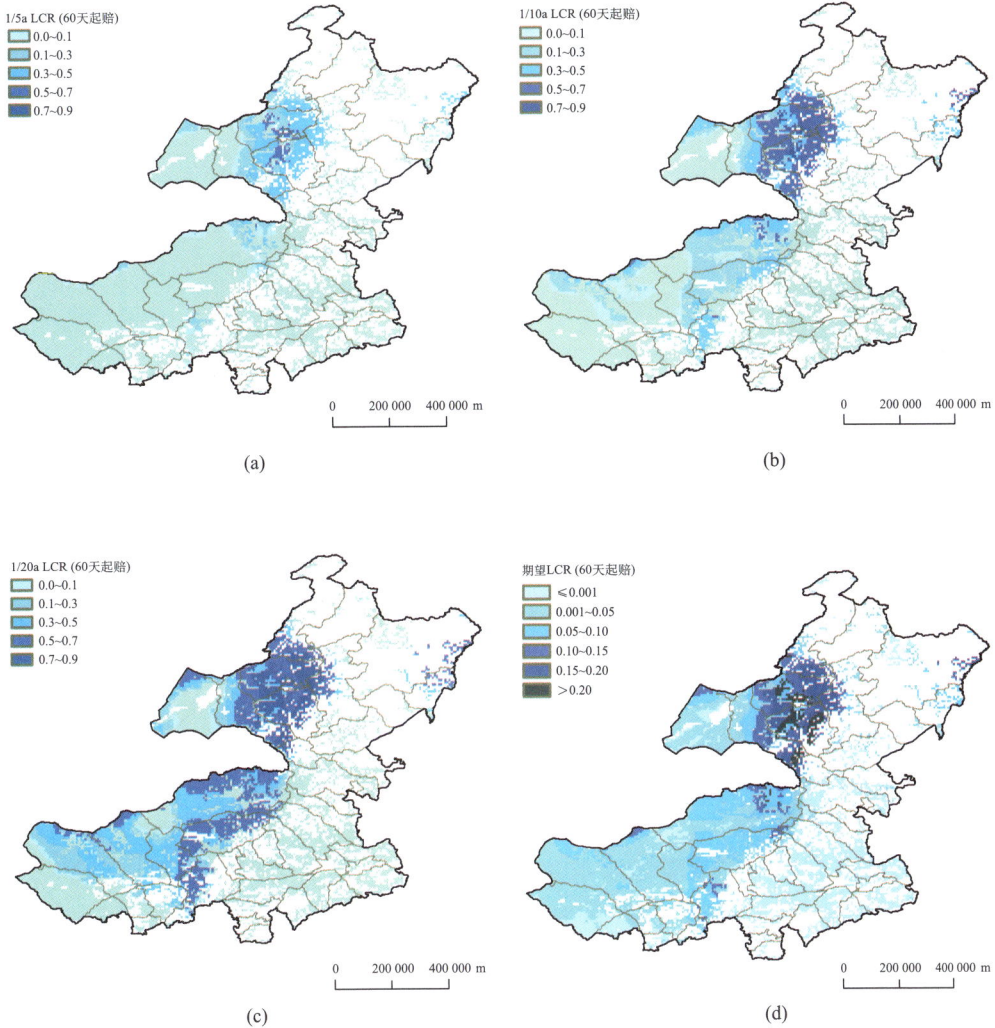

图 4.11　内蒙古东部地区羊群雪灾指数保险损失风险（起赔天数为 60 天）

2. 费率厘定

依据 2.2.3 节中关于费率厘定的基本方法，纯风险损失率是保额损失率的年期望值。因此，依据前述不同雪深阈值和天数起赔标准下获得的保额损失率估计结果，即可统计不

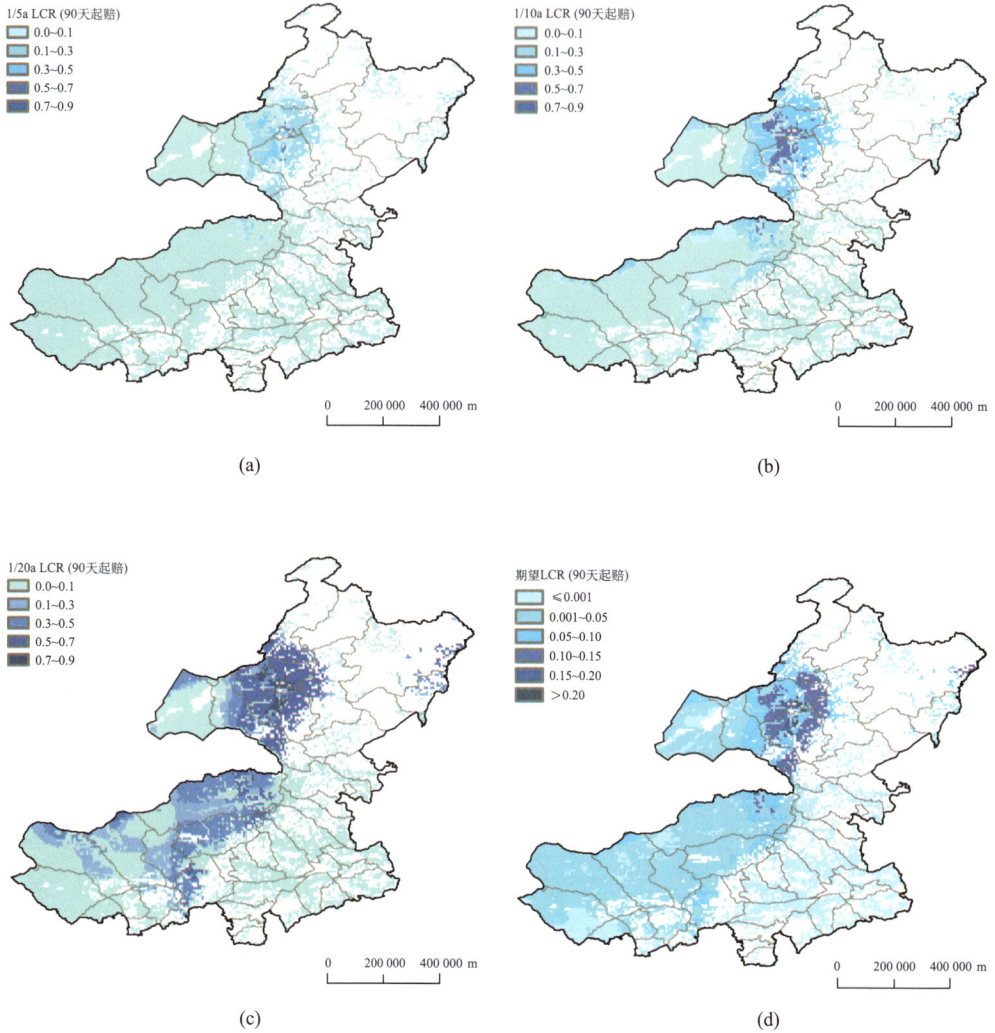

图 4.12 内蒙古东部地区羊群雪灾指数保险损失风险(起赔天数为 90 天)

同空间单元上的纯风险损失率。因随机变量之和的期望值不受相关性影响,可直接对起赔天数为 60 天和 90 天的保额损失率平均值结果,依据乡镇边界或县级行政区划边界进行统计,即可获得对应的行政单元保险纯风险损失率。

图 4.13 和图 4.14 中给出了起赔天数为 60 天和 90 天、按照乡镇边界进行统计后的费率厘定结果。与保额损失率的计算结果类似,上述两套结果中纯风险损失率的空间分布格局十分相近,仍以东西分异为主,高值区主要集中在呼伦贝尔盟中部的草甸草原区;低值区主要在研究区最西侧、锡林郭勒盟西部的荒漠草原区。因起赔点相对更高,因此起赔天数为 90 天的结果中,各乡镇的费率水平均低于对应的起赔天数为 60 天的结果。

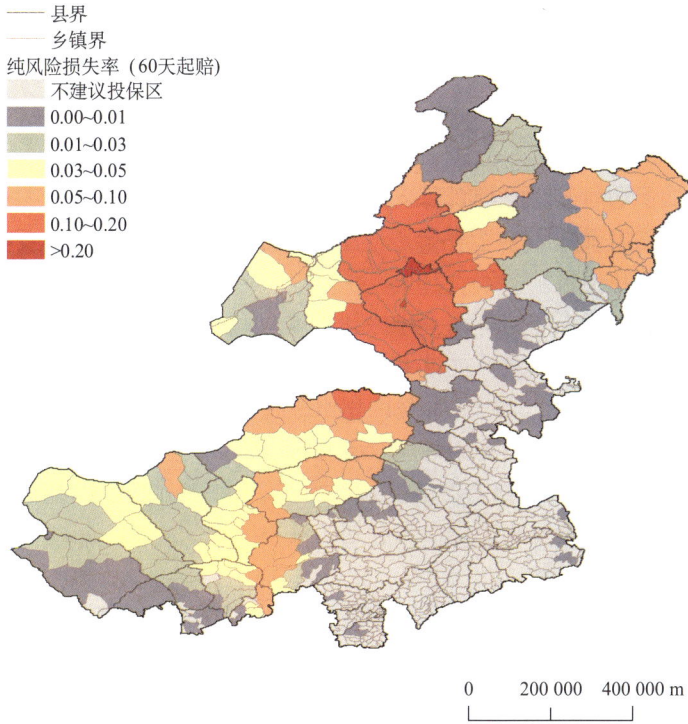

图 4.13 内蒙古东部地区乡镇一级羊群雪灾指数保险费率厘定结果(起赔天数为 60 天)

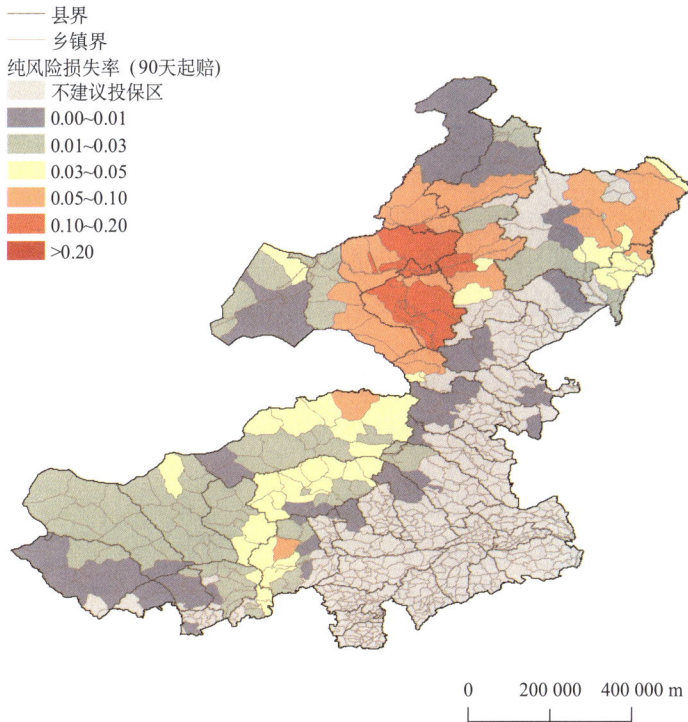

图 4.14 内蒙古东部地区乡镇一级羊群雪灾指数保险费率厘定结果(起赔天数为 90 天)

4.2.5 保 险 区 划

1. 区划实施原则与步骤

本案例中，基于空间连续的精细栅格得到的风险评估结果为采用自下而上合并的区划方法提供了条件。依据研究区实际情况，对各区划总原则(2.3.4节)作进一步解读，制定了如下区划实施原则和步骤。

(1) 以乡镇边界为最小区划单元，保持其完整性。

高空间分辨率的风险评估结果提供了多样的区划边界可能，包括森林斑块边界、流域边界或地貌单元边界。然而，考虑到保险区划服务的对象，在此仍然建议选取行政边界作为最小区划单元，以便于同保险实务对接。研究区内旗县的空间范围相对较大。从风险评估的结果来看，即使在同一旗县内部仍然可能存在较大的差异性，因此在基础数据条件允许的前提下，使用乡镇一级行政边界作为区划的最小单元。

(2) 孕灾环境要素为主导。

因研究区畜牧业雪灾风险的空间分异格局，以及羊群雪灾指数保险雪深阈值的确定，均以草场类型这一关键的孕灾环境要素的空间分布为基础。因此，将草场类型分布作为本案例保险区划的主导性因素进行考虑。依据面积占优原则，对每个乡镇进行草场类型赋值，将彼此临近且属于同一草场类型的乡镇单元进行合并，并作为一级区划。与此同时，考虑到研究区东部多为农区或林区。尽管绝大多数乡镇单元内均存在草场像元，但是其数量较少、面积也很小。为此，通过设置草场基本面积的阈值，将研究区东部的林区与牧区剔除，设置为羊群雪灾指数产品的非适宜区。

(3) 依据多指标综合聚类结果和区域共轭原则进行自下而上合并。

以起赔点 60 天和 90 天的费率厘定的结果作为主要的定量区划指标，利用 K 均值聚类方法，在 ArcGIS 软件中进行了最优类别数的计算。结果显示，当分类数达到 6 类时，伪 F 统计量首次达到峰值，其后随着分类数的增加，伪 F 统计量处于波幅波动状态。因此，将空间聚类数量初步定为 6 类，其在空间分布上取得了明显的区块化结果。

(4) 依据区域共轭原则对分组结果进行合并和调整。

依据区域共轭原则进行自下而上合并，主要解决 K 均值聚类的分类结果出现的飞地问题。在合并过程中，主要坚持就近合并原则，一是空间上就近合并；二是级别上就近合并。合并完成后，将分类结果确定为二级区界线。

2. 区划方案

最后，将一级区界与二级区界进行叠加，最终将案例研究区共划分为 3 个一级区、8 个二级区。区划的具体方案如图 4.15 和表 4.8 所示。

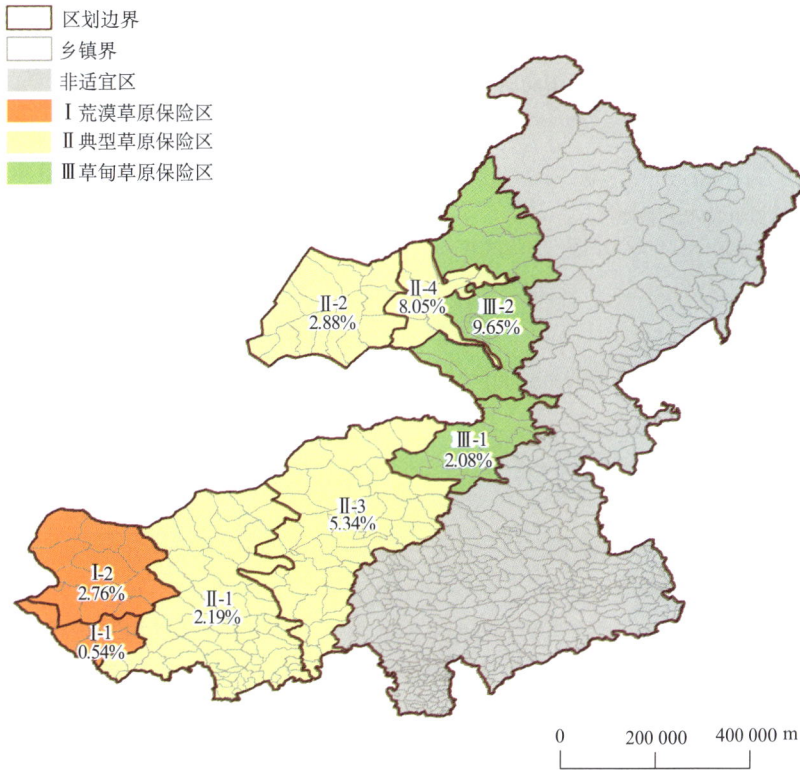

图 4.15　内蒙古东部地区羊群雪灾指数保险区划方案

表 4.8　内蒙古东部地区羊群雪灾指数保险区划方案

一级分区	二级分区	起赔点及费率/%		地理环境及主要植被类型
		60 天	90 天	
I. 荒漠草原保险区	I-1. 锡林郭勒盟西部荒漠草原低风险-费率区	0.54	0.34	高原丘陵地貌，属大陆性干旱气候，蒸发量远大于降水量，地表水贫乏，地下水深且不稳定，草场干旱。主要植被类型有温带丛生矮禾草、矮半灌木荒漠草原，温带半灌木、矮半灌木荒漠，温带多汁盐生矮半灌木荒漠
	I-2. 锡林郭勒盟西部荒漠草原中低风险-费率区	2.76	1.60	丘陵湖盆地貌，属大陆性半干旱气候，境内水系不发育，属内陆河流域区。草场面积占总面积的96.7%，植被类型包括温带丛生矮禾草、矮半灌木荒漠草原，温带灌木荒漠

一级分区	二级分区	起赔点及费率/%		地理环境及主要植被类型
		60 天	90 天	
II. 典型草原保险区	II-1. 锡林郭勒盟中西部典型草原中低风险-费率区	2.19	1.26	低山丘陵地貌，地势起伏小，中部是浑善达克沙地，属大陆性干旱/半干旱气候，降水少而集中，但南部河流湖泊众多，水资源丰富，形成了草甸草原。植被包括温带丛生禾草典型草原，温带禾草、苔草及杂类草沼泽化草甸，温带禾草、杂类草盐生草甸
	II-2. 呼伦贝尔盟西部典型草原中风险-费率区	2.88	1.66	丘陵盆地地貌，地势西北高、东南低，起伏小，属大陆性干旱/半干旱气候，夏季降水集中。植被类型有温带禾草、杂类草草甸草原，温带丛生禾草典型草原，温带禾草、杂类草盐生草甸
	II-3. 锡林郭勒盟中部典型草原中高风险-费率区	5.34	3.35	低山丘陵地貌，地处大兴安岭北麓，地势由东南向西北倾斜，属北温带大陆性气候，冬季受蒙古高压控制，寒冷风大，夏季水热同期，境内河流均为内陆河，属乌拉盖水系。植被类型包括温带禾草、杂类草草甸草原，温带丛生禾草典型草原，温带禾草、杂类草盐生草甸
	II-4. 呼伦贝尔盟中西部典型草原高风险-费率区	12.83	8.05	高原丘陵地貌，属大陆性半干旱气候，在西伯利亚高压的控制下，夏季温凉而短促，降水集中；秋季降温快，霜冻早；冬季严寒漫长，地面积雪时间长。植被类型为温带丛生禾草典型草原，温带禾草、苔草及杂类草沼泽化草甸
III. 草甸草原保险区	III-1. 锡林郭勒盟东部草甸草原中风险-费率区	3.35	2.08	低山丘陵地貌，位于大兴安岭西南山麓，属大陆性季风气候，水资源较丰富，夏季短促凉爽，冬季漫长寒冷。植被类型为温带禾草、杂类草草甸草原，温带禾草苔草及杂类草沼泽化草甸
	III-2. 呼伦贝尔盟中部草甸草原高风险-费率区	15.58	9.65	高原丘陵地貌，位于大兴安岭西部，属温带半湿润/半干旱大陆性气候，冬季寒冷漫长，少降水，但空气湿度较大。主要植被类型有温带禾草、杂类草草甸草原，温带禾草、杂类草草甸，温带丛生禾草典型草原

各一级区划的主要特点如下。

1）荒漠草原保险区

这一区域主要分布在锡林郭勒盟西部地区，属于低风险-费率区。该区的植被类型为荒漠草原，主要包括温带丛生矮禾草、矮半灌木荒漠草原，温带半灌木、矮半灌木荒漠。依据草场类型，本区域的雪深阈值均取 5 cm。

本区共包含两个二级区。其中，I-1 区包含苏尼特右旗的乡镇阿尔善图苏木、都呼木苏木、额仁淖尔苏木等。I-1 区多年平均积雪持续天数为 3 天，1/5a 积雪持续天数为 0 天，1/10a 积雪持续天数为 1 天，1/20a 积雪持续天数为 12 天。总体而言，雪灾在当地较难发生。当取起赔天数为 60 天时，该区的纯风险损失率为 0.54%，最小值为 0.10%，最大值为 0.87%。当取起赔天数为 90 天时，该区的纯风险损失率为 0.39%，最小值为 0.06%，最大值为 0.88%。

I-2 区包含苏尼特左旗的巴彦宝力道苏木、巴彦都兰苏木等，以及苏尼特右旗的阿其图乌拉苏木、格日勒图敖都苏木和乌日根塔苏木。I-2 区多年平均积雪持续天数为 11 天，1/5a 积雪持续天数为 12 天，1/10a 积雪持续天数为 42 天，1/20a 积雪持续天数为 76 天。当取起赔天数为 60 天时，该区的纯风险损失率为 2.76%，最小值 0.90%，最大值为 4.44%。当取起赔天数为 90 天时，该区的纯风险损失率为 1.60%，最小值为 0.96%，最大值为 2.51%。

2）典型草原保险区

本区位于锡林郭勒盟中部和呼伦贝尔盟西部，属于次高风险-费率区。在植被类型上以典型草原植被和草甸草原植被为主，包括温带丛生禾草典型草原，温带禾草、杂类草草甸草原，温带禾草、杂类草盐生草甸。依据草场类型，本区的雪深阈值为 10cm。

本区共包含 4 个二级区。其中，II-1 区包括阿巴嘎旗、镶黄旗、正镶白旗、太仆寺旗，以及正蓝旗、多伦县、苏尼特左旗、苏尼特右旗、锡林浩特市的部分乡镇。在取 10cm 雪深阈值的前提下，II-1 区多年平均积雪持续天数为 10 天，1/5a 积雪持续天数为 7 天，1/10a 积雪持续天数为 33 天，1/20a 积雪持续天数为 59 天。当取起赔天数为 60 天时，该区的纯风险损失率为 2.19%，最小值 0.08%，最大值为 6.49%。当取起赔天数为 90 天时，该区的纯风险损失率为 1.26%，最小值为 0.09%，最大值为 4.42%。

II-2 区包括新巴尔虎右旗、满洲里市以及新巴尔虎左旗的部分乡镇。II-2 区多年平均积雪持续天数为 13 天，1/5a 积雪持续天数为 18 天，1/10a 积雪持续天数为 39 天，1/20a 积雪持续天数为 67 天。当取起赔天数为 60 天时，该区的纯风险损失率为 2.88%，最小值为 0.76%，最大值为 6.09%。当取起赔天数为 90 天时，该区的纯风险损失率为 1.66%，最小值为 0.53%，最大值为 3.38%。

II-3 区包括西乌珠穆沁旗所有乡镇，东乌珠穆沁旗、锡林浩特市、正蓝旗、多伦县、克什克腾旗的部分乡镇。II-3 区多年平均积雪持续天数为 22 天，1/5a 积雪持续天数为 32 天，1/10a 积雪持续天数为 71 天，1/20a 积雪持续天数为 101 天。当取起赔天数为 60 天时，该区的纯风险损失率为 5.34%，最小值为 0.55%，最大值为 10.15%。当取起赔天数为 90 天时，该区的纯风险损失率为 3.35%，最小值为 0.28%，最大值为 6.04%。

II-4 区包括新巴尔虎左旗、陈巴尔虎旗、鄂温克族自治旗的部分乡镇。II-4 区多年平均积雪持续天数为 48 天，1/5a 积雪持续天数为 82 天，1/10a 积雪持续天数为 110 天，1/20a 积雪持续天数为 132 天。当取起赔天数为 60 天时，该区的纯风险损失率为 12.83%，最小值为 8.89%，最大值为 21.71%。当取起赔天数为 90 天时，该区的纯风险损失率为 8.05%，最小值为 5.267%，最大值为 14.64%。

3）草甸草原保险区

本区主要集中在锡林郭勒盟东部和呼伦贝尔盟中部，属于风险和费率较高的区域；主要植被类型有温带禾草、杂类草草甸草原、温带禾草苔草及杂类草沼泽化草甸。依据草场类型，本区的雪深阈值为 15 cm。

本区共包含两个二级区。其中，III-1 区包括东乌珠穆沁旗、霍林郭勒市、科尔沁右翼前旗和阿尔山市的部分乡镇。在取 20cm 雪深阈值的前提下，III-1 区多年平均积雪持续天数为 10 天，1/5a 积雪持续天数为 27 天，1/10a 积雪持续天数为 47 天，1/20a 积雪持续天数为 67 天。当取起赔天数为 60 天时，该区的纯风险损失率为 3.35%，最小值为 0.05%，最大值为 8.31%。当取起赔天数为 90 天时，该区的纯风险损失率为 2.08%，最小值为 0.03%，最大值为 4.65%。

III-2 区包括额尔古纳市、陈巴尔虎旗、鄂温克族自治旗、新巴尔虎左旗和阿尔山市的部分乡镇。III-2 区多年平均积雪持续天数为 47 天，1/5a 积雪持续天数为 95 天，1/10a 积雪持续天数为 121 天，1/20a 积雪持续天数为 139 天。当取起赔天数为 60 天时，该区的纯风险损失率为 15.58%，最小值为 0.28%，最大值为 23.92%。当取起赔天数为 90 天时，该区的纯风险损失率为 9.65%，最小值为 0.05%，最大值为 16.01%。

4.3 西藏那曲地区羊群雪灾指数保险区划

本节以青藏高原中部那曲地区为案例研究区，以羊群雪灾为研究对象，实现指数保险的产品设计，编制保险区划方案。通过实地调研，确定当地散养、半游牧条件下羊群雪灾所遵从的传统"白灾"的致灾-成害机制。依据当地的草场特征，选取冬半年超过特定积雪覆盖草场面积比阈值的累计持续天数为雪灾基本保障指数，选取冬半年超过特定积雪覆盖草场面积比阈值的单次最大持续天数为雪灾巨灾保障指数，分别制定雪灾指数保险的基本保障、巨灾保障和综合保障方案，利用灾害指数模型方法，评估羊群雪灾风险，以乡镇为基本单元厘定保险纯风险损失率，并编制羊群雪灾指数保险区划。

4.3.1 研究区域与数据

1. 研究区概况

西藏那曲地区位于西藏北部、青藏高原腹地，境域面积为 450 537 km²。平均海拔为 4 500 m 以上，地势为南北高、中间低，地貌结构总体上是东部为高山峡谷，中西部为高原湖盆(图 4.16)。其气候的基本特点是气温低，昼夜温差大，积温少；空气稀薄，气压低，氧气少；大气干洁，太阳辐射强，日照时间长；干季和雨季区分明显；气候类型复杂，垂直变化大。

受气候、土壤性质、海拔等因素差异的影响，那曲地区草地植被分布较为复杂，植物种类从东南向西北逐渐递减，在水平分布上，大体呈现由东南向西北依次出现山地森林-亚高山、高山灌丛-高寒草甸-高寒草原-高寒半荒漠直至接近阿里地区变为高寒荒漠(图

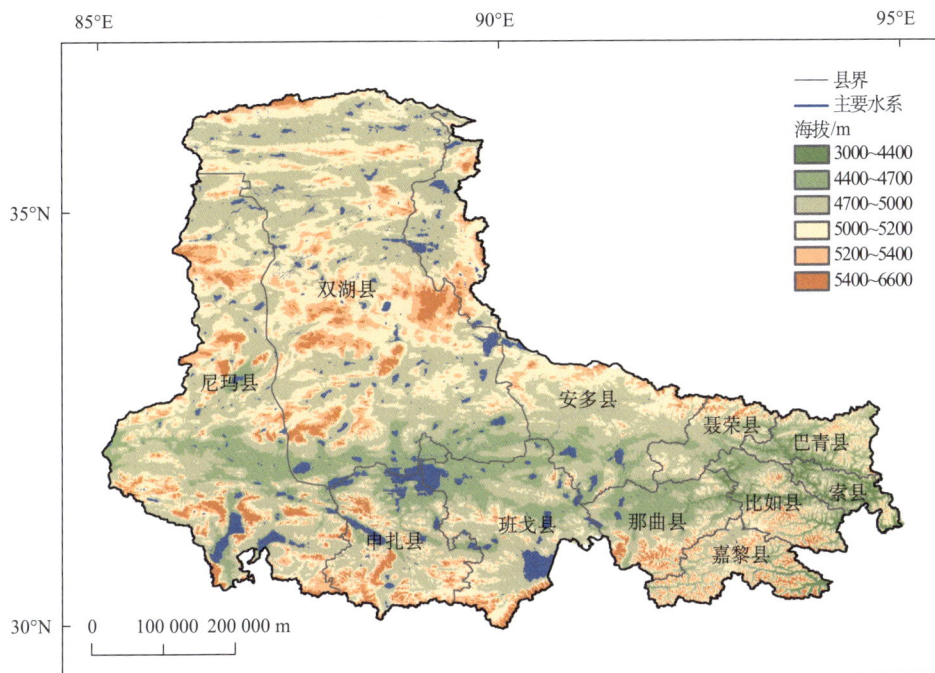

图 4.16　那曲地区地形

4.17)。植被垂直带谱为山地森林-亚高山、高山灌丛-高寒草甸-高寒稀疏植被直至冰雪皑皑终年积雪的高山。由于气候寒、干的特点，牧草植物处于十分严酷的生长环境中，其生长低矮而稀疏，产量低且地区差异大。

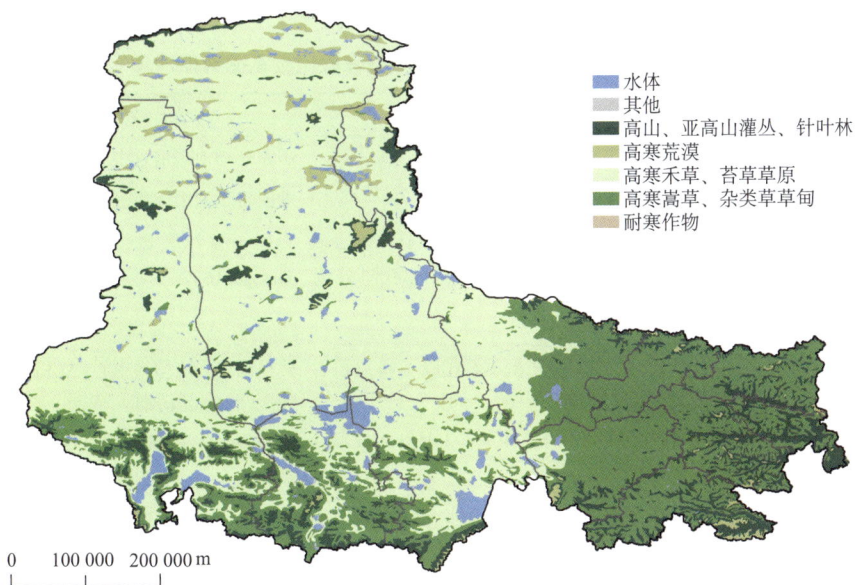

图 4.17　西藏那曲地区草地分布图(据中国科学院中国植被图编委会，2007，重绘)

那曲地区是西藏最大的天然牧场，也是西藏最主要的畜牧业生产基地。据 2014 年统计，那曲地区畜牧业总产值达 9.77 亿元，畜牧业产值占农林牧副渔业总产值的 51.7%，各类牲畜 522 万头(只)，占整个西藏自治区的 28.0%，其中大牲畜 186 万头(包括牛 182 万头)，占西藏自治区的 30.6%，羊 335 万只(包含绵羊 235 万只)，占西藏自治区的 31.3%；肉类、奶类、羊毛及皮革等的产量分别占西藏的 29.9%、17.6%、36.2% 和 27% 以上，其具有举足轻重的地位。

雪灾是影响那曲牧区畜牧业生产的主要气象灾害，几乎年年都会发生，只是轻重不同。调研中，当地官员对当地雪灾频率的描述是"三年一小灾，五年一大灾"。资料显示(温克刚，2008b)，1967 年雪灾导致全地区 35% 的牲畜受灾；1989 年那曲地区的巴青、嘉黎、比如、索县、班戈、那曲等县多次降雪而致雪灾，积雪深度为 50~100 cm，有 113 个乡受灾，其中特、重大灾 80 个乡，受灾牲畜 510 万头(只匹)，因灾死亡牲畜 119 万头(只匹)，80 个特重灾乡牲畜死亡 98 万头(只匹)，死亡率达 30% 以上。1997 年 9 月初至 1998 年 5 月的雪灾降雪早、气温低，雪后无风加上白天起雾、早晚降霜，导致积雪冻成硬壳，层层加厚难以融化，雪灾持续时间长、受灾面积广，灾区 90% 以上的草场被大雪覆盖，造成全地区 11 个县(区)42 万多平方千米全部遭灾。重灾区平地积雪在 40 cm 以上，特重灾乡、村积雪深度为 50~100 cm，长达 40 多天。截至 1998 年 6 月底，那曲地区各类成畜因灾死亡 82.66 万头(只匹)，因灾造成牲畜死绝，无畜户 520 户 3 000 人，使 2.6 万人返贫。

2. 基础数据

本案例所使用的基础数据除研究区基础地理数据外，还包括基于遥感数据反演的历史积雪覆盖数据、气象站点实测雪深数据资料，以及在那曲地区聂荣县、比如县、那曲县等地进行座谈和入户访谈获取的信息(表 4.9)。

表 4.9 西藏那曲地区羊群雪灾指数保险区划基础数据清单

数据类型	指标及描述	数据来源
市、县级行政区划底图	那曲地区行政区划矢量地图	国家基础地理信息中心
植被类型分布	研究区植被类型分布矢量图	中国科学院中国植被图编委员会，2007
逐日雪盖数据	1997 年 2 月至今的 IMS 北半球逐日冰雪盖结果，空间分辨率依据传感器的不同分为 1 km、4 km 和 24 km	美国国家冰雪数据中心 http://nsidc.org/data/g02156
	气象预测系统再分析数据(NCEP)格点积雪覆盖面积比数据 0.312°×0.312°(1979 年 1 月 1 日~2011 年 1 月 1 日)	美国国家环境预报中心(NCEP) http://rda.ucar.edu
站点实测雪深数据	那曲站、班戈站记录的 1984~2014 年每年 11 月 1 日至次年 4 月 30 日逐日雪深数据	西藏自治区气候中心
畜牧业雪灾实地调查数据	畜牧业雪灾成害机制及脆弱性特征	基层座谈及入户调研

4.3.2　致灾-成害机制分析

1. 雪灾致灾-成害机制

为了深入分析那曲地区畜牧业雪灾的致灾-成害机制，笔者于 2016 年 7 月 13～20 日赴那曲地区的聂荣县、比如县和那曲县等地进行了调研和入户访谈。调研对象主要包括当地政府、农牧局、气象局、基层保险公司负责的同志以及驻乡干部。调研的主要内容涉及那曲地区畜牧业雪灾的基本特点、历史损失情况、防灾基础设施建设情况以及雪灾灾中的应急处置办法。入户访谈工作主要在聂荣县和那曲县周边乡镇进行，访谈问题主要针对牧民的棚圈建设、饲草储备、雪灾应急处置方案，以及牛羊等在雪灾条件下对饥饿的耐受性。

那曲地区畜牧业雪灾在致灾环节与内蒙古东部地区高度相似。从季节维度来看，当地雪灾主要发生在 10 月至次年 5 月，个别年份可提前到 9 月或推迟到次年 6 月。一旦雪灾发生，积雪掩埋草场，家畜无法采食，得不到草料补充，造成膘情下降，抵抗能力降低。一方面，积雪掩埋牧草，减少家畜的可采食量；另一方面，积雪增加家畜采食时行走的困难，从而增大其体能消耗。气温的高低对积雪深度变化和持续时间长短产生影响，会导致积雪表层出现一层硬壳，对牲畜食草带来影响（鲍积热吉，2014）。这些因素的叠加，将对牲畜的体能储备与健康状况带来严重的挑战，一旦应对不充分，就可能成害。

从成害角度来看，那曲地区畜牧业生产的基本特征使其在成害机制上显著区别于内蒙古东部地区。那曲地区仍以天然牧草游牧为主，家畜一年四季以采食天然牧草为主，终年牧事活动受气候条件影响，畜牧业"靠天养畜"。相比之下，内蒙古东部地区的草场确权工作早已完成，放牧基本在牧民自身承包的草场内进行。畜牧业生产基本方式上的差异造成了那曲地区雪灾出现以下关键问题。

（1）棚圈等基础设施匮乏，人工饲养和圈养的比例非常小。尽管国家已出台针对西藏地区的高寒棚圈建设补贴政策，但高寒棚圈的覆盖率在那曲地区依然很小。一方面，国家补贴的 12 000 元建设款项不足以在当地依据设计标准完成建设。另一方面，畜牧业的基本特点要求，牛、羊必须分圈；对于同时拥有牛、羊的牧户，则必须分别建设，成本较预计的高；当地难以找到施工队伍完成相应的建设工作。高寒棚圈的缺乏，极大地增加了当地牛羊冻饿致死的可能性。

（2）缺乏灾前草料储备与灾中补饲的应对习惯。内蒙古东部地区的经验显示，舍饲的家畜几乎不受雪灾的影响；对于在草场上放牧的家畜，如果在入冬前储备一定数量的草料，并在遭受雪灾时及时进行补饲，也可以大大减轻灾情。近几年来，那曲各县都进行了冷季草场的围栏建设，并刈割、储备了一定数量的牧草，加强了对雪灾的预防和抵御能力。然而，储备冬春草料受经费所限，储备量相比存栏牲畜的需求而言，仅能维持几天的应急需求。当地政府也出台政策性文件，要求和引导牧民加强自身越冬牧草储备。就目前而言，只有意识较好、家庭经济收入较高的少数牧民会通过自种青稞和购买的方式增加饲料储备，但通常也不能满足雪灾条件下牲畜 20 天的需求。

（3）入冬前出栏率低、暴露程度高。内蒙古东部地区的畜牧业生产的核心是为牧民创造经济价值，能够在入冬前保证一定的出栏率，相应地，也降低了存栏数和灾中进行全舍饲的草料需求。对于西藏地区的牧民而言，牛羊等牲畜是最基本的生产生活资料。在历史上的重大雪灾中曾经出现过将口粮让给牛羊的现象。尽管当地政府做了大力宣传和引导，但入冬前的出栏率仍然只能达到5%左右，远低于20%的建议水平。较高的存栏数量，且老畜、弱畜未经淘汰，势必增加雪灾损失的风险。

在此种情况下，那曲地区的雪灾成害机制非常接近传统意义上的牧区白灾成害机制，即积雪长时期掩埋草场，最终导致牲畜冻饿致死的情况（图4.4）。通过对当地牧民的入户调研，进一步明确了不同雪灾条件下损失的形成过程与机制。

（1）当出现持续积雪，而区域内积雪掩埋牧草面积比相对较低（如40%～60%，或小于40%）时，牧民会将膘情较好的牲畜进行转场放牧，而对膘情较差的牲畜进行补饲。由于牧民冬季的牧草储备较为有限，因此补饲的投入量一般仅维持基本的生命体征，约折合一个羊单位2kg/天青干草。

在积雪覆盖的持续时间较短的情况下（15天以内），牛羊的膘情下降较为有限。一旦积雪融化露出草被，则可以立即进行放牧，牛羊基本不会出现死亡的情况。此种情况下，牧民所承受的损失仅是因积雪覆盖而进行补饲导致的饲养成本上升。

（2）在积雪掩埋牧草面积比较高，区域内转场放牧条件受到限制，且持续时间较长的极端情况下，牛羊在仅能维持生命体征的补饲条件下膘情逐步下降，又因缺少高寒棚圈保暖，无法抵御低温，最终导致死亡。牧民表示，不同膘情的牛羊在有基本补饲和无草料补饲的前提下，能够存活的天数存在很大差别（表4.10）。

表4.10 西藏那曲地区牲畜雪灾脆弱性

补饲条件	牲畜	依据入冬前膘情状况区分的最长存活天数/天		
		优	中	差
维持基本生命体征的补饲	牛/羊	<30	<25	<15
无草料补饲	牛	<15	<7	<5
	羊	<7	<5	<3

注：表中数据仅针对无高寒棚圈保暖情况下的圈养。

2. 雪灾保险指数选取

从那曲地区畜牧业雪灾的成灾机制与脆弱性特征可知，触发补饲条件或牛羊死亡的关键因素是积雪对草场的覆盖；掩埋比例越高、覆盖面积比越大，灾情更为严重，补饲的必要性越高，死亡概率也相应地大大提升。而积雪覆盖的时间越长，灾情也更加严重，补饲成本相应地呈线性升高，死亡概率也大大增加。为此，实现对积雪的动态观测，衡量其掩埋比例、覆盖面积比，以及持续时间，是构建雪灾指数的三大关键因子。

针对上述雪灾指数的三大关键因子，当前中国气象部门及科研人员已提出了若干有益的建议方案（参见4.2.2节）。在前述牧区雪灾国家标准和内蒙古地方标准的基础上，西藏气象局也依据西藏当地的研究经验，提出了雪灾指数建议标准（表4.11）。这一建议方案基本沿用了牧区雪灾国家标准中的方式，但在灾害等级中强调了一次性降雪与累计降雪的差异。

表 4.11　西藏那曲气象局建议标准

雪灾气象等级指数等级	积雪状态			雪灾危害表现
	积雪掩埋牧草程度比	积雪持续日数/天	积雪掩埋草场面积比/%	
中灾(一次性降雪)	0.51～0.70	≥5	S≥30	主要影响牛、羊的采食,对马的影响尚小
中灾(累计降雪)	0.41～0.50	≥10	S≥30	
重度雪灾(一次性降雪)	0.71～0.90	≥5	S≥40	严重影响各类牲畜的采食,膘情下降,母畜流产,仔畜死亡,如果防御不当,将造成大批牲畜死亡
重度雪灾(累积降雪)	>0.90	≥10	S≥40	

注:积雪掩埋牧草程度=积雪深度(cm)/草群平均高度(cm),取小数点两位;

草场积雪面积比=积雪草场面积(亩)/可利用草地面积(亩)。

从上述标准的指标可知,影响牲畜的放养,导致饲养模式必须改成全舍饲或造成牲畜大批死亡的指标包括积雪深度、草场积雪面积比、积雪持续天数、草场高度等,因此雪灾指数的构建需从表 4.11 的指标中选取。与内蒙古东部地区的研究案例类似,上述指标可分为积雪阈值指标与持续时间指标两类。其中,积雪阈值指标又可分为积雪掩埋牧草程度比和积雪掩埋草场面积比。对于内蒙古东部地区而言,由于不同草场类型条件下草深变化很大,且草深的绝对值较大(如草甸草原区可达 40～50cm),因此在雪灾指数选取时必须考虑这一指标。相反,在那曲地区,积雪掩埋草场面积比这一指标较雪深指标更适宜构建雪灾指数,从而对表 4.11 进行简化,主要原因如下。

(1)那曲地区的草地类型与草深情况为指数简化提供了可能。

从那曲草场结构来看,那曲地区的草地类型主要是高寒草甸及灌丛草甸,植株低矮,水热条件相对较好的东部地区草深一般为 3～4 cm,部分地区达到 5～6 cm;而中、西部地区草深则更浅。在这一草深水平上,一场中等程度的有效降雪即可覆盖整株草高。与此同时,在有限的草高前提下,对积雪掩埋草高百分比进行测量并作区间划分,对测量精度的要求很高。因此,采用与内蒙古东部地区相同的做法则缺乏实际意义。

(2)遥感监测数据对雪盖的监测精度高于雪深监测。

从那曲地区雪深的站点观测条件来看,那曲地区面积为 45 万 km²,下辖 11 个县,但是能够实现雪深监测的站点只有 4 个,远不能满足依靠站点雪深数据来监测雪情的要求。而且区域内地形复杂,局地性降雪现象十分普遍。一场降雪在同一山地的阴坡和阳坡的积雪情况也是截然不同的,通过增加站点数量来监测雪情变化也具有很大的局限性。因此,仍然建议采用遥感监测的数据用于构建雪灾指数,以确定保险赔付。

从遥感反演雪深技术来看,遥感对积雪覆盖情况(以下简称雪盖)的监测能力与精度远超雪深。已有研究表明,对于 MODIS 雪盖资料而言,MODIS/Terra 数据的精度与积雪持续期和雪深有关。当连续 3 天及 3 天以上积雪存在时,其误报率在 10 % 以内。当雪深在 14 cm 以上时,其预报数据的准确率为 100%。随着雪深的减小,其预报数据的准确率在降低,当雪深在 5 cm 时,预报数据的准确率为 75%(Pu et al.,2007)。对青藏高原积雪的时间及雪深分布的研究表明(Li et al.,2008),我国江河源区的积雪时间大部分在 60 天以上,平均雪深在 7 cm 左右;MODIS 能够很好地反映江河源区积雪的分布与变化情况。因此,

· 117 ·

大范围的雪盖数据监测可依据遥感数据进行反演,以满足实时、便捷、有效且精度较高的需求。相比之下,遥感反演的雪深数据的测量精度则略差。在我国,中国科学院寒区旱区环境与工程研究所已经制备了《1978~2012 年中国雪深长时间序列数据集》,并在不断更新。然而,该反演结果与实测雪深相比,存在 5cm 以上的绝对误差(王玮,2012)。对于那曲地区的草场类型而言,这一误差已经足够将草甸掩埋。因此,不建议使用该数据作为指数保险理赔的测算依据。

综上所述,考虑到积雪掩埋牧草程度比的意义不大且数据精度低,而积雪面积比和积雪持续天数这两个指标:一方面降低了计算指数产品的复杂度,使产品更加透明和友好;另一方面,高精度和高时空分辨率的优势降低了指数保险的基差风险,使保险产品更易推广实施。因此,本案例中西藏雪灾指数保险的指数是通过积雪面积比和达到积雪面积比的累计持续时间两个指标共同构建的。

4.3.3 雪灾风险评估

1. 评价指标

依据致灾-成害机制分析的结果,以及对雪灾保险指数指标选取的讨论,最终确定那曲地区畜牧业雪灾风险评估的关键指标为达到积雪覆盖草场面积比阈值的持续天数。依据内蒙古东部地区的研究案例,以及在西藏当地调研的实际情况,具体指标应分为两个层次。在中度灾害情况下(积雪覆盖面积比超过 60%~80%,单次持续天数在 15 天以内),不造成牲畜死亡,成害机制与内蒙古东部地区类似,牧民需要承担额外的补饲成本;在重度雪灾的情况下(积雪覆盖面积比超过 80%,单次持续天数在 15 天以上),会造成部分甚至大批牲畜死亡,成害机制与传统白灾一致。为此,在进行风险评估时,必须考虑两大指标:一是,积雪覆盖草场面积比超过特定阈值的冬半年累计天数;二是,积雪覆盖草场面积比超过特定阈值的最大单次持续天数。

2. 评价方法

给定任意像元或保险单元(如乡、县、市),在获取冬半年逐日积雪覆盖草场面积比的前提下,给定面积比阈值 α,即可提取该冬半年超过临界阈值的日期及逐次积雪的持续天数。在此基础上,可相应计算冬半年累计持续天数,并提取最大单次持续天数。

为了便于计算,统一取积雪覆盖草场面积比 $\alpha = 80\%$,分别提取那曲地区各像元 1980~2014 年的冬半年累计持续日数 d_{cum} 和最大单次持续日数 d_{max}。对于 d_{cum},仍然沿用内蒙古东部地区案例使用的非参数核密度估计的方法(Goodwin and Ker, 1998;Silverman, 1986)。在拟合过程中,使用了高斯核函数,设定 d_{cum} 的值域范围为 $[0, 243]$,并取核函数窗宽为 1。对于 d_{max},由于每年的值均是当年最大的,因此可依据极值分布理论中的年最大值序列(annual maxima series, AMS),使用广义极值分布进行处理。广义极值分布的概率密度函数为

$$f(x; \mu, \sigma, \xi) = \frac{1}{\sigma} \left[1 + \xi \left(\frac{x - \mu}{\sigma} \right) \right]^{-\frac{1}{\xi} - 1} \exp \left\{ - \left[1 + \xi \left(\frac{x - \mu}{\sigma} \right) \right]^{-\frac{1}{\xi}} \right\} \quad (4.3)$$

式中，μ，σ，ξ 三者分别为位置参数、尺度参数和形状参数。依据随机变量 x 值域范围的不同，还可进一步分为极值 I 型（Gumbel 分布）、II 型（Frechet 分布）和 III 型分布（Weibull 分布）。

在此基础上，利用 MATLAB 软件分别对研究区内各像元的 d_{cum} 和 d_{max} 进行了拟合，并取期望值和重现期值（1/5a、1/10a、1/20a），绘制风险图（图 4.18，图 4.19）。

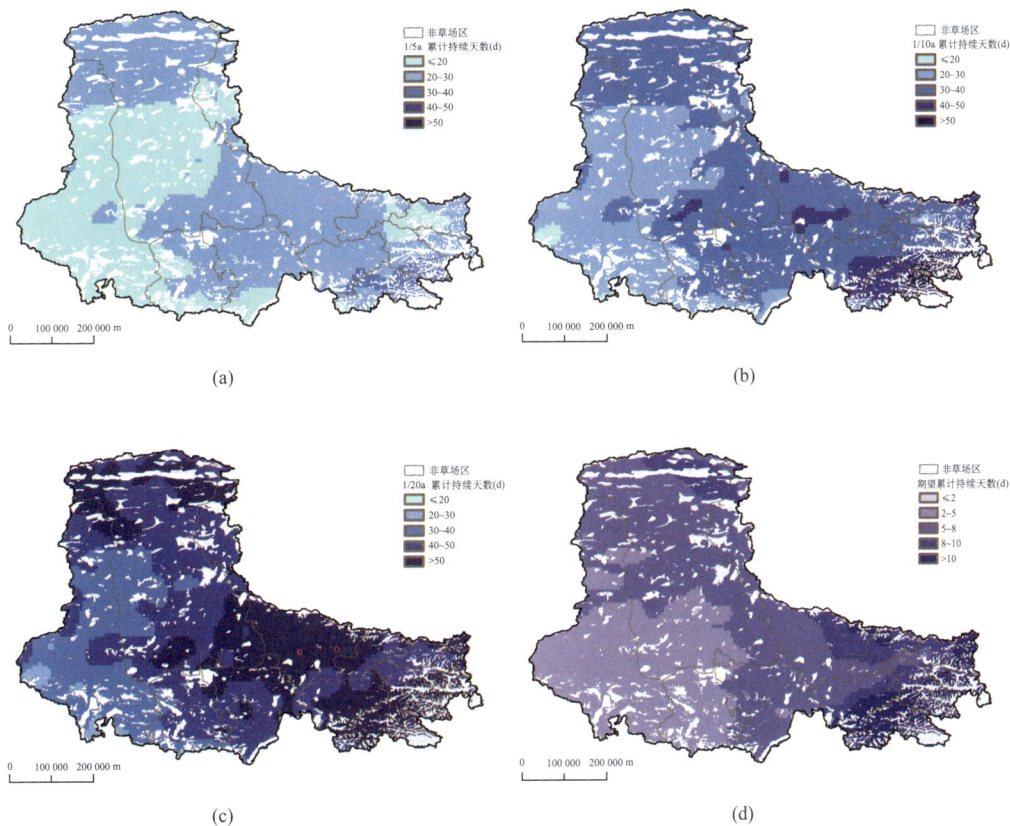

图 4.18　那曲地区积雪覆盖草场面积比超过 80% 的累计持续天数分布图

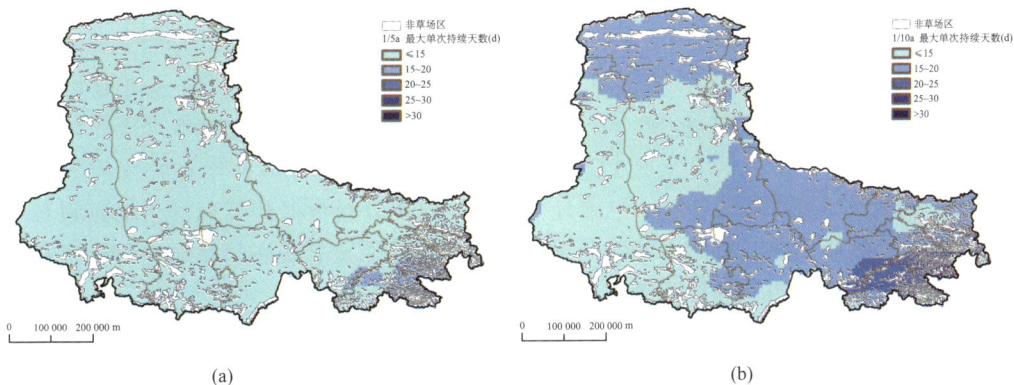

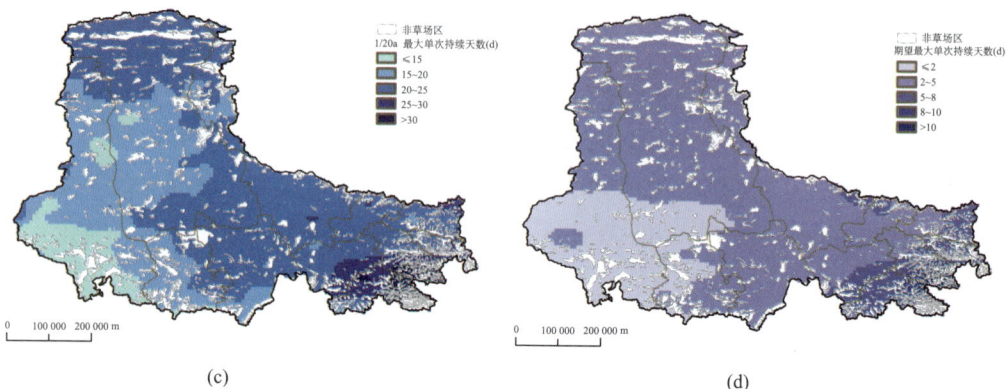

图 4.19　那曲地区积雪覆盖草场面积比超过 80% 的最大单次持续天数分布图

从风险评估结果来看，无论是 d_{cum} 指标或是 $d_{\max}$ 指标，均呈现出显著的东西分异特征。研究区东部三县(索县、比如县、嘉黎县)的东南侧水汽条件较好，草场及植被覆盖程度最好，但同时也是雪灾最为严重的区域。而东三县大部区域，以及东北部的巴青县、聂荣县等地则属于次高风险区。位于那曲地区西部的尼玛县和申扎县大部分地区是全研究区雪灾风险最低的区域，而双湖、班戈两县大部分区域则属于次低风险区。

4.3.4　保险费率厘定

1. 保险损失风险估算

依据 4.3.2 节的致灾-成害机制分析，那曲地区畜牧业雪灾指数保险保障可分为基本保障和巨灾保障两个层次。其中，雪灾保险的基本保障主要针对中度以上雪灾引起的补饲成本上升；雪灾保险的巨灾保障主要针对重度雪灾条件下，积雪覆盖面积比较高且持续时间相对较长，导致牛羊在补饲条件下膘情逐步下降，又因缺少保暖棚圈，无法抵御低温，最终死亡的情况。

1) 雪灾指数保险赔付方法

(1) 基本保障赔付方案。

当指定的保险单元内(如乡镇或县)积雪覆盖草场面积比≥80%，且 5 天≤持续日数 <15天时，雪灾的基本保障被触发。一个保险时期内，基本保障可被触发多次。依据保险时期内基本保险被触发的情况，逐次记录积雪覆盖的持续日数(视作增加补饲成本日数)，并计算保险时期内累计持续日数，以该日数作为最终保险赔付的测算标准，辅以每日、每个羊单位的饲养成本上升值作为单位保额，计算在保险单元上最终的保险赔付额。在此基础上，依据牧户占有的羊群数量比，将该保险赔付额分配到户。

保险赔付(元/羊单位)=保险时期内累积持续日数(天)×日补饲成本[元/(天·只)]
其中，保险时期内累积持续日数(天)=单次有效触发持续日数之和。

（2）巨灾保障赔付方案。

当指定的保险单元内（如乡镇或县）积雪覆盖草场面积比≥80%且持续日数≥15 天时，雪灾的巨灾保障被触发。一个保险时期内，巨灾保障最多被触发 1 次。

$$\text{保险赔付（元）} = \text{标的数量（只）} \times \text{预期死亡率（%）} \times \text{单位保险金额赔付（元）}$$

式中，标的数量按照实际承保牛羊只数确定，单只保险金额可参考当地牛羊的市场价格确定，预期死亡率分别对应不同的雪灾程度。实地调研显示，积雪面积比≥80%且 15 天<持续日数≤25 天为重度雪灾，预期牛羊死亡率为 30%；积雪面积比≥80%且 25 天<持续日数≤30 天为重大雪灾，预期牛羊死亡率为 60%；积雪面积比≥80%且持续日数>30 天为特大雪灾，预期牛羊死亡率为 80%。在此基础上，取 10% 死亡率的绝对免赔，并对死亡率-持续天数之间的关系进行拟合，即可得到定量的死亡率估计值。

当巨灾保障触发时，仅依据巨灾保障计算的保险赔付给予实际赔付。

在上述保险赔付方案的设计中，积雪覆盖草场面积比阈值高于西藏气象局提供的 40% 的阈值，主要考虑了三方面因素：①在小范围降雪的情况下，乡内、县内均会有转场，而 40% 的积雪面积比说明区域内的草场面积仍然大于积雪面积，对畜牧业的影响不是很严重；②在西藏气象局的原始标准中，除雪盖外还应考虑雪深，因简化方案中去除了雪深指标，因此建议提高积雪面积比的阈值；③通过后期的算例证明，60% 的积雪面积比较容易达到，从而很容易发生巨灾赔付，与实际情况不符，而取 80% 的阈值作为触发条件更加合理。

2）保险损失风险评估

（1）基本保障。

依据上述拟定的赔付办法，在基本保障条件下，任意冬半年每个羊单位的保障赔付为

$$l_t^L = p_L \cdot \sum_i d_{\alpha,i}, \ \forall d_{\alpha,i} \geq 5, \ i = 0,1,\cdots,N_t \tag{4.4}$$

式中，l_t 为第 t 个冬半年（10 月 1 日至次年 5 月 31 日）的基本保障赔付；p_L 为基本保障条件下的赔付标准，可参照当地实际的补饲成本确定［元/（天·羊单位）］；$d_{\alpha,i}$ 为达到 $\alpha \geq 80\%$ 面积比阈值的第 i 次积雪过程的持续天数；N_t 为该冬半年达到面积比阈值的积雪过程的总次数。

依据第 2 章中的定义，保额损失率为保险损失与对应最大保险金额之间的比值。因此，任意冬半年 t 的基本保障的保额损失率为

$$lcr_t^L = \frac{\sum_i d_{\alpha,i_t}}{243 - d_0}, \ \forall d_{\alpha,i} \geq 5, \quad i = 0,1,\cdots,N \tag{4.5}$$

依据式（4.5）对历史数据进行处理后，再依据非参数核密度估计方法，即可求得 lcr_t^L 的期望值和重现期特征值（图 4.20）。

（2）巨灾保障。

在巨灾保险条件下，任意冬半年每个羊单位的巨灾保障赔付为

$$l_t^{CAT} = p_{CAT} \cdot \Delta(d_{\max}) \tag{4.6}$$

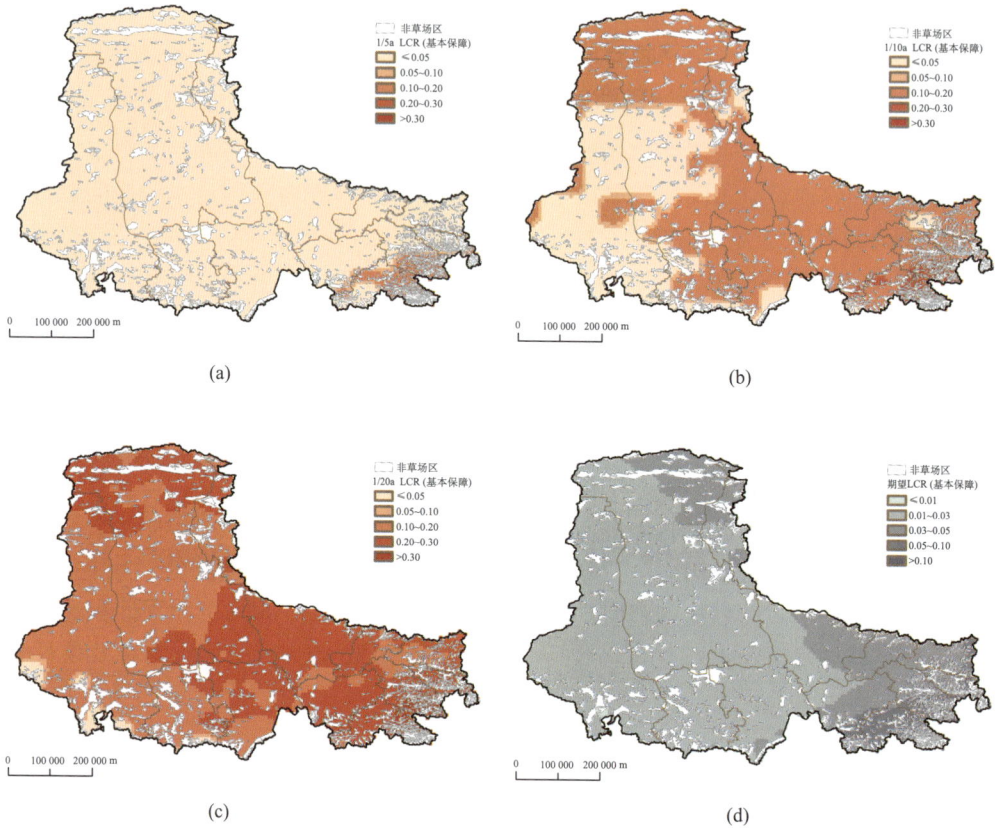

(a)

(b)

(c)

(d)

图 4.20　那曲地区畜牧业雪灾指数保险损失风险(基本保障)

式中，l_t^{CAT} 为第 t 个冬半年(10 月 1 日至次年 5 月 30 日)的巨灾保障赔付；p_{CAT} 为巨灾保障条件下的赔付标准(元/羊单位)；$d_{\max} = \max\{d_{\alpha,it}\}$，为达到 $\alpha \geqslant 80\%$ 面积比阈值的最大单次积雪过程的持续天数；$\Delta(\cdot)$ 为牲畜对重度雪灾的易损性函数。依据研究区当地的实地调研与赔付方案，该函数可定义为

$$\Delta(d_{\alpha,\max}) = \begin{cases} 0, & d_{\alpha,\max} < 15 \\ 0.2, & 15 \leqslant d_{\alpha,\max} < 25 \\ 0.5, & 25 \leqslant d_{\alpha,\max} < 30 \\ 0.70, & d_{\alpha,\max} \geqslant 30 \end{cases} \tag{4.7}$$

或使用对该分段函数拟合的结果：

$$\Delta(d_{\alpha,\max}) = \begin{cases} 0, & d_{\alpha,\max} < 15 \\ \dfrac{1}{1 + 37.3333 \cdot 0.8629^{d_{\alpha,\max}}}, & d_{\alpha,\max} \geqslant 30 \end{cases} \tag{4.8}$$

此时，任意冬半年 t 的基本保障的保额损失率为

$$\mathrm{lcr}_t^{\mathrm{CAT}} = \Delta(d_{80,\max}) \qquad (4.9)$$

即由雪灾指数估测的死亡率。依据式(4.9)对历史数据进行处理后，再依据广义极值分布拟合结果，即可求得 $\mathrm{lcr}_t^{\mathrm{CAT}}$ 的期望值和重现期特征值(图4.21)。

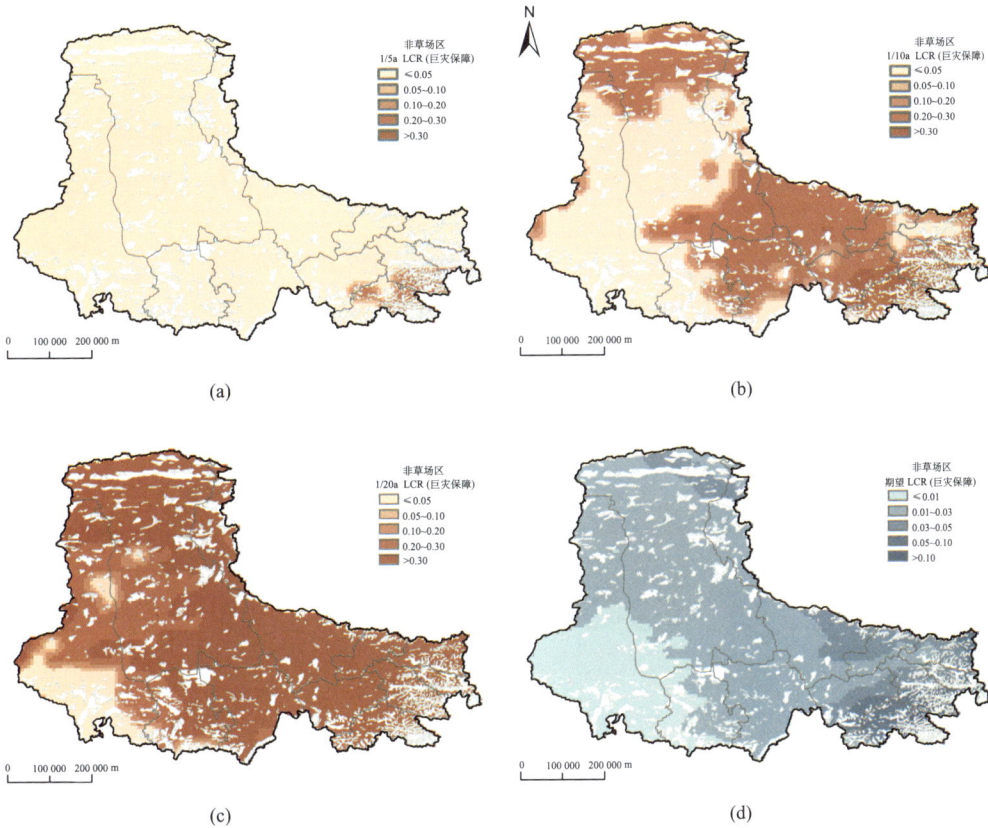

图 4.21　那曲地区畜牧业雪灾指数保险损失风险(巨灾保障)

（3）基本保障+巨灾保障的综合保障。

当基本保障与巨灾保障同时存在时，两者存在递进关系。当巨灾保障被触发时，仅按巨灾保障进行赔付。此时，任意冬半年每个羊单位的保额损失率为

$$\mathrm{lcr}_t = \begin{cases} \mathrm{lcr}_t^L, & l_t^{\mathrm{CAT}} = 0 \\ \mathrm{lcr}_t^{\mathrm{CAT}}, & l_t^{\mathrm{CAT}} > 0 \end{cases} \qquad (4.10)$$

对式(4.10)进行估计的一种简单的办法是计算历史数据对应的逐年保额损失率，再进行概率密度拟合，从而获取期望值和重现期值(图4.22)。

从图4.22中可以看出，那曲地区不同的保险损失风险依然呈现显著的由东向西逐渐降低的特征。东部三县(索县、比如县、嘉黎县)为高风险区，而西部的尼玛县和申扎县大

部分地区是雪灾风险最低的区域。

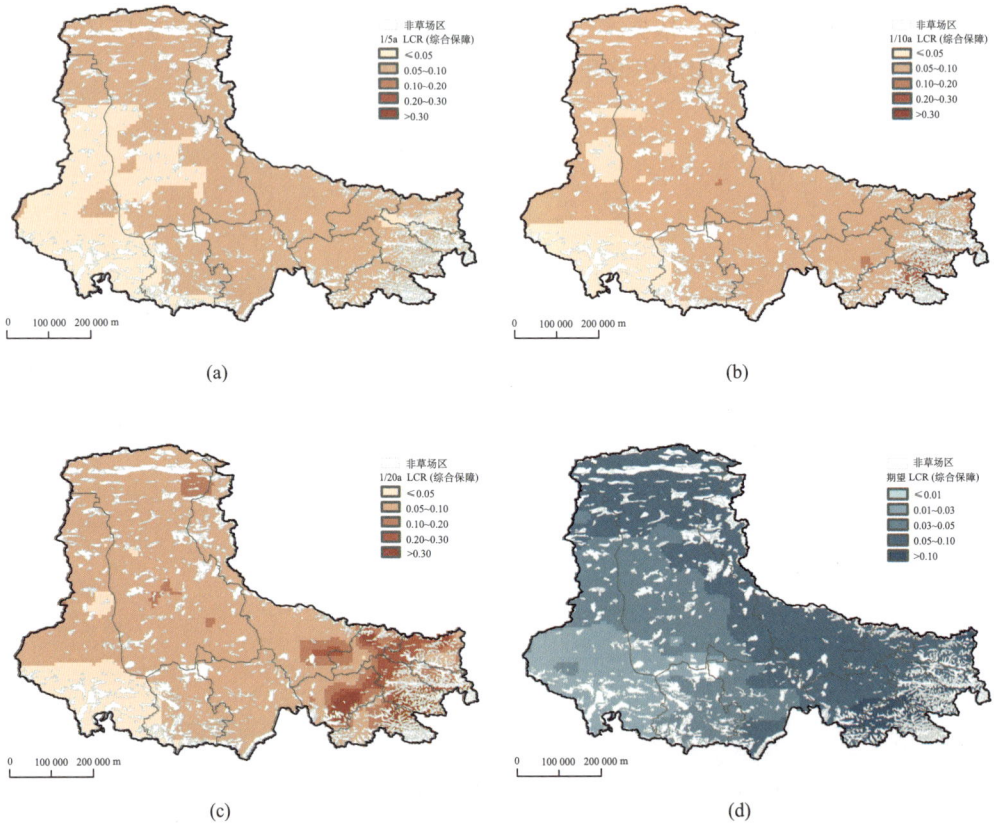

图 4.22 那曲地区畜牧业雪灾指数保险损失风险(综合保障)

对于基本保障，5 年一遇的保额损失率很小，大部分区域都低于 0.05；随着重现期的增加，北部和中东部地区保持相同的较高的保额损失率水平，西部地区的值最小，20 年一遇保额损失率基本低于 0.3。从期望值来看，区域间基本保障的保额损失率差异较小，可以划分为 3 个等级，中部和西部均在 0.01~0.03，东部高值区可达到 0.1。

与基本保障不同，巨灾保障不同重现期之间风险变化很大。5 年一遇时，整个区域的保额损失率水平与基本保障相同，均低于 0.05，且西部地区在 5 年一遇的条件下保额损失率为 0，说明这一重现期水平不会触发巨灾保险赔付。到 10 年一遇，中部地区的保额损失率已经达到 0.2~0.3，超过同一重现期水平的基本保障一个等级。到 20 年一遇，大部分区域的保额损失率都大于 0.3。这充分体现了巨灾风险的特征，即低重现期时不触发或少触发，而在较高重现期条件下，一旦触发损失率就很高。

综合保障是基础保障与巨灾保险的综合结果。在单次最大持续天数小于 15 天的条件下，按照基本保障赔付；而当单次最大持续天数大于 15 天(含)时，按巨灾保障赔付。因此，综合保险是在巨灾保障的前提下，额外增加了单次最大持续天数小于 15 天前提下的基本保障。从图 4.22 可知，在 5 年一遇和 10 年一遇的较低风险水平下，实际赔付主要为基本保障，综合保障与基本保障分布类似，但低于基本保障。20 年一遇时，西部和中部低风险区依然以基本保障为主，而东部高风险区域呈现巨灾保障保险损失率的分布特征。对于期望值而言，综合保障是在巨灾保障保额损失率期望值的基础上，增加了部分的基本保障，因此分布与巨灾保障的空间格局相近，但在取值上又高于巨灾保障。

2. 费率厘定

依据费率厘定的基本原则(2.3.3 节)，纯风险损失率是保额损失率的期望值。为了能够更好地与保险实务衔接，在厘定费率过程中，一般依据行政单元取平均费率值。为此，参照内蒙古东部地区案例的做法，以乡镇边界为区域单元进行分区统计，得到 3 种保障类型条件下的乡镇单元保险纯风险损失率(图 4.23～图 4.25)。

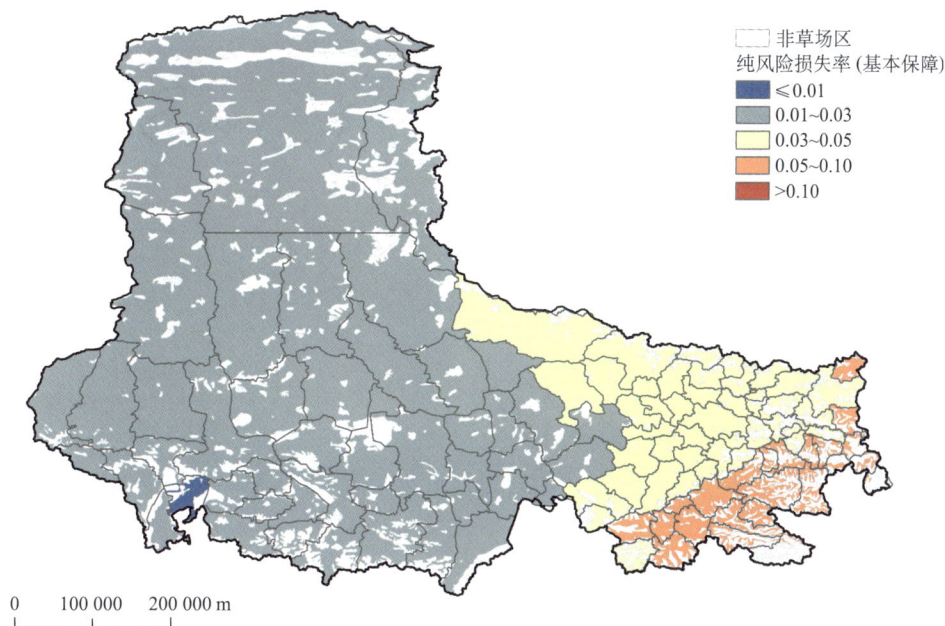

图 4.23　那曲地区乡镇一级畜牧业雪灾指数保险(基本保障)费率厘定结果

从图 4.23～图 4.25 中可以看出，乡镇单元的 3 种保险纯风险损失率都呈现出东高西低的特征。基本保障下，整个中西部地区都处于较低费率区，包括尼玛县、双湖县、申扎县和班戈县，还有安多县的西南部区域，中东部中等费率区有聂荣县、巴青县、那曲县、索县和比如县的西北部区域，东南部较高费率区有嘉黎县、索县和比如县的东南部区域。

与基本保障相比，巨灾保障东西部差异明显，那曲地区的西南部，包括尼玛县的南部和申扎县的西部成为低费率区域，而较低费率区向中风险区延伸，但在东南角，包括嘉黎县的忠玉乡、鸽群乡、嘉黎乡，比如县的羊秀乡、白嘎乡，索县的嘎木乡上升为高费率区域。

综合保障的纯风险损失率水平为上述两类保障综合的结果。依据设计原理，综合保障

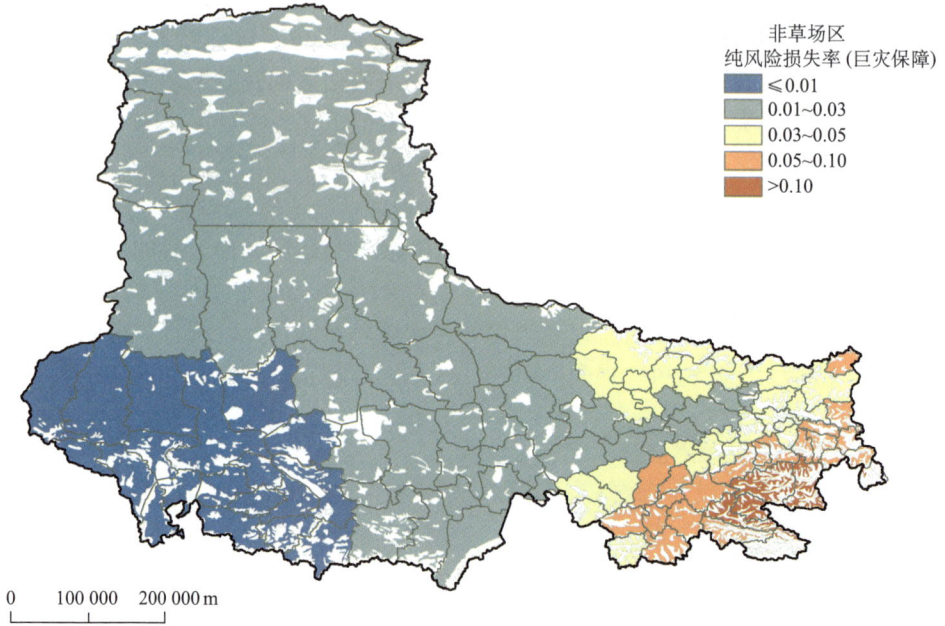

图 4.24 西藏那曲地区乡镇一级畜牧业雪灾指数保险(巨灾保障)费率厘定结果

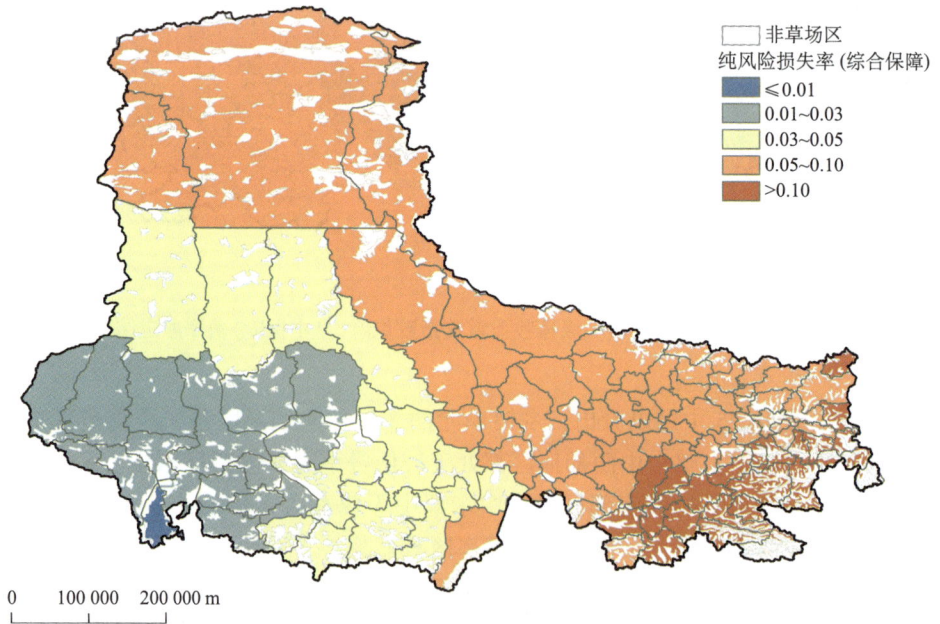

图 4.25 西藏那曲地区乡镇一级畜牧业雪灾指数保险(综合保障)费率厘定结果

的纯风险损失率必然高于巨灾保障的纯风险损失率。由于巨灾保障中包含着单次最大持续天数小于 15 天条件下的基本保障，因此其纯风险损失率与基本保障纯风险损失率的相对高低，取决于单次最大持续天数大于等于 15 天条件下，基本保障的纯风险损失率水平与巨灾纯风险损失率的关系。因此，在巨灾保障纯风险损失率很小的西南部地区，综合保障的纯风险损失率水平与基本保障处于同一级别。当向中部或东部过渡时，巨灾保障纯风险损失率的上升速度高于基本保障，因此也使得综合保障的纯风险损失率水平逐渐超过基本保障。总体而言，尼玛县南部为较低费率区，那曲县周边地区的费率水平处于中等、超过 1%，而东部的嘉黎县、比如县和索县三县则是全地区的高费率区，费率水平最高，可达 20%。

4.3.5　保　险　区　划

1. 区划实施原则与步骤

与内蒙古东部地区的案例类似，基于空间连续的精细栅格得到的风险评估结果，为采用自下而上合并的区划方法提供了条件。依据研究区实际情况，对各区划总原则(2.3.4 节)作进一步解读，制定了如下区划实施原则和步骤。

(1) 以乡镇边界为最小区划单元，保持其完整性。

考虑到保险区划服务的对象，在此仍然建议选取行政边界作为最小区划单元，以便于同保险实务对接。那曲地区的县级单元均拥有广大的面积，特别是西部的县区。为此，仍然采用了数据允许条件下的最低行政区划，乡镇边界作为最小区划单元。即使如此，在那曲地区的中、西部，部分乡镇的地域范围也很大。

(2) 孕灾环境要素为主导。

在那曲地区的保险区划中，孕灾环境主要在两个层级上对区域进行了控制。在第一层级上，海拔和地形的局地性变化在很大程度上制约着雪灾指数保险的适用性。在上一案例中，内蒙古东部地区在大兴安岭以西主要为高平原，坡度相对平缓且高差较小。相比之下，那曲地区内部分区域存在部分山地，而东部是典型的高山峡谷区，高差较大且地形破碎，从孕灾环境的角度而言，存在较高的异质性，对指数保险的适宜性产生了较大的制约。在第二层级上，地表植被类型也存在一定的影响。区域东部存在少量的寒温性针叶林及高寒灌丛草甸，在区域过程中应予以重点区分。而其中、西部地区内的高寒草甸、高寒草原，尽管在类型上存在较大差异，但是在草深上并不足以影响雪灾指数阈值的使用。

(3) 依据多指标综合聚类结果进行类型区划分。

在进行多指标综合聚类的过程中，首先应考虑孕灾环境要素的影响，包括地形起伏度和草场类型。对于地形起伏程度，可使用区域内部高程的标准差进行定量表征；草场类型则可以使用类别变量进行定性表征。对于风险和费率的指标而言，本案例中的保险指数与赔付办法设计使得风险评估结果与费率厘定结果在空间格局上高度相似。因此，可以使用基本保障、巨灾保障及综合保障三种保险保障的费率厘定结果作为相应的定量区划指标。在此基础上，利用 K 均值聚类方法，在 ArcGIS 软件中对上述 5 个指标进行了最优类别数的计算。结果显示，当分类数达到 8 类时，伪 F 统计量首次达到峰值，其后随着分类数的增加，伪 F 统计量处于波幅波动状态。因此，将空间聚类数量初步定为 8 类，且在空间分布上取得了明显的区块化结果。

（4）依据区域共轭原则对分组结果进行合并和调整。

在获得 K 均值聚类结果的基础上，依据区域共轭原则进行自下而上合并，主要解决 K 均值聚类的分类结果出现的飞地问题。在合并过程中，主要坚持就近合并原则，一是空间上就近合并，二是级别上就近合并。合并完成后，即可获得相应的区划结果。

2. 区划方案

最终将案例研究区划分为 5 个区域，包括 1 个指数保险非适宜区和 4 个保险区。区划的具体方案如图 4.26 和表 4.12 所示。

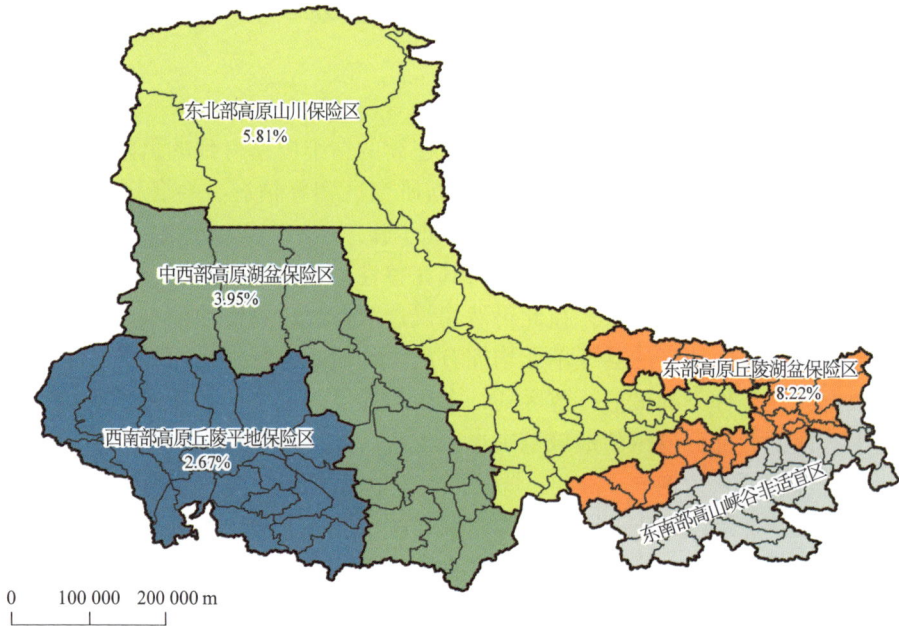

图 4.26 西藏那曲地区畜牧业雪灾指数保险区划方案

表 4.12 那曲地区畜牧业雪灾指数保险区划方案

区划	名称	不同保障类型的纯风险损失率/%			地形特征及植被类型
		基本保障	巨灾保障	综合保障	
—	东南部高山峡谷非适宜区	—	—	—	地形破碎，局地化特征显著，最大海拔净高差达 3 428 m，海拔标准差达 366 m。自然植被类型为寒温性针叶林及高寒灌丛草甸，其同时也是藏北仅有的农作物产区
I	东部高原丘陵湖盆保险区	4.02	3.97	8.22	藏北高原和藏东高山峡谷的结合区，起伏较小，呈"之"字形的开口状分布，平均海拔为 4 878 m，海拔标准差为 300 m。植被主要包括高寒嵩草、杂类草草甸，高山稀疏植被和高山垫状植被

区划	名称	不同保障类型的纯风险损失率/%			地形特征及植被类型
		基本保障	巨灾保障	综合保障	
Ⅱ	东北部高原山川保险区	2.84	2.42	5.81	藏北高原地带，多山，但坡度较为平缓，大多数山呈浑圆状，平均海拔为 4 970 m，海拔标准差为 208 m。该区的植被主要包括高寒嵩草、杂类草草甸，高山稀疏植被，高山垫状植被，高寒禾草、苔草草原，高寒垫状矮半灌木荒漠
Ⅲ	中西部高原湖盆保险区	2.02	1.41	3.95	境内山势平缓，湖泊星罗棋布、河流交汇纵横，平均海拔为 4 976 m，海拔标准差为 259 m。植被主要包括高寒禾草、苔草草原，高寒嵩草、杂类草草甸，高山稀疏植被
Ⅳ	西南部高原丘陵平地保险区	1.37	0.70	2.67	羌塘高原大湖盆地带，地势较缓，平均海拔为 4 946 m，海拔标准差为 296 m。该区的植被主要包括高寒禾草、苔草草原，高寒嵩草、杂类草草甸，高山稀疏植被

各一级区划的主要特点如下。

1）东南部高山峡谷非适宜区

此区域包含那曲地区东南部的嘉黎县、比如县和索县的大部分乡镇，属典型的高山峡谷地区，最大海拔净高差达 3 428 m，海拔标准差达 366 m，地形破碎，局地化特征显著。自然植被类型为寒温性针叶林及高寒灌丛草甸，其同时也是藏北仅有的农作物产区。单纯从风险评估结果和费率厘定结果来看，区域内的基本保障费率为 6.68%，巨灾保障费率为 8.33%，综合纯风险损失率为 14.26%，各项指标均高于其余各区。然而，地形、植被及农业生产类型均决定了该区域不适合开展畜牧业雪灾指数保险，在进行区划时定位为指数保险的非适宜区。

2）东部高原丘陵湖盆保险区（Ⅰ区）

该区域紧邻非适宜区的西侧，是藏北高原和藏东高山峡谷的结合区，为高原丘陵湖盆地貌。其中，那曲县和比如县为高原丘陵地形，聂荣县和巴青县则地处藏北高原南羌塘大湖盆区，为北部的念青唐古拉山脉和南部的唐古拉山脉之间的缓冲地带，起伏较小，呈"之"字形的开口状分布，平均海拔为 4 878 m，海拔标准差为 300 m。该区经济以牧业为主，种植业比重小，共包含 22 个乡镇，其中有那曲县东部的古路乡、香茂乡等 6 个乡镇，巴青县的拉西镇、扎色镇等 6 个乡镇，比如县北部和聂荣县东部各有 4 个乡镇，索县和安多县分别有 1 个乡镇。该区的植被主要包括高寒嵩草、杂类草草甸，高山稀疏植被和高山垫状植被。

基本保障条件下，区内冬半年多年平均累计持续天数为 4 天，1/5a 累计积雪持续天数为 23 天，1/10a 累计积雪持续天数为 37 天，1/20a 累计积雪持续天数为 53 天。该区基本保障的纯风险损失率为 4.02%，最小值为 2.85%，最大值为 6.17%。巨灾保障条件下，区内积雪多年平均单次最大持续天数为 8 天，1/5a 单次最大持续天数为 15 天，1/10a 单次最大持续天数为 22 天，1/20a 单次最大持续天数为 28 天。该区的巨灾保障纯风险损失率为 3.97%，最小值为 2.47%，最大值为 7.03%。在综合保障条件下，该区的综合纯风险损失率为 8.22%，最小值为 5.75%，最大值为 12.85%。

3）东北部高原山川保险区（Ⅱ区）

该区域紧邻Ⅰ区西侧，向西北延伸至那曲地区北部的双湖地区，属于高原山川地形，多山，但坡度较为平缓，大多数山呈浑圆状，北部以昆仑山为界、与新疆交界，主要包括双湖县的可可西里山脉、冬布勒山脉地区和安多县的唐古拉山脉地区，平均海拔为 4 970 m，海拔标准差为 208 m。该区为纯牧业地区，共包含 27 个乡镇，其中有安多县的色务乡、岗尼乡、扎曲乡等 8 个乡镇，双湖县的双湖羌塘自然保护区与尼玛羌塘自然保护区。该区的植被主要包括高寒嵩草、杂类草草甸，高山稀疏植被，高山垫状植被，高寒禾草、苔草草原，高寒垫状矮半灌木荒漠。

基本保障条件下，区内积雪多年平均累计持续天数为 1 天，1/5a 累计积雪持续天数为 22 天，1/10a 累计积雪持续天数为 35 天，1/20a 累计积雪持续天数为 49 天。该区的基本保障纯风险损失率为 2.84%，最小值为 1.76%，最大值为 4.30%。巨灾保障条件下，区内积雪多年平均单次最大持续天数为 3 天，1/5a 单次最大持续天数为 10 天，尚达不到起赔标准，1/10a 单次最大持续天数为 16 天，1/20a 积雪持续天数为 21 天。该区的巨灾保障纯风险损失率为 2.42%，最小值为 0.99%，最大值为 4.44%。综合保障条件下，该区的纯风险损失率为 5.81%，最小值为 3.39%，最大值为 8.77%。

4）中西部高原湖盆保险区（Ⅲ区）

该区域位于Ⅱ区西南侧，呈西北-东南的条带状分布，以高原湖盆为主，境内山势平缓，湖泊星罗棋布，河流交汇纵横，草原开阔，多为干寒和半荒漠草场，平均海拔为 4 976 m，海拔标准差为 259 m。该区为纯牧业地区，共包含 13 个乡镇，其中有尼玛县的协德乡、多玛乡，申扎县的买巴乡、雄梅乡等。该区的植被主要包括高寒禾草、苔草草原，高寒嵩草、杂类草草甸，高山稀疏植被。

基本保障条件下，区内积雪多年平均累计持续天数为 1 天，1/5a 累计持续天数为 19 天，1/10a 累计持续天数为 30 天，1/20a 累计持续天数为 43 天。该区的基本保障纯风险损失率为 2.02%，最小值为 1.25%，最大值为 3.29%。巨灾保障条件下，区内积雪多年平均单次最大持续天数为 3 天，1/5a 单次最大持续天数为 9 天，1/10a 单次最大持续天数为 14 天，1/20a 单次最大持续天数为 19 天。因此，在该区域，巨灾保障的触发难度较大。该区的巨灾保障纯风险损失率为 1.41%，最小值为 0.59%，最大值为 2.63%。综合保障条件下，该区的纯风险损失率为 3.95%，最小值为 0.09%，最大值为 6.50%。

5）西南部高原丘陵平地保险区（Ⅳ区）

该区域位于那曲地区西南部，以高原丘陵平地为主，为羌塘高原大湖盆地带，地势较缓，平均海拔为 4 946 m，海拔标准差为 296 m。区内除尼玛县南部零星种植一些青稞等经济作物外，其余地区均为纯牧业区，共包含 19 个乡镇，其中有尼玛县的吉瓦乡、卓瓦乡等 14 个乡镇和申扎县的巴扎乡、卡乡等 5 个乡镇。该区的植被主要包括高寒禾草、苔草草原，高寒嵩草、杂类草草甸，高山稀疏植被。

基本保障条件下，区内积雪多年平均累计持续天数为 3.34 天，1/5a 累计持续天数为 17 天，1/10a 累计持续天数为 26 天，1/20a 累计持续天数为 37 天。该区的基本保障纯风险损失率为 1.37%，最小值为 0.95%，最大值为 1.89%。巨灾保障条件下，区内积雪多年平均单次最大持续天数为 2 天，1/5a 单次最大持续天数为 8 天，1/10a 单次最大持续天数为 12 天，1/20a 单次最大持续天数为 16 天，巨灾保障的触发难度进一步提高。该区的巨灾保障纯风险损失率为 0.70%，最小值为 0.33%，最大值为 1.44%。综合保障条件下，该区的综合纯风险损失率为 2.67%，最小值为 1.37%，最大值为 3.78%。

4.4　小　　结

本章以畜牧业雪灾为对象，应用自然灾害指数模型方法，实现了畜牧业雪灾指数保险设计与区划。在理论方法层面上，从农业自然灾害指数保险区划的总体流程框架、灾害保险指数的选取原则、基差风险与空间尺度之间的关系进行了阐述。在此基础上，应用上述区划方法，选取内蒙古东部和青藏高原中部的草原牧区，围绕以羊群为代表的畜牧业雪灾指数保险的产品设计与保险区划工作进行了定量方法的应用。基于卫星遥感数据实现的、以像元为基础的风险定量评估结果，使在多个空间尺度上(栅格、乡镇和县域)进行费率厘定成为了可能。与种植业保险和森林保险的案例相比，本章所关注的畜牧业指数保险的基本特征，决定了在区划过程中必须强调地形起伏特征与植被类型两大类孕灾环境要素的决定性影响。与此同时，两个案例在羊群雪灾致灾-成害机制上的差异，形成了完全不同的灾害保险指数选取，以及对应的保险保障方案设计。为此，两个案例互为参照和对比，有利于进一步深入理解自然灾害指数农业(畜牧业)保险区划方法。

本章的案例中依然有一些不足之处有待于探讨与改进。首先，在数据方面，雪灾指数依赖于对地表积雪参数，特别是对积雪覆盖草场面积比和积雪深度进行高时间和高空分辨率的观测。然而，地面台站数据在空间观测点的密度上严重不足，卫星遥感反演数据在反演精度上欠佳，而两者的匹配和融合仍然是当前冰冻圈地表参数获取中有待于提高的问题。其次，羊群雪灾指数保险的保障方案设计主要依赖于当地的调研，只能达到半定性水平。而牲畜针对雪灾的脆弱性，特别是在较长时间内因饥饿和低温导致的死亡，缺乏较高质量的历史案例数据记录或实验数据，为风险评估研究带来了不确定性。然而，作为一个完整的保险区划案例，这些数据与模型中的不足不影响区划工作的整体性和系统性。在拥有更好的数据基础时，可将其直接应用到风险评估环节，而后续的费率厘定和区划工作可立即在更新的风险评估结果图上展开。

参 考 文 献

鲍积热吉. 2014. 西藏那曲地区雪灾的气候特征分析. 西藏科技, (8): 67-69.

车涛, 戴礼云. 2001. 中国雪深长时间序列数据集(1978~2012年). 寒区旱区科学数据中心.

宫德吉, 郝慕玲. 1998. 白灾成灾综合指数的研究. 应用气象学报, (01): 122-126.

李海红, 李锡福, 张海珍, 等. 2006. 中国牧区雪灾等级指标研究. 青海气象, (01): 24-27.

李友文, 刘寿东, 陈存龙, 等. 1997. 内蒙古自治区地方标准: 畜牧气象灾害标准. 内蒙古气象, 3: 9-12.

李友文, 刘寿东. 2000. 内蒙古牧区黑、白灾监测模式及等级指标的研制. 应用气象学报, 11(4): 499-504.

史培军, 陈晋. 1996. RS与GIS支持下的草地雪灾监测试验研究. 地理学报, 51(4): 296-305.

王玮. 2012. 基于遥感和GIS的青藏高原牧区积雪动态监测与雪灾预警研究. 兰州: 兰州大学博士学位论文.

温克刚. 2008a. 中国气象灾害大典(内蒙古卷). 北京: 气象出版社.

温克刚. 2008b. 中国气象灾害大典(西藏卷). 北京: 气象出版社.

武鹤, 张家平, 魏建军. 2008. 公路风吹雪灾害形成机理与空间分布特征. 黑龙江工程学院学报, (03): 5-7.

杨晓光, 李茂松, 霍治国, 等. 2010. 农业气象灾害及其减灾技术. 北京: 化学工业出版社.

易泠泠, 王季薇, 王铸, 等. 2015. 草原牧区雪灾天气指数保险设计——以内蒙古东部地区为例. 保险研究, 2015(5): 69-77.

中国科学院内蒙古宁夏综合考察队. 1980. 内蒙古自治区及其东西部毗邻地区天然草场. 北京: 科学出版社.

中国科学院中国植被图编委员会. 2007. 中华人民共和国植被图(1:100万). 北京: 地质出版社.

中国牧区畜牧气候区划科研协作组. 1988. 中国牧区畜牧气候. 北京: 气象出版社.

Chang A, Foster J L, Hall D K. 1987. Nimbus-7 SMMR derived global snow cover parameters. Annals of Glaciology, 9(9): 39-44.

Goodwin B K, Ker A P. 1998. Nonparametric estimation of crop yield distributions: implications for rating group-risk crop insurance contracts. American Journal of Agricultural Economics, 80(1): 139-153.

Li X, Cheng G, Jin H, et al. 2008. Cryospheric change in China. Global and Planetary Change, 62(3-4): 210-218.

Miranda M J, Farrin K. 2012. Index insurance for developing countries. Applied Economic Perspectives and Policy, 34(3): 391-427.

National Ice Center. 2008. IMS Daily Northern Hemisphere Snow and Ice Analysis at 1 km, 4 km, and 24 km Resolutions, Version 1. 2008, updated daily. Boulder, Colorado USA. NSIDC: National Snow and Ice Data Center.

Pu Z, Li X, Salomonson V V. 2007. MODIS/ Terra observed seasonal variations of snow cover over the Tibetan Plateau. Geophysical Research Letters, 34(6): L06706.

Silverman B. 1986. Density Estimation for Statistics and Data Analysis. Chapman Hall.

第5章 森林火灾保险区划[*]

森林保险规模在中国农业保险中位居第三。2015 年，全国森林保险的保费收入为
32.61 亿元，占农业保险总保费收入的 9%；赔付支出为 13.72 亿元，占总赔款的 5.28%。
在森林保险保障的各类灾因中，以森林火灾和病虫害造成的损失份额最大。本章首先介绍
基于灾害事件模拟的森林火灾保险区划方法。在此基础上，选取浙江省丽水地区为案例研
究区，对该方法进行了具体实现，完成高空间分辨率的森林火灾风险评估，厘定乡镇级别
的保险费率，并编制区划方案。本章的核心内容是农业自然灾害保险区划一般性方法在森
林火灾保险区划中的具体实现，重点是灾害事件模拟方法在定量风险评估环节中的应用。

5.1 基于灾害事件模拟的森林火灾保险区划方法

森林火灾保险区划的核心是实现对森林火灾风险的定量评估，从而支撑后续的费率厘
定与区划工作。根据现有的研究，森林火灾风险定量评估方法主要包括基于历史损失数据
的直接统计法和随机事件仿真。其中，直接统计法在很大程度上受制于历史森林火灾数据
的统计口径、空间单元、时间单元及样本大小，往往只能够得出基于行政单元的分析结
果，而难以支撑基于更细小空间单元或更高空间分辨率格网单元的区划工作。相比而言，
森林火灾致灾-成害机制分析(forest fire regime analysis)研究(Liu and Wimberly，2015)，以
及森林火灾仿真(forest fire simulation)技术的进展(Finney，2005；Finney et al.，2011；Ager
et al.，2013)，为基于事件模拟的森林火灾风险定量评估和保险区划提供了保障。

5.1.1 森林火灾事件模拟总体框架

灾害事件模拟方法的本质是将灾害发生的过程利用数学函数进行定义，并在计算机虚
拟环境下进行实现的过程。在利用事件仿真方法定量评估森林火灾风险的工作中，通常将
森林火灾的发生划分为起火(ignition/occurance)和蔓延(propogation/spread)两个物理过程。
对起火进行建模和模拟的核心问题是，一场森林火灾会在什么时间、什么地点起火；特定
区域的森林火灾起火点位的时间和空间格局有何规律？对于蔓延进行建模和模拟的核心
是，在给定时间和空间的起火条件下，如何对该场森林火灾的空间扩展，如方向和速度进
行定量描述和模拟；该场火灾依据何种标准停止蔓延，最终的过火面积(fire size)有多大？
实现对上述过程的建模，必须首先理解局地的孕灾环境，主要包括地形、气候、可燃物及
人类活动强度等要素(Schoennagel et al.，2004；Krebs et al.，2010)，分别对起火、蔓延和严

---

* 本章撰写人：叶涛、王尧、国志兴、吴吉东。

重程度的影响机制及定量关系进行分析，即森林火灾致灾-成害机制分析。因此，森林火灾随机事件仿真通常分为 3 个模块：一是森林火灾起火概率建模；二是森林火灾蔓延与终止建模；三是森林火灾随机动态模拟的实现。

5.1.2 森林火灾起火概率建模

森林火灾起火概率模型是用于对森林火灾起火概率的空间差异进行描述的定量模型。由于植被类型、可燃物量、气象条件、立地条件及人为因素等多要素的综合影响，森林火灾的起火概率在空间上存在很大差异。对这种空间差异的定量化建模是准确描述森林火灾起火行为、实现随机仿真的前提和基础。当前研究中的重点在于如何更好地理解森林起火的关键驱动因子并更加准确地对其进行预测（Liu et al., 2012; Oliveira et al., 2012; Pereira et al., 2014; Biswas et al., 2015; Pan et al., 2016）。

森林火灾起火概率建模方法主要分为 3 类：非参数空间核密度估计法、二项 Logistic 回归以及机器学习算法。空间核密度估计法是一维非参数概率估计（即核密度估计）在二维空间上的延伸。这种方法主要选择不同的带宽，通过空间邻域内起火点的密度来构建核心函数，从而对不同空间邻域内起火的概率密度进行拟合，并最终对历史火点数据进行空间信息的插值或扩散，从而获取整个空间上的起火概率（Riva et al., 2004; Koutsias et al., 2004）。这种算法属于单纯的非参数估计方法，起火概率空间分布的生成仅需要历史起火点的空间位置信息。其不足是对影响森林野火起火的各类要素均不作考虑，不能反映火灾与各种起火因素之间的关联。

二项 Logistic 回归模型是处理类别型因变量（通常为"是/否"，1/0）的常用回归方法。对于森林火灾而言，历史数据中的起火点与非起火点恰好属于此类"1/0"变量，通过二项 Logistic 回归模型，可以准确地了解各类自然或非自然要素对起火概率的贡献，其在构建区域森林火灾起火概率模型中的应用广泛（Pan et al., 2016; Chou et al., 1993; Pew and Larsen, 2001; Martinez et al., 2009; 冷慧卿, 2011; 国志兴, 2011）。在该方法的实际使用中，首先获取历史起火点的空间位置信息，并在其空间邻域内随机生成非火点。将起火点和非起火点作为二项 Logistic 回归模型的响应变量，而后将响应变量对应的自然因素（包括树种、林龄等森林标的属性，日降水量、日相对湿度等气象条件）和人为因素（距最邻近道路距离等）作为解释变量进行回归，即可找到各要素对森林火灾起火的贡献率。最后，根据得到的回归模型和研究区的自然因素、人为因素，即可求出空间上任意一点的起火概率。

近年来，机器学习算法因其在预测方面的能力，也被引入到起火概率建模中。随机森林（Oliveira et al., 2012）、回归树（De'Ath, 2007; Liu et al., 2012; Liu and Wimberly, 2015）、最大熵值法（Arpaci et al., 2014）等均已被证明能够取得与前述两种方法相当的预测精度。然而，与传统的回归方法相比，机器学习算法得出的相对贡献率往往以在预测过程中的节点数进行计量，而无法得出带有量纲含义的绝对贡献水平，这对于深入理解起火的驱动因子有一定影响。

5.1.3 森林火灾蔓延与终止建模

1. 森林火灾蔓延模型

森林火灾蔓延模型是指在各种简化条件下进行数学上的处理，导出火行为与各种参数（如可燃物的物理性质、化学性质、气象因子及地形因子等）间的定量关系式（Pastor et al.,2003；白尚斌，2008）。火的蔓延率、火线强度和可燃物燃烧的公式表达与可燃物、区域特性和天气条件有关。随着野火蔓延研究的深入，不同国家野火研究机构建立了很多火蔓延模型，研究了火行为机理，为野火管理提供了科学依据。当前，国际上较为流行的野火蔓延模型有以下几种。

1）美国农业部 Rothermel 模型

1972 年，美国农业部 Forest Service 机构的 Rothermel 在早期火蔓延研究工作的基础上，建立了 Rothermel 模型（Rothermel，1972），它是基于能量守恒定律，在大区域地表可燃物下预测火蔓延率和强度的数学模型。其公式如下：

$$R = \frac{I_R \times \xi(1 + \phi_W + \phi_S)}{\rho_b \times \varepsilon \times Q_{ig}} \tag{5.1}$$

式中，R 为林火蔓延速度（m/min）；I_R 为火焰区反应强度[kJ/(min·m²)]；ξ 为林火蔓延率（无量纲）；ϕ_W 为风速修正系数；ϕ_S 为坡度修正系数；ρ_b 为可燃物密度（kg/m³）；ε 为有效热系数（无量纲）；Q_{ig} 为点燃单位质量的可燃物所需的热量（kJ/kg）。

2）澳大利亚 McArther 蔓延模型

澳大利亚的火蔓延模型以统计模型为主，使用最广泛的火蔓延模型是 McArther 森林火危险等级系统（McArther forest fire danger rating system）和 McArther 草地火危险等级系统（McArther grassland fire danger rating system）（Cheney et al.，1993），该模型主要依赖温度、相对湿度和风速。森林火危险等级系统模型如下（Noble et al.，1980）：

$$R = 0.0012 \times F \times W \tag{5.2}$$

$$F = 2.0 \times \exp(-0.450 + 0.987\ln D - 0.0345H + 0.0338T + 0.0234U)$$

式中，R 为较为平坦地面上的火蔓延速度（km/h）；F 为火险指数（无量纲）；W 为可燃物载量（t/hm²）；D 为干旱指数（无量纲）；H 为相对湿度（%）；T 为气温（℃），U 为在 10 m 高处测得的平均风速（km/h）。

3）加拿大野火蔓延模型

加拿大森林火险等级系统（the Canadian forest fire danger rating system，CFFDRS）是加拿大森林火灾危险等级的国家系统，主要用于对森林火灾危险的评价、火灾发生的实时监测，以及对火行为的预测。CFFDRS 有两个主要的子系统：加拿大森林火气候指数系统

(the Canadian forest fire weather index system)(van Wagner，1987)和加拿大森林火行为预测系统(the Canadian forest fire behavior prediction system)(van Wagner，1992)。其中，火行为预测系统对火头的蔓延率、可燃物的燃烧、火强度和火描述进行了定量评估。借助椭圆火生长模型，估算野火蔓延的面积、周长、周长生长率，以及火形侧面和后面的火蔓延速率。该模型的蔓延率从400多个野外火观测实验中获得。其具体公式如下：

$$ROS = a \cdot (1 - e^{-b \cdot ISI})^c \tag{5.3}$$

式中，ROS 为可燃物蔓延速度(m/min)；a、b、c 分别为不同可燃物类型的参数；ISI 为初始蔓延系数。对于在斜坡上蔓延的火，其蔓延速度只需要乘以一个适宜的蔓延因子即可，蔓延因子可表示为

$$S_f = e^{3.533(\tan\phi) \cdot 1.2} \tag{5.4}$$

式中，S_f 为蔓延因子(无量纲)；ϕ 为地面坡度。

4) 中国王正非-毛贤敏模型

中国的野火蔓延模型研究真正开始于1983年，王正非和毛贤敏等在加拿大野火蔓延模型的基础上，对蔓延因子模型进行了修正，建立了在中国比较实用、易实现的林火蔓延统计模型，即王正非-毛贤敏模型(毛贤敏，1993)。该模型的公式如下：

$$R = R_0 K_s K_w K_\phi \tag{5.5}$$

式中，R 为火蔓延速率(m/min)；R_0 为初始蔓延速率(无风时水平面上的蔓延速度取决于可燃物种类及其干燥程度，m/min)，在本书中不考虑初始蔓延速度受风速和日最小相对湿度的影响，初始蔓延速度(R_0)由式(5.6)确定：

$$R_0 = (aT_{max} - c)/60 \tag{5.6}$$

式中，T_{max} 为日最高气温(℃)；a，c 为常数，分别为0.053和0.275；K_s 为可燃物配置格局系数，通常林地的该系数设为1.0(王正非，1992)；K_w 为风作用项(毛贤敏，1993)：

$$K_w = e^{0.1783 \cdot V} \tag{5.7}$$

式中，V 为风速(m/s)。

K_ϕ 为地形作用项。毛贤敏(1993)结合加拿大 Lawson 提出的蔓延因子模型对其进行修正，公式如下：

$$K_\phi = e^{3.533(\tan\phi)^{1.2}} \tag{5.8}$$

式中，ϕ 为地面坡度。综上，得到的森林火灾蔓延模型如下：

$$R = (aT_{max} - c) \cdot e^{0.1783 \cdot V} \cdot e^{3.533(\tan\phi)^{1.2}}/60 \tag{5.9}$$

2. 森林火灾蔓延终止条件

森林火灾蔓延终止条件的确定很大程度上决定了单次森林火灾事件的过火面积，即单次起火事件的最终损失程度。现有研究中，主要通过两类条件体现森林火灾蔓延过程的终止：一是，分析森林火灾蔓延过程的时长，以总蔓延时间作为控制变量。结合不同森林可燃物的特征、立地条件，以及风速、风向等指标确定的蔓延速度(单位时间内的蔓延长

度），即可获知最终的蔓延面积。二是，直接对蔓延面积进行控制。当单次事件的蔓延面积超过某个临界面积，即判定蔓延终止。对于这两类控制参数，均可在历史森林火灾事件记录数据的基础上，使用无解释变量的直接统计方法（冷慧卿，2011；国志兴，2011），或带有解释变量的回归及机器学习方法进行估计和预测（Liu and Wimberly，2015）。

5.1.4　森林火灾随机动态模拟的实现

森林火灾的起火与蔓延具有时间和空间特征。不同时间尺度野火燃烧的物理和化学过程有很大差别，且其影响因素与可燃物类型的多样性和复杂性使得野火燃烧的空间模型化非常困难。其核心是将描述野火蔓延行为的蔓延模型利用地理信息技术在空间上进行实现。当前的主要方法分为基于栅格模型和基于矢量模型两类（Richards，1995）。

1）基于栅格模型的森林火灾随机动态模拟

基于栅格模型的森林火灾随机动态模拟将可燃物看作规则的栅格系统。通过定义模型中每个点随时间变化的活动（已燃烧/未燃烧/正在燃烧）规则来表征火的蔓延。这些规则概念简单，计算机编码容易，使得基于栅格模型的森林火灾随机动态模拟得到广泛应用（Kalabokidis et al.，1991；Vasconcelos and Guertin，1992；Lopes et al.，2002）。元胞自动机（cellular automata，CA）模型是一种典型的基于栅格单元进行森林火灾随机动态模拟的典型技术（Karafyllidis and Thanailakis，1997；Berjak and Hearne，2002；Innocenti et al.，2009）。此类模型将复杂的自然现象或物理系统在时间方面分成几个独立的时间步长；在空间方面，将每个时间步长上的连续空间分割为规则的格网。每个格网的状态由前一时间步长与此格网相邻的格网状态所决定，格网状态通常由一定的状态方程（局部规则）计算所得。

2）基于矢量模型的森林火灾随机动态模拟

矢量模型是将火的周边定义为随时间以某种形式变化的运行在连续平面上的曲线，从而表征火的蔓延。其中，最为重要的是惠更斯原理，即用一个随时间变化的连续扩展的多边形来表示林火的蔓延区域。该多边形的形状由一系列蔓延周边上的二维顶点决定，并且这些顶点随着多边形的增大而增加，以保证一定的精度要求（杨广斌，2008）。每个顶点被认为是一个独立的火点，其蔓延形状被认为是椭圆形，方向由风速矢量和坡度矢量叠加决定，椭圆的大小由蔓延率和时间步长的长度决定（Finney，2002）。最后，计算多边形上的每个节点在下一时间步长的节点位置，求出过火面积，其形状在恒定流下通常呈椭圆形。矢量模型技术性较强，模拟精度较高，但相比栅格模型，其更难利用计算机编码实现。许多学者对矢量模型进行研究和改进，不断提出更加简化及完善的模型（Finney，1998；Richards，1990，1995）。

5.2　浙江丽水地区森林火灾保险区划

本节以浙江丽水地区下辖四县区为案例研究区，依托详细的森林资源分布数据，以及历史森林火灾事件数据，进行森林火灾的起火概率和过火面积建模，依托森林野火蔓延模型进行了大量随机森林火灾事件仿真，实现了森林火灾的定量风险评估。在此基础上，以乡镇为基本单元，厘定了保险纯风险损失率，并编制了研究区森林火灾保险区划。

5.2.1 研究区域与数据

1. 研究区概况

研究区地处东经118°42′～120°08′、北纬27°58′～28°44′，总面积为7 488.68km²(图5.1)，共包括丽水市的莲都区、龙泉市、云和县及景宁畲族自治县，属于浙江省森林火险等级相对较高的区域(王栋，2000；王珺等，2014)。海拔为168～1 922 m，以中山、丘陵地貌为主，地势由西南向东北倾斜。研究区属中亚热带季风气候区，气候温和，雨量丰沛。年平均气温为17.8℃，极端最高气温为43.2℃，极端最低气温为-10.7℃。年平均降水量为1 568.4 mm，年内80%的降水量出现在3～9月。

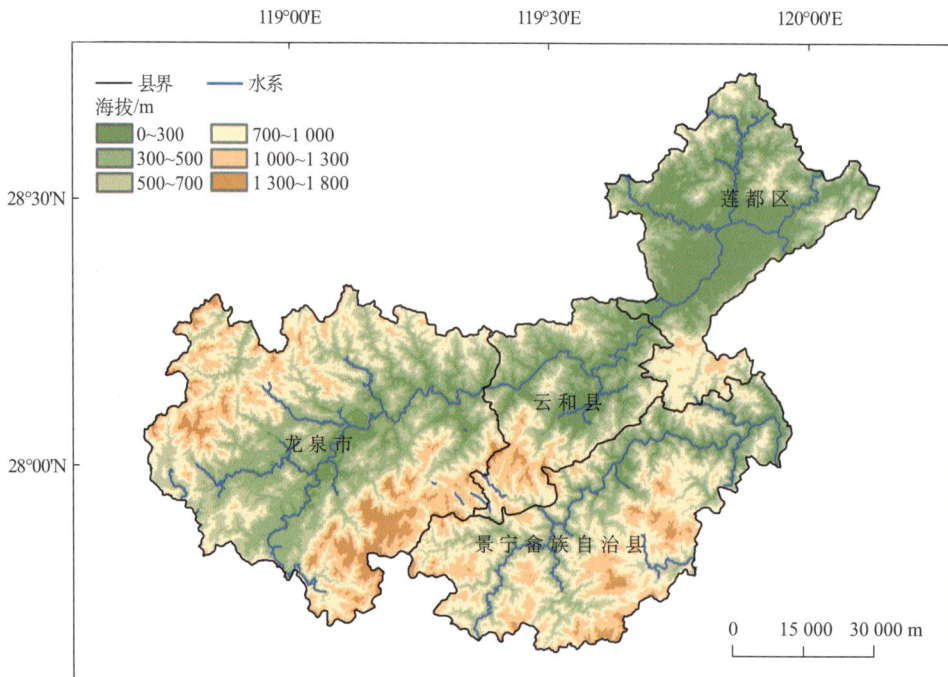

图5.1 研究区地理特征及行政区划

研究区森林资源以亚热带针叶林为主(占该地区森林总面积的46%)，此外还包括亚热带落叶阔叶与常绿阔叶混交林(占森林总面积的29%)，以及热带、亚热带竹林(占森林总面积的16%)。亚热带针叶林优势树种主要有马尾松、黄山松、湿地松、柏木、红豆杉和铁杉等。而阔叶林则包括栎树、楠树及桉树等硬阔树种及泡桐等其他软阔树种。根据当地森林经营规划方案，这些阔叶林树种主要用作防火树种来种植。此外，竹和其他经济林同样作为耐燃树种来种植，约占森林总面积的25%。

2. 基础数据

进行森林火灾机制分析、开展随机事件模拟所需要的数据主要包括历史森林火灾事件数据、森林资源分布数据、气象数据、地形数据和人类活动数据五大类(表5.1)。

表5.1 丽水地区森林火灾保险区划基础数据清单

数据类型	指标	数据来源
历史森林火灾事件数据	莲都区/龙泉市历史火灾案例数据(1991~2010 年)(统计数据)	王珺, 2014
森林资源分布数据	植被类型(矢量图)	中国植被图(1:100 万)(中国科学院中国植被图编辑委员会, 2007)
	土地利用类型(30m×30m 栅格数据)	全球土地覆盖项目(GLC, http://www.globallandcover.com/)
	浙江省天然林人工林分布图(图片数据)	中国林业数据库(2014)
	森林林龄分布图(8km×8km 栅格数据)	戴铭, 2011
气象数据	日最高气温(0.312°×0.312°格点据)	The National Centers for Environmental Prediction (NCEP, http://rda.ucar.edu/)
	最大风速的风向(0.5°×0.5°格点数据)	
	日最大风速(0.5°×0.5°格点数据)	
	日相对湿度(0.5°×0.5°格点数据)	
	日降水量(0.5°×0.5°格点数据)	
地形数据	DEM 数据(90 m×90 m 栅格数据)	SRTM (http://srtm.csi.cgiar.org/)
人类活动数据	浙江省路网分布(矢量数据)	Open Street Map (http://www.openstreetmap.org/)
	浙江省人口密度分布(2010 年)(1 km×1 km 栅格数据)	Oak Ridge National Laboratory (http://web.ornl.gov/sci/landscan/)

1) 历史森林火灾事件数据

历史森林火灾事件数据包括 1991~2010 年龙泉市历史火灾案例数据 225 条,莲都区历史火灾案例数据 319 条(图 5.2)。数据集包括每场火灾发生的经纬度坐标、发生时间、终止时间、燃烧面积、起火原因等字段。相比于一些文献中由卫星遥感数据获取的森林火灾记录,这一数据在起火时间、地点、燃烧时间和过火面积等字段上拥有更高的精度。然而,其缺点是仅有点位数据,而缺少过火迹地的空间信息,因而难以判定最终过火的森林类型。在文献中,一种更合理的做法是将火灾事件记录与火迹地遥感提取的结果进行匹配。然而,由于案例研究区的火迹地面积均很小(均值为 5.62 hm², 中值为 2.05 hm²),在常用的 MODIS 火迹地产品分辨率(500 m×500 m)条件下基本无法识别,因此本案例后续的工作主要以历史火灾事件的点位为依据。

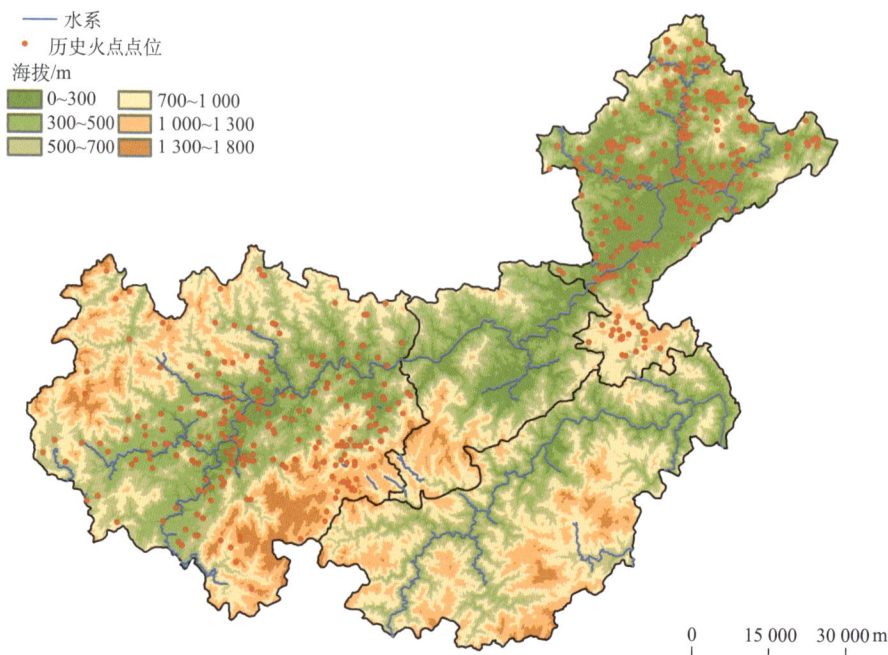

图 5.2　研究区历史火灾点位

描述性统计分析结果表明，1991～2010 年莲都区与龙泉市两地的总过火面积为 3058.93 hm²，单次过火面积最小值为 0.3 hm²，最大值为 97.9 hm²。从季节性分布来看，冬春两季(12 月至次年 5 月)较夏秋两季(6～11 月)而言是火灾多发性季节。在全部 544 场火灾中，有 451 场火灾确认是由烧荒烧炭、野外吸烟、炼山造林等人类活动引起的，比例约为 82.90%；而由自然因素引起起火的事件仅有 4 场，是由雷击导致的火灾，比重为 0.74%。由此可见，该区域人类活动是引起森林火灾的绝对主要因素。历史火点空间位置的分布与道路、居民点等人类活动表征要素具有极强的相关关系，并相对较易发生在低海拔、地势较平坦等人迹易至的地点。

2）森林资源分布数据

地表枯死可燃物分布是进行森林火灾模拟的重要的基础数据。然而，目前并未有类似美国的数据产品提供(Finney et al.，2011)。在实际研究中，考虑到枯死可燃物类型与区域地表植被覆盖类型和季节密切相关，因此在一定程度上可以利用森林资源的分布数据进行替代。在森林资源空间分布数据方面，由于林业部门清绘的森林资源二类调查小班图涉及保密问题无法获取，因此使用表 5.1 中列出的研究区土地利用、天然林人工林分布图和植被类型等公开数据进行融合以代替：首先，利用全球土地利用数据集(National Geomatics Center of China，2015)和第八次森林资源清查发布的浙江省天然林人工林分布图(中国林业数据库，2014)进行交互验证，确定森林资源的空间分布；在此基础上，结合中国植被类型矢量图(中国科学院中国植被图编辑委员会,2007)对每一个像元的植被类型进行赋值,并最终形成优势树种分布图(图5.3)。另外,根据遥感估算的全国森林资源林龄分布数据(戴铭等,2011)对树种的林龄进行赋值。

图5.3 依据优势树种划分的研究区森林资源分布状况

3)气象数据

气象数据是森林火灾起火和蔓延的关键参数。由于研究区范围内仅有两个气象观测站,因此使用气候预测系统再分析的小时栅格数据(climate forecast system reanalysis,CFSR)。该数据提供了1991~2010年空间分辨率为0.312°×0.312°的温度数据,及空间分辨率为0.5°×0.5°的风速、风向、相对湿度和降水量数据。最终,将这些气象指标转换至日值数据,包括日最高气温、日最大风速风向、日最大风速、日平均相对湿度及日累积降水量。

4)地形数据

地形数据包括海拔、坡度和坡向3个变量,它们由SRTM提供的DEM数据得到。坡度的单位为(°),坡向值的范围为1°~360°(图5.4)。

5)人类活动数据

在本案例中,选取了人口密度、距最邻近道路距离及距最邻近居民点距离3个变量来表征人类活动的强度(图5.5)。人口密度由美国国立橡树岭实验室提供的1 km×1 km人口分布栅格数据得到;距最邻近道路距离和距最邻近居民点距离是基于路网数据和居民点分布数据,由空间分析得到。

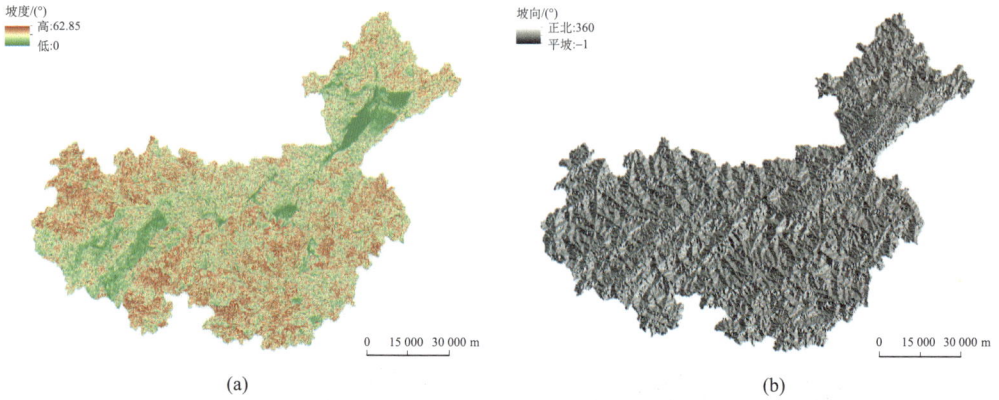

图 5.4　研究区坡度、坡向分布图

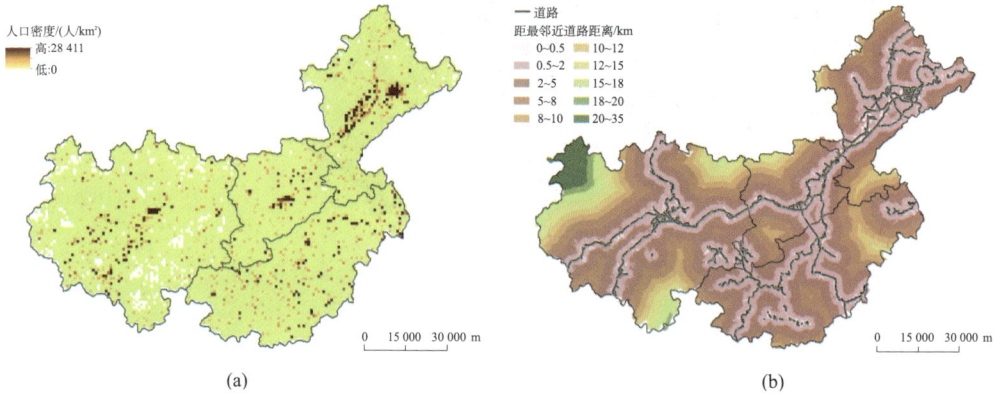

图 5.5　研究区人口密度和最邻近道路距离分布图

5.2.2　森林火灾风险评估

从案例研究区历史森林火灾事件数据的情况来看，其样本量相对较为充足，通过起火点位置的分析也能够很好地将起火与对应空间位置的森林标的属性、地形条件、气象条件及人类活动等影响森林火灾的要素关联起来。但该数据缺乏火灾迹地的空间位置信息，仅依靠起火点与过火面积信息不足以支持传统统计模型。而利用随机事件仿真的方法则可以构建能够准确描述研究区森林火灾起火和蔓延特征的模型，并在此基础上生成大量虚拟但符合现实特征的森林火灾迹地，从而进行火灾风险的定量评估工作（图 5.6）。

1. 森林火灾起火概率模型的构建

依据文献，本案例采用二项 Logistic 回归模型，对案例研究区的起火概率进行建模（Chou et al., 1993; Martinez et al., 2009）。在二项 Logistic 回归模型的框架下，任意时间、

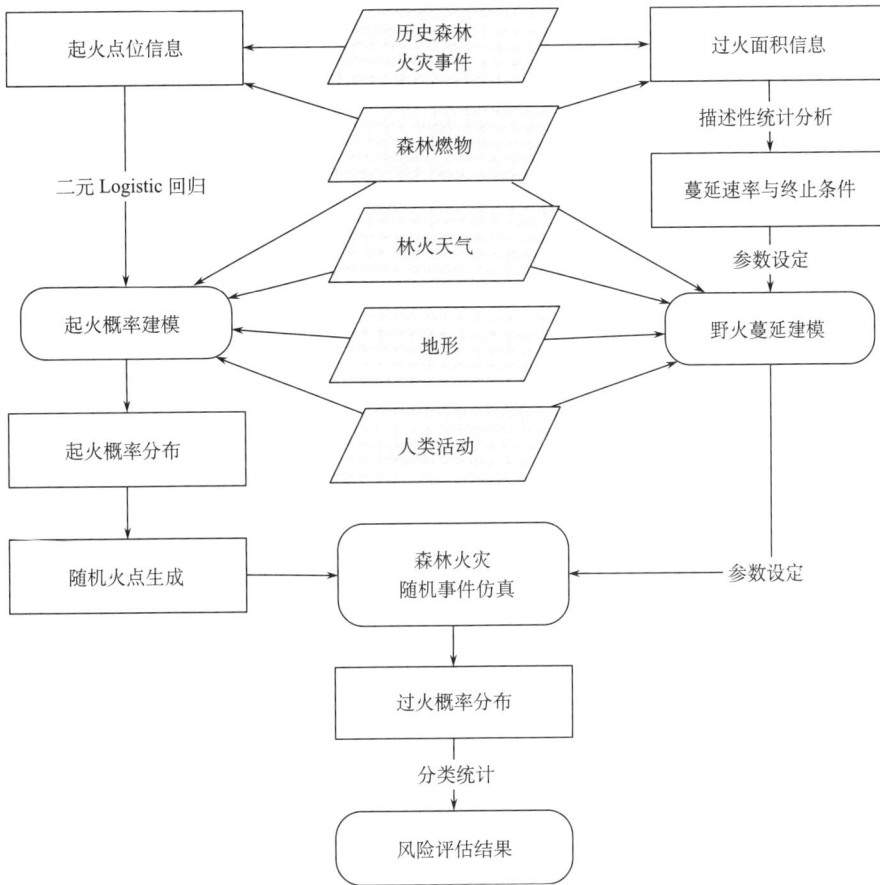

图 5.6 案例研究区森林火灾风险定量评估框架

任意一个森林单元起火(事件判定为"真",因变量 Ig=1)的概率,是在时间和空间位置条件下,由特定的可燃物状态、天气、地形及人类活动等诸多要素(自变量 x_i,$i=1$,2,$\cdots$,n)共同决定的:

$$\Pr\{\mathrm{Ig}=1\} = \frac{1}{1+\exp[-(b_0+b_1x_1+b_2x_2+\cdots+b_nx_n)]} \tag{5.10}$$

式中,$\Pr\{\mathrm{Ig}=1\}$,为起火概率;b_0 为模型回归常数;b_i 为模型回归系数;x_i 为解释变量。

应用二项 Logistic 回归模型,应首先将历史火点与非火点数据,与其相应时间和空间位置的各类解释变量进行对应。历史森林火灾数据已经提供了研究区 1991～2010 年的历史森林起火点数据(王珺等,2014),而非起火点数据则必须利用一定算法,在未曾起火的区域中随机生成。为了取得较好的估计效率,非火点的数量应与火点数量接近。为此,使用平均最邻近距离法在案例研究区内随机生成非火点(国志兴,2011;Kalabokidis et al.,2007)。最终,共有 544 个历史火点和 741 个非火点作为起火概率模型的响应变量。

现有文献已对可能影响森林火灾起火的各类要素进行了详细的分析(Liu et al., 2012;

Parisien et al., 2013；Salis et al., 2014；Biswas et al., 2015；Pan et al., 2016）。依据文献中的建议，初步选取了森林标的属性变量6个（松、杉、硬阔、软阔、其他等优势树种面积占比，优势树种林龄）、气象条件变量3个（日降水量、日最高温、日相对湿度）、地形变量3个（海拔、坡度、坡向）和人为因素变量3个（距最邻近道路距离、距最邻近居民点距离、人口密度）共15个变量。将火点、非火点的空间点位数据与各属性数据进行空间叠加，进而提取每个火点、非火点所在像元的各项属性信息。在此基础上，通过相关分析，对上述要素间的相关性进行分析，剔除具有较强相关性的变量，以减少多重共线性对起火概率模型构建的影响，最终确定松占比、杉占比、硬阔占比、软阔占比、其他树种占比、优势树种年龄、日均相对湿度、坡向、坡度、距最邻近道路距离共10个变量为起火概率模型的解释变量。

通过将表征火点/非火点的1/0变量（火点="1"，非火点="0"）作为因变量，将上述影响要素作为自变量，代入式（5.10）中进行回归，并利用最大似然估计方法进行拟合。经过反复尝试，在各要素之间进行优选，最终确定回归结果（表5.2）。

表5.2 案例研究区森林火灾起火概率二项 Logistic 回归结果

变量	B	S. E.	Wald	Sig.
常数	10. 304	1. 132	82. 877	0. 000
松占比/%	0. 881	0. 509	2. 999	0. 083
杉占比/%	0. 858	0. 375	5. 242	0. 022
阔叶树占比/%	−0. 615	0. 526	1. 366	0. 243
林龄/a	−0. 034	0. 012	7. 890	0. 005
坡度/(°)	−0. 027	0. 014	3. 766	0. 052
坡向/(°)	−0. 002	0. 001	1. 787	0. 181
日平均气温/℃	−0. 075	0. 017	19. 461	0. 000
日均相对湿度/%	−0. 101	0. 013	56. 206	0. 000
距最邻近居民点距离/km	−0. 075	0. 020	13. 802	0. 000
Cox & Snell R^2	0. 339	Nagelkerke R^2		0. 452

注：B 为各解释变量的回归系数；S. E. 为标准误；Wald 值为 Wald 卡方值；Sig. 为显著性水平。

模型的对数似然比和伪决定系数均显示模型的拟合效果较好。ROC 曲线（receiver operating characteristics curve）（邹洪侠等，2009）的评判结果显示，预测准确性达到了84.95%，并达到 $p<0.01$ 的显著性水平，说明模型预测火点的起火概率的结果较好。入选模型的各变量均对起火概率有显著影响。在树种占比指标中，竹林和其他类型树种的面积占比作为本底参照组未直接进入模型。松、杉两类树种的起火概率显著高于竹，而硬阔则显著低于竹，软阔和其他类型树种与竹林存在一些差异，但在统计意义上不显著。优势树种年龄对于起火概率也有显著但是较小的影响。日平均气温、日相对湿度对森林火灾起火概率的影响显著且是各项要素中最大的。在表征地形的指标中，海拔未进入模型，坡向并不显著，坡度对起火概率有负向贡献，即坡度越大的地方起火概率越小。这一结果可能与人类活动的影响关系密切。用于表征人类活动的距最邻近居民点的距离对起火概率有显著且较小的负向贡献，说明当距道路越近、人类活动干扰越强烈的地方，起火概率越高，这与当地人为起火原因占比高的现实状况是相符的。

2. 森林火灾蔓延与终止模型的构建

通过前述对森林火灾蔓延模型的介绍与评述，本书选择使用王正非-毛贤敏模型作为森林火灾蔓延模型(毛贤敏，1993)。基于前述两类确定森林火灾蔓延终止条件的方法，对案例研究区森林火灾蔓延终止的基本特征进行了分析。数据取自与森林资源匹配完成的544场火灾记录，使用指标分别为单次火灾时长、单次火灾过程面积。为充分反应蔓延终止条件的不确定性，分别使用常见的正态(normal，N)、对数正态(log-normal，LGN)、韦伯(Weibull，WB)、指数(exponential，E)、广义极值(generalized extreme value，GEV)等分布进行拟合，并依据概率密度图、p-p 图及对数似然数值进行优选。

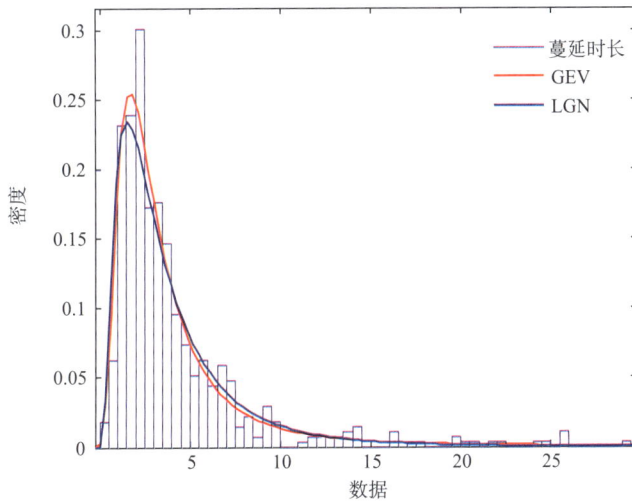

(a) 概率密度图

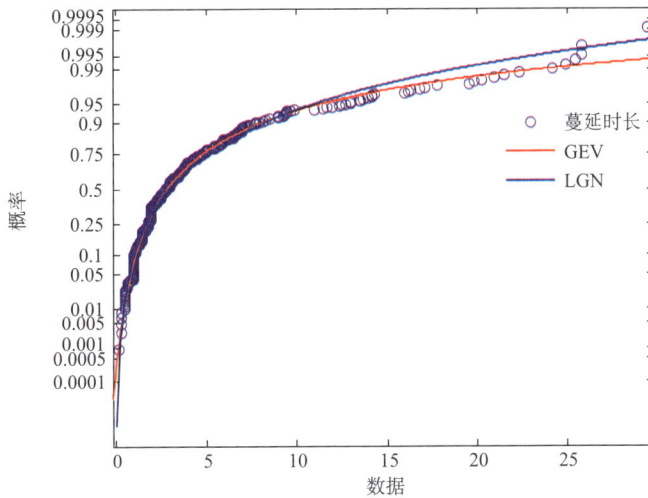

(b) p-p图

图 5.7 案例研究区历史森林火灾蔓延时长的概率分布

GEV 为广义极值分布；LGN 为对数正态分布

1）以蔓延时长为标准的终止条件

经过对比与优选，对数正态分布和广义极值分布对蔓延时长数据的拟合效果最好（图 5.7）。当对比 p-p 图时可知，广义极值分布在分布的尾部对原始数据特征有更好的还原。因此，在后续蔓延仿真过程中，建议使用广义极值分布的结果。

2）以过火面积为标准的终止条件

经过对比与优选，在对过火面积不确定性的描述中，对数正态分布和广义极值分布对过火面积数据的拟合效果最好（图 5.8）。同时，满足条件的还包括对数逻辑斯蒂分布、逆

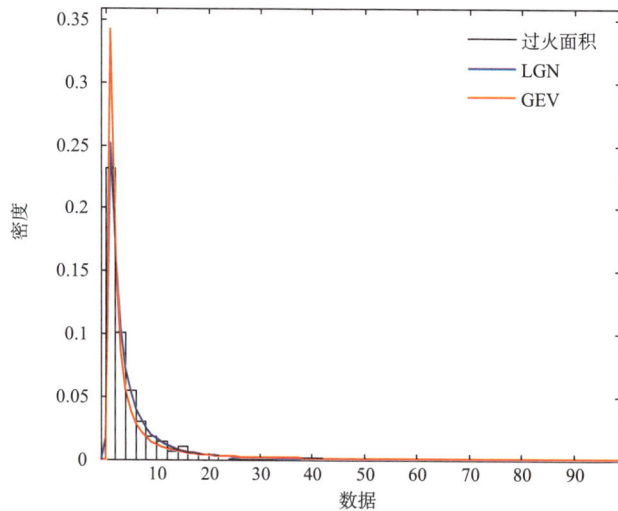

(a) 概率密度图

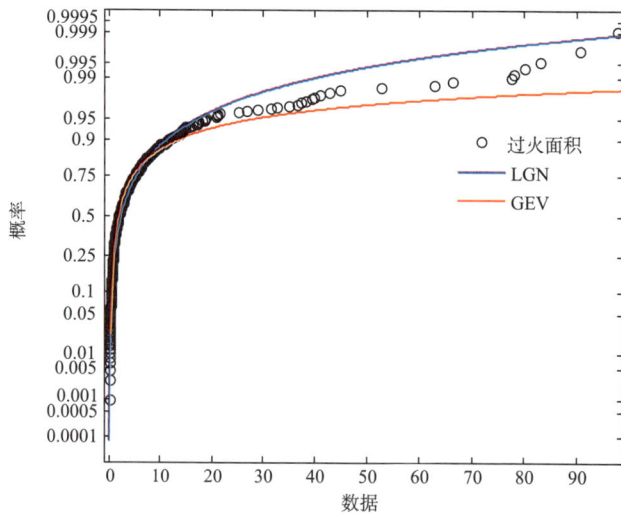

(b) p-p图

图 5.8 案例研究区历史森林火灾过火面积的概率分布

GEV 为广义极值分布；LGN 为对数正态分布

高斯分布等。由于几种分布函数的结果较为类似，此处仍然只给出对数正态分布和广义极值分布的结果。当对比 p-p 图时可知，广义极值分布在分布的尾部对原始数据特征有更好的还原。考虑到在现实情况中，研究区所有历史火灾记录的过火面积均未超过 100 hm²，所以数据本身可能受到了人为因素的影响。从这一角度而言，尾部相对较厚的对数正态分布可能更好地还原实际森林火灾损失。

经过大量仿真试验结果的反复对比分析可以发现，以蔓延时长为终止条件更易造成蔓延面积过大、背离历史数据的基本规律，因此最终决定采用基于对数正态分布参数生成的过火面积作为森林火灾蔓延的终止条件(表 5.3)。

表 5.3　研究区历史火灾蔓延终止条件概率分布拟合参数

分布函数	拟合参数	森林火灾时长	过火面积
对数正态分布(LGN)	μ	1.073 (0.034)	0.856 (0.052)
		0.802 (0.024)	1.219 (0.037)
	log-likelihood	−1235.01	−1344.84
广义极值分布(GEV)	k	0.419 (0.040)	1.073 (0.066)
	μ	1.557 (0.069)	1.317 (0.091)
	σ	2.214 (0.076)	1.289 (0.067)
	log-likelihood	−1230.78	−1326.07

注：表中括号内为参数估计对应的标准误。

3. 森林火灾随机动态模拟

森林火灾随机动态模拟的实现主要分为三个步骤：一是随机火点的生成；二是仿真参数的输入；三是森林火灾随机事件仿真的实现。在本案例中，主要采用了基于栅格空间数据结构的元胞自动机模型进行实现。通过对各类数据空间分辨率的综合分析，最终确定随机动态模拟的空间分辨率为 200 m×200 m(折合面积为 4.00 hm²)。相应地，将地形、气象、人为因素影响等空间栅格数据重采样到相同空间分辨率，以使森林火灾起火概率及后续森林火灾蔓延模拟效果显著。最终，覆盖整个研究区的栅格数据包含 422 604(602 行×702 列)个单元，其中有效的森林栅格为 174 513 个。

1) 模拟参数准备

进行森林火灾随机动态模拟，必须首先定义其发生的时间和空间位置。在影响起火和蔓延的可燃物、林火天气、地形和人类活动强度 4 个要素中，地形要素只具有空间差异性而不具有时间属性。在本案例的数据条件下，可燃物和人类活动强度的季节性变化难以体现，因此也不作考虑。因此，林火起火当天的天气必须考虑其季节性和随机性。即使同样是每年的 1 月 1 日，各气象指标的观测值在不同年份也会有所差别。对此进行模拟较为常见的方法是依据当地气候特征构建随机天气发生器，从而生成任意指定日期的风向、相对湿度、风速、当日最高气温等输入参数。如果要实现完美仿真，则需要对特定气象指标在一年之中的 365 天分别进行概率分布拟合并生成随机数，且这些随机数之间还必须保持原有的时间维度相关性（季节规律），以及不同像元之间的空间相关性（区域规律）。然而，目前，多维相关随机变量的拟合与仿真仍然是一个比较困难的问题。与此同时，若每天的气象要素均实现随机输入，将会相应地增加计算量，在大量事件年仿真时可能会显著地影响计算效率。为此，在实现仿真时，利用了历史数据重代的方法。模拟过程中任意一天的气象指标，是从对应日期前后各 10 天共 20 天范围内，过去 30 年的历史数据中随机抽取的。此种方法的缺点是不能利用概率分布函数，在仿真时容纳更多的极端值，但其优点是确保数据服从历史规律，且仿真效率较高。

2）随机火点的生成

生成大量随机起火点是森林火灾随机事件仿真的数据基础和前提，且生成的随机起火点必须保证与历史森林火灾起火点数据的时空分布规律相符合，只有这样才能保证仿真的有效性。在起火概率统计建模获得的起火概率与各类要素之间定量关系的基础上（表5.2），通过随机确定起火日期，即可获得空间连续的起火概率分布图。在此基础上，依据起火点个数的年内时间分布对火点个数进行控制（图5.9），利用拒绝法（Metropolis，1987；金畅，2005）确定最终的随机火点。

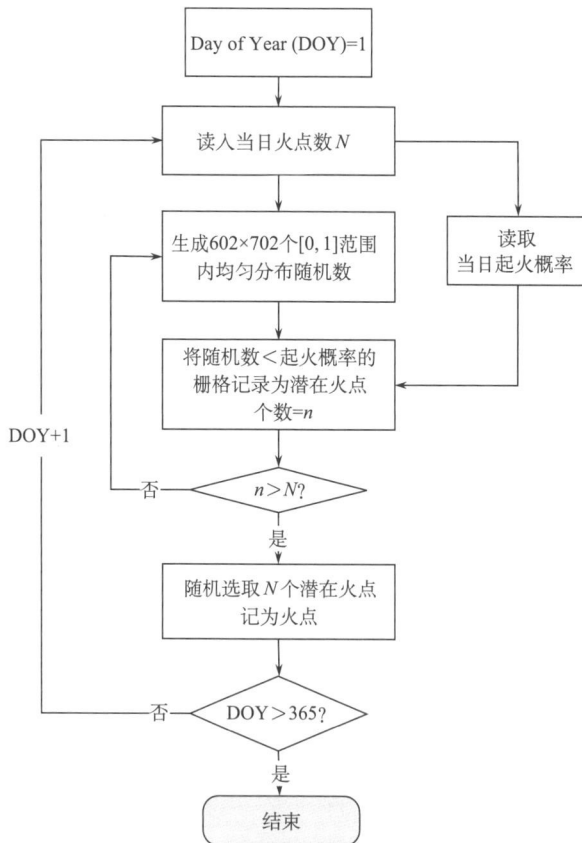

图 5.9 随机起火点生成流程

将生成的随机火点按照各栅格在 10 000 年内的起火次数制图（图 5.10）。从图 5.10 中可以看出，莲都区与龙泉市两地的火点空间分布与历史火点分布有较好的一致性，基本保持了原有火点的特征。因此，生成的随机火点数据集可以用于森林火灾随机事件模拟。

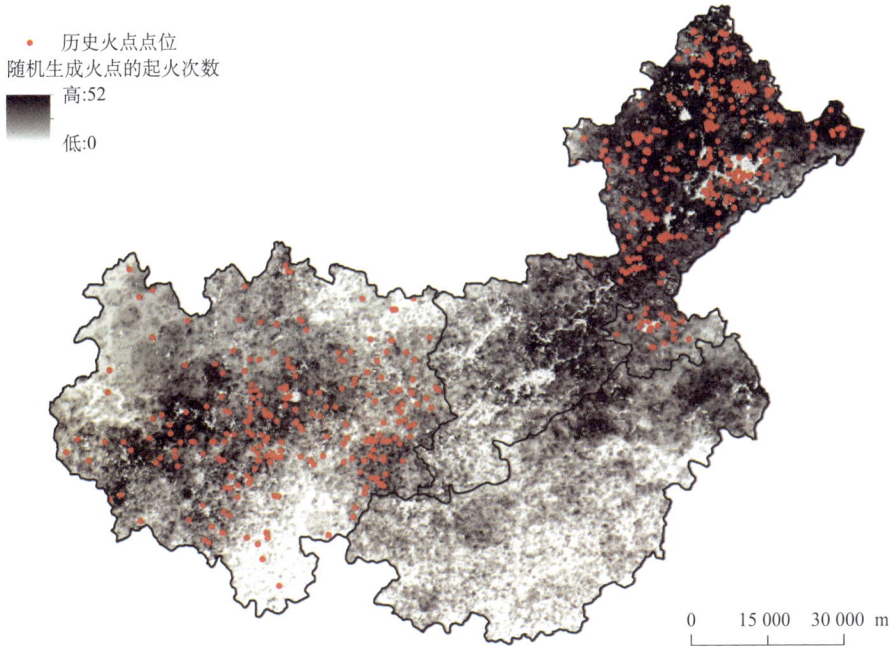

图 5.10　研究区随机火点在 10 000 年内的起火次数分布与历史起火点位

3）森林火灾随机事件仿真的实现

森林火灾随机事件的仿真是基于元胞自动机模型，利用 C#语言编程实现的（国志兴，2011）（图 5.11）。本书中的二维元胞自动机模型选择正方形作为元胞空间结构，元胞大小与栅格数据空间分辨率保持一致，即 200 m×200 m；设定邻域为摩尔型邻域，即 8 邻域；与森林火灾燃烧状态相匹配的元胞状态包括未燃烧（0）、正在燃烧（0~1）及完全燃烧（1）。

最终，将起火参数和蔓延参数两部分组成的仿真参数输入到模型中。起火参数包括生成的随机点的行号、列号、月份及日期；蔓延参数包括随机火点对应位置及多年平均的日最高气温、相对湿度、最大风向和最大风向风速，以及作为蔓延终止条件的过火面积等指标，以上数据作为着火点文件输入到程序中；另将森林资源分布作为可燃物分布文件输入到程序中，进行逐次火灾事件的模拟。最终，完成了 10 000 个独立事件年共 447 000 个随机起火点的蔓延模拟。

从仿真结果来看（图 5.12），过火概率存在显著的空间差异和优势树种间差异，与当地的先验知识完全一致。研究区东北部（莲都区）过火频次相对较高，相当于 1 000 年内可发生 2.5~5.5 次，西部次之（龙泉市），南部（景宁县）最低。过火概率的空间分布再次体现了人类活动对森林火灾的主导影响，图 5.12 中高过火概率区域均与河流、交通廊道及

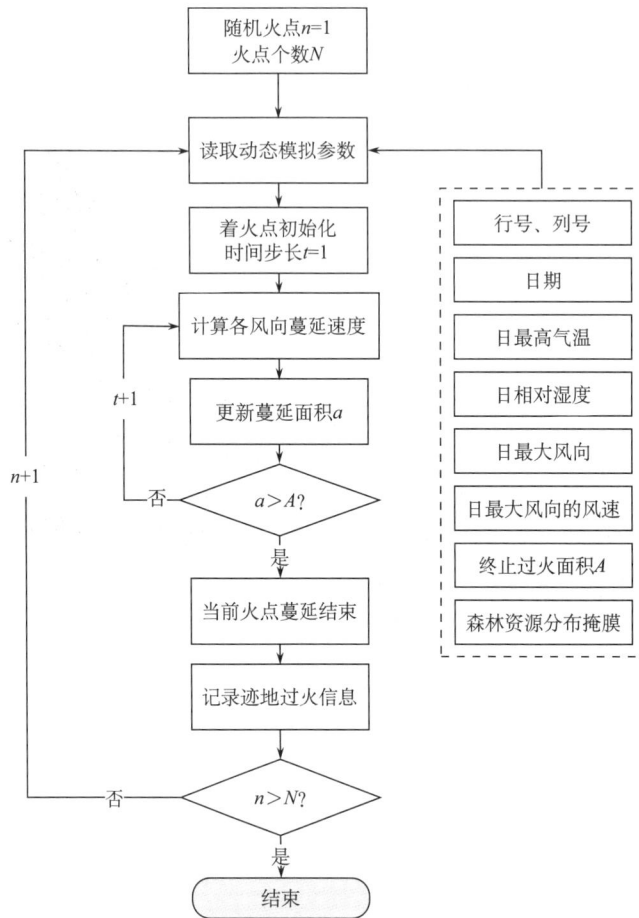

图 5.11 森林野火蔓延模拟技术路线图

城镇居民点的分布临近或镶嵌，而这些区域恰恰也是海拔相对较低、地势平坦、坡度较小的区域。从分树种的过火概率图来看（图 5.13～图 5.15），松在整个研究区尺度上的平均过火概率最高，杉其次，而硬阔最低。

5.2.3 森林火灾保险费率厘定

1. 保险损失风险估算

依据农业自然灾害保险区划的技术流程（2.3.1 节），开展保险费率厘定工作，必须在完成森林火灾风险评估的基础上，依据保险合同载明的起赔和免赔条件，对保险损失风险进行推算，从而厘定纯风险损失率和风险附加费率。浙江地区林木综合保险条款（以下简称"条款"）规定，林木保险赔付的计算方式为

赔偿金额＝每亩保险金额×损失面积×损失程度×不同树龄每亩最高赔偿比例−免赔额

式中，损失程度为单位面积平均损失株数与平均实际株数之间的比值。条款中未对免赔额

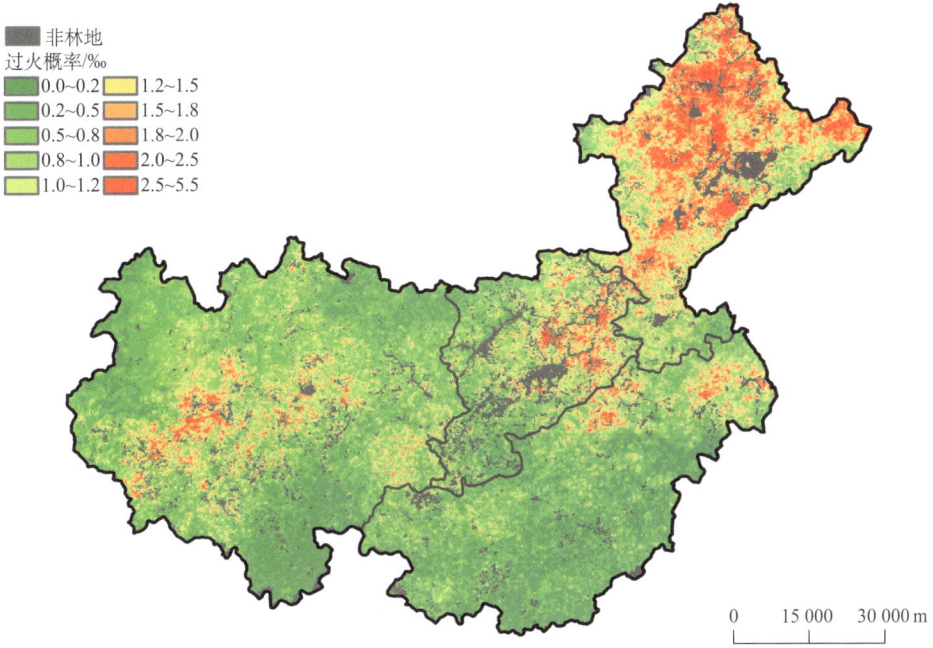

图5.12　仿真得到的研究区森林火灾过火概率分布图(所有树种)

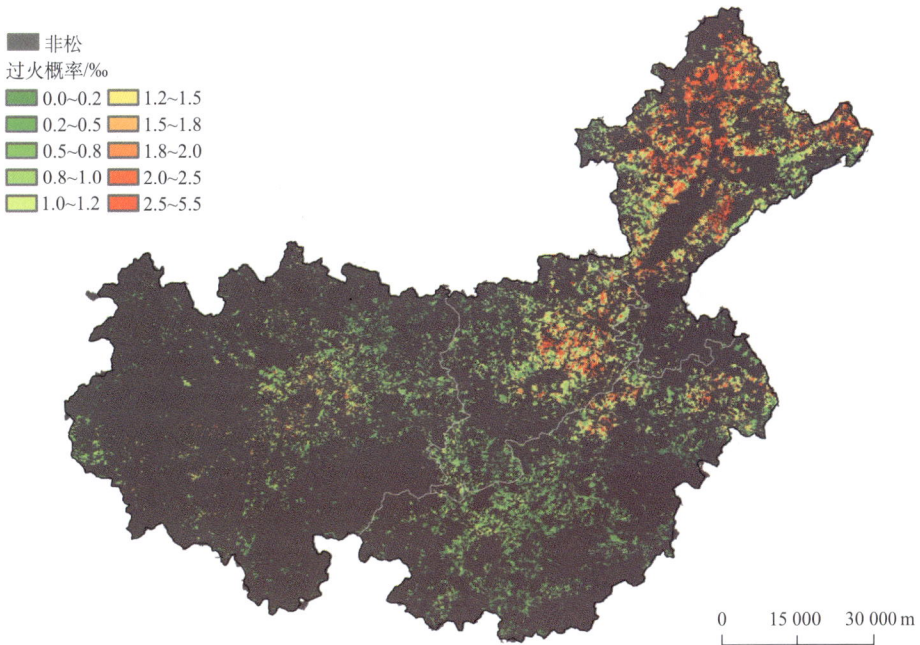

图5.13　仿真得到的研究区森林火灾过火概率分布图(优势树种为松)

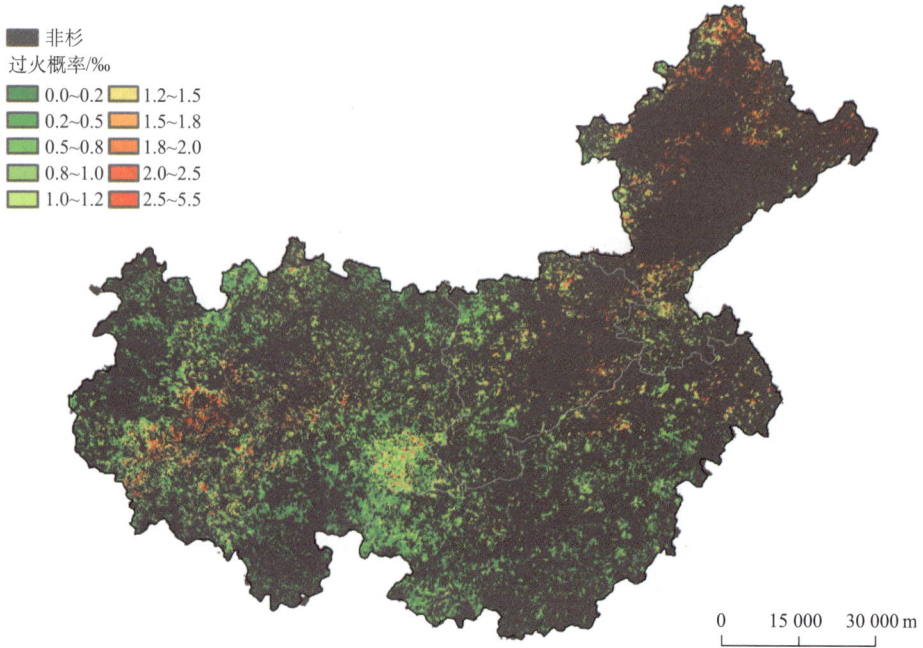

图 5.14　仿真得到的研究区森林火灾过火概率分布图(优势树种为杉)

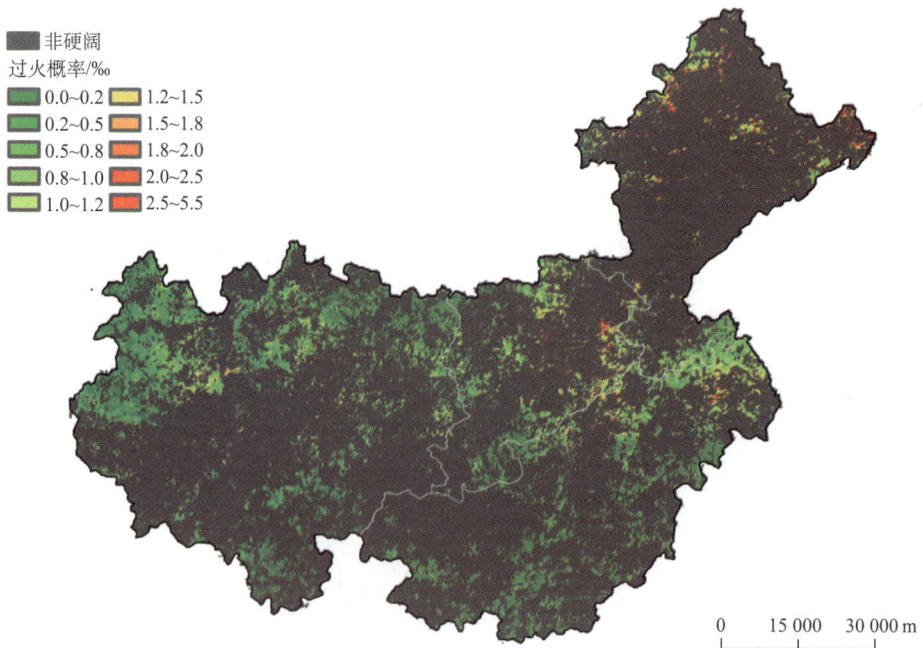

图 5.15　仿真得到的研究区森林火灾过火概率分布图(优势树种为硬阔)

进行规定，因此取值为0。关于最高赔偿比例，条款中对桉树和其他林木进行了区分。在研究区，桉树的比重极小，因此只给出非桉树每亩最高赔偿的比例。

（1）其他林木树龄3年以下（含）的损失，按每亩保险金额的100%赔付；

（2）其他林木树龄4~5年（含）的损失，按每亩保险金额的85%赔付；

（3）其他林木树龄6年以上（含）的损失，按每亩保险金额的70%赔付；

（4）其他林木各龄树若被烧毁、炭化死亡损失的，按每亩保险金额的100%赔付。

其中，前3项是指包括森林火灾的各类自然灾害、病虫害造成的森林损失；而最后一项是针对森林火灾造成的全损情况。由于本案例中使用的森林火灾模型不具备对每个栅格上森林损失程度的模拟能力，而结果均是"烧毁"（全损）和"未烧毁"（无损）的0/1二值结果。在此条件下，上述最高赔偿比例仅有最后一条适用，即全损的森林栅格按100%赔付，无损的栅格不给予赔付。此时，推算得出的保险损失风险将与森林火灾风险评估结果保持一致（图5.12），但会是实际保险损失风险的上限水平。

2. 费率厘定

依据条款进行简化的推算关系可知，研究区任意栅格上的纯风险损失率可以近似为多年平均过火概率（图5.12）。在此基础上，再依据不同等级的行政边界取区域平均值，即可相应地获得其对应的费率厘定结果。与此同时，因底层基础数据提供了每个栅格上的森林属性信息，还可据此统计不同优势树种、不同林龄或不同立地条件的纯风险损失率水平。

例如，依据乡界求取平均值，即可获得乡镇一级水平的纯风险损失率（图5.16）。

图5.16　案例研究区乡镇一级森林火灾纯风险损失率分布图

图 5.16 中，案例研究区内乡镇一级的森林火灾平均过火概率的分布南北差异明显，除龙泉市中西部部分地区外，整体呈现出由东北到西南逐渐降低的分布特征，过渡性较好。平均过火概率的高值区主要分布在研究区东北部地区，包括丽水市（莲都区）境内的大部分地区，以及云和县东部的石塘镇、云坛乡两个乡镇，而龙泉市中西部地区也有部分乡镇的平均过火概率达到 0.89‰～1.28‰。平均过火概率的低值区则主要分布在研究区南部，包括景宁县的部分地区，以及龙泉市的屏南镇、云和县的大湾乡。

再如，对 4 个地区的过火概率按照优势树种分别进行统计，可得出分地区、分优势树种的费率厘定结果（表 5.4）。

表 5.4　案例研究区分地区、分优势树种类型的费率厘定结果　　　　　　　（‰）

优势树种	莲都	龙泉	云和	景宁	研究区综合
松	0.47	0.34	0.41	0.31	0.38
杉	0.52	0.43	0.47	0.35	0.44
硬阔	0.29	0.16	0.24	0.17	0.21
软阔	0.49	0.46	0.34	0.27	0.39
不作划分	0.45	0.27	0.37	0.32	0.35

从纯风险损失率分地区、分优势树种统计表来看，不同树种的纯风险损失率在各地区有较大的差异：莲都区所有优势树种的纯风险损失率均为最高，云和县的松、杉、硬阔和其他优势树种的纯风险损失率较莲都区小，但高于景宁县和龙泉市。龙泉市的软阔和竹的纯风险损失率低于莲都区，而高于另外两个县。不同树种之间的纯风险损失率也有较大差异，杉的纯风险损失率除了龙泉市外，其他三个地区都为最高值，在莲都区达到 0.52‰，而硬阔相对为最小的纯风险损失率树种，最小值为 0.16‰。

5.2.4　森林火灾保险区划

本案例中，基于空间连续的精细栅格得到的风险评估结果，为采用自下而上合并的区划方法提供了很好的基础信息。而在保险条款规定下进行的合理简化，使得风险评估结果与费率厘定结果保持完全一致，则相应使得本案例中的保险区划简化为单要素区划工作。

1. 区划实施原则与过程

区划实施过程中，依据研究区实际情况，对各区划总原则（2.3.4 节）作进一步解读，制定了如下区划实施原则和步骤。

（1）以乡镇边界为最小区划单元，保持其完整性。

高空间分辨率的风险评估结果提供了多样的区划边界可能，包括森林斑块边界、流域边界或地貌单元边界。然而，考虑到保险区划服务的对象，在此仍然建议选取行政边界作为最小区划单元，以便于同保险实务对接。

（2）以年均过火概率为定量区划指标。

依据过火概率评估结果（图 5.17），取各乡镇平均值作为定量区划指标，利用比值分级法，制作大量专题地图，通过不断调整级别个数与分组临界值，选取能够在乡镇边界尺度上最好再现过火概率空间分布的结果，并将其作为类型区划草图（图 5.17），确定各乡镇在区划体系中的基本归属。

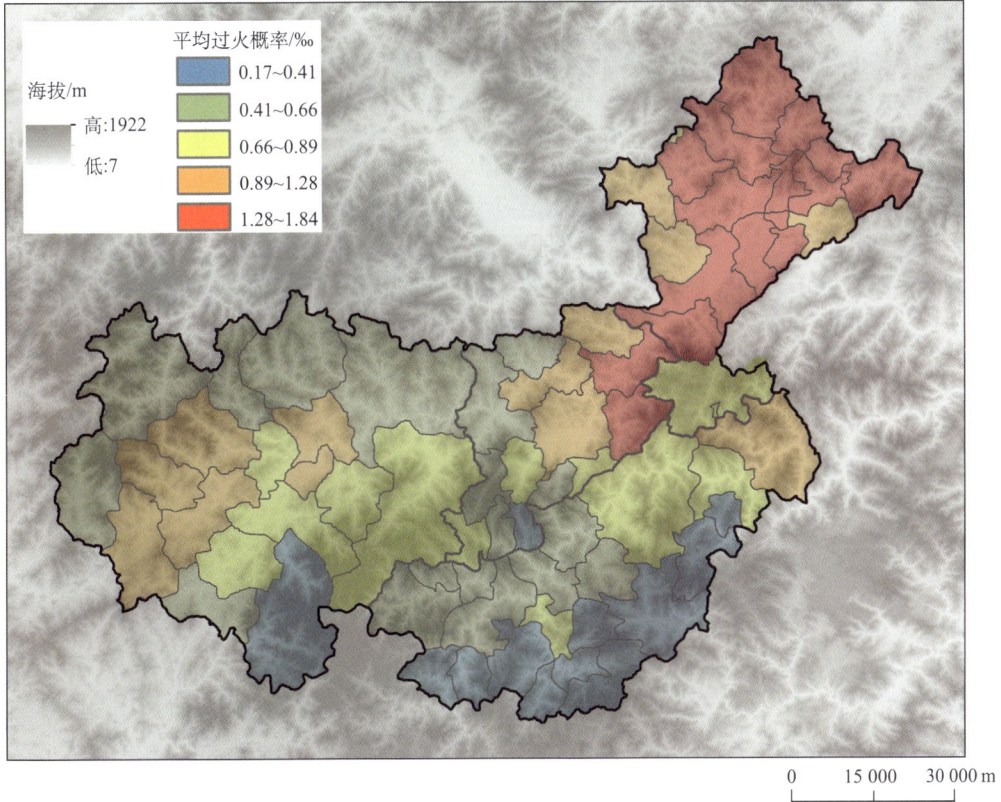

图 5.17　案例研究区森林火灾保险费率类型区划方案图

从图 5.17 中可以看出，研究区内森林火灾保险类型区划的分布特征南北差异较大，整体呈现由东北到西南风险逐渐降低的分布特征，过渡性明显。高风险区（红色）的平均过火概率为 1.28‰～1.84‰，主要分布在研究区东北部地区，包括丽水市（莲都区）境内的大部分地区，以及云和县东部的石塘镇、云坛乡两个乡镇；次高风险区（橙色）的平均过火概率范围为 0.89‰～1.28‰，主要分布在高风险区外围，以及龙泉市中西部地区的部分乡镇；中风险区（黄色）主要集中在研究区中部，包括龙泉市东南部的 5 个乡镇、云和县的 3 个乡镇、景宁县的 3 个乡镇，以及莲都区最南端的峰源乡，平均过火概率为 0.66‰～0.89‰；次低风险区（绿色）的平均过火概率为 0.41‰～0.66‰，主要位于研究区中西部、中风险区外围；而平均过火概率为 0.19‰～0.41‰的低风险区（蓝色）则主要分布在研究区南部，包括景宁县的部分地区，以及龙泉市的屏南镇、云和县的大塆乡。

（3）依据主导因素原则和区域共轭原则进行自下而上合并。

从类型区划到最终区划方案的关键过程是对临近的最小区划单元进行自下而上地合并。在这一过程中，主要考虑三方面的要点。

一是影响森林火灾的主导因素。从森林火灾风险评估结果可知，在整个区域尺度上，研究区影响森林火灾风险空间分布的因素中，以人类活动强度、地形等最为重要；而在局地尺度上，则更多体现优势树种类型的差异。气候要素的影响在研究区相对有限的空间范围内并不显著。因此，在合并过程中，应优先考虑居民聚居区和交通廊道的连续性，在此基础上，还应考虑山地和丘陵的走向及分界线。

二是区域共轭。在一级区划分中，严格执行了区域共轭原则，保证同一分区的各区划最小单元的空间临接性；在二级区划分中，则以类型区划分为主要方式，允许同属于一个二级区的最小单元在空间上不连续。特别是对于案例研究区边界上的乡镇，其地域上的不连续性很可能是由研究区外边界的划分而导致的割裂。为此，强行将这些看似独立而在研究区以外可能存在联系的区划单元向其临近单元进行越级合并，可能存在问题。对于此类空间单元，本书采用了就近合并成独立分区的原则进行处理（图5.18）。

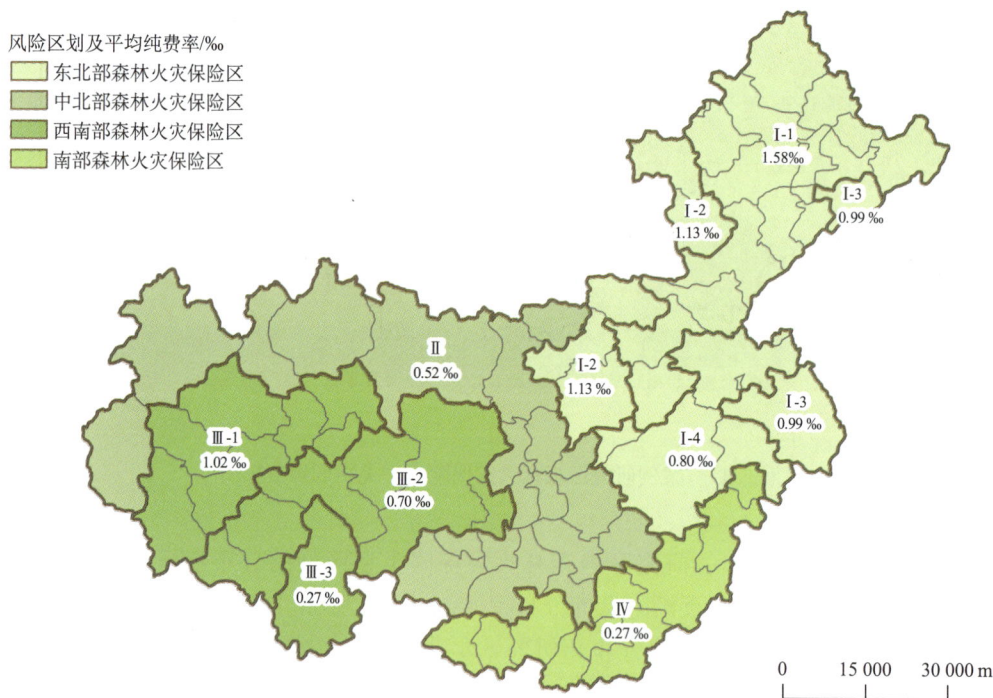

图5.18 案例研究区森林火灾风险区划方案

三是就近合并。就近合并原则包括两层含义：一是空间上就近合并；二是级别上就近合并。合并时遵循的原则为不能越级，即低值单元只能并入中值区域，而不能就近并入高值单元，反之亦然。

2. 区划方案

根据上述原则,将案例研究区共划分为 5 个森林火灾保险区和 9 个森林火灾保险亚区。区划的具体方案如图 5.18 和表 5.5 所示。

表 5.5 案例研究区森林火灾风险区划方案

一级区	二级区	费率/‰				风险区特征
		松	杉	硬阔	综合	
东北部森林 火灾保险区	I-1	1.58	1.58	1.35	1.58	海拔为 35~1 206 m,地势平缓。优势树种以松为主
	I-2	1.15	1.22	0.94	1.13	海拔为 58~1 224 m,地势较平缓。优势树种以松为主
	I-3	1.05	1.16	0.86	0.99	海拔为 24~1 187 m,地势较平缓。优势树种以松、硬阔为主
	I-4	0.97	0.93	0.63	0.80	海拔为 91~1 499 m 的山区,地势复杂。区域内树种分布混杂,无明显优势树种
中北部森林 火灾保险区	II	0.53	0.61	0.42	0.52	海拔为 154~1 653 m 的山区,东部地势较平坦,西部较险峻。区域内优势树种以阔叶树为主
西南部森林 火灾保险区	III-1	1.00	1.11	0.73	1.02	海拔范围为 178~1 559 m、地势较平缓。优势树种以杉为主
	III-2	0.70	0.79	0.46	0.70	海拔为 169~1 922 m 的山区,地势险峻。优势树种以杉为主
	III-3	0.34	0.36	0.17	0.27	海拔为 216~1 843 m,地势险峻。优势树种以松、杉以外的其他树种和竹为主
南部森林 火灾保险区	IV	0.34	0.36	0.17	0.27	海拔为 216~1 843 m,地势险峻。优势树种以松、杉以外的其他树种和竹为主

各一级区划的主要特点如下。

1)东北部森林火灾保险区

东北部森林火灾保险区主要分布在研究区东北部地区,包括丽水市莲都区以及云和、景宁两县东北部的部分乡镇。海拔较低,地势平坦,交通线相对其他县区最为密集,且交通线、水系及人口分布的一致性很高。该区域优势树种以松为主,可燃性较高。高强度的人类活动是导致本区域高森林火灾风险的主要原因。

2)中北部森林火灾保险区

中北部森林火灾保险区主要位于研究区中北部,包括龙泉市的 5 个乡镇、云和县的 7 个乡镇及景宁县的 8 个乡镇。该风险区树种以硬阔为主,可燃性较低;从地形特征来看,位于龙泉市的 5 个乡镇和位于景宁县的 8 个乡镇地属山区,海拔较高,而云和县的乡镇的地势则相对平坦;从人口分布特征来看,该风险区人口密度普遍较低,交通不便利,仅景宁县与龙泉市、云和县交界地区居民点分布较为密集，人口流动性较大。

3）西南部森林火灾保险区

西南部森林火灾保险区主要集中在研究区西南部，包括龙泉市的 13 个乡镇及云和县的云丰乡。该保险区树种分布混杂，无明显优势树种。其中，保险区北部植被以松、竹和其他树种为主，海拔较低，地势平坦，交通线贯穿保险区内部，人口密度相对较高；而南部种有大量的杉树，可燃性较高，海拔为 1 300～1 800 m 的山区人口稀少，交通不发达。

4）南部森林火灾保险区

南部森林火灾保险区主要分布在研究区南部，包括景宁县南部的部分地区。该区域海拔较高，地势险峻，森林资源分布以竹和其他树种为主，人口稀少，居民点分散，交通线分布稀疏。从可燃物类型分布和人类活动强度来看，该区域属于森林火灾风险较低的保险区。

5.3 小 结

本章以森林火灾保险为对象，应用森林火灾事件模拟方法，实现了森林火灾保险区划的案例工作。在理论方法层面，从森林火灾事件模拟总体框架、森林火灾起火概率建模、森林火灾蔓延与终止建模及森林火灾随机动态模拟的实现 4 个方面，综述了当前森林火灾事件模拟和风险评估研究的主要进展及广泛应用的主流方法。在此基础上，应用森林火灾事件模拟模型，在浙江省丽水地区开展了森林火灾保险区划的案例工作。与本书的其他案例相比，利用灾害事件模拟，开展高空间分辨率的定量风险评估是本章的一大特色。依据森林火灾保险条款进行适当简化，使风险评估结果直接支撑费率厘定，从而使得同时厘定多个尺度的空间单元(栅格、乡镇、县域)的保险费率成为可能。相应地，区域划分工作也简化为单要素区划；以乡镇一级行政边界为最小区划单元，在很大程度上遵循了像元尺度上展现的森林火灾风险的空间分异规律。该区划方案对研究区森林火灾保险实践具有重要的参考价值。

本章的案例工作中依然有许多不足亟待探讨与改进。例如，数据方面，如果能够获取到林业部门清绘的森林资源二类调查小班图，将能够为森林火灾模拟提供更准确、更详细的可燃物分布信息，从而使得森林火灾纯风险损失率的确定更加差异化、精细化；在森林火灾蔓延模型方面，由于数据质量及获取情况的限制，采用了更加符合中国国情的王正非-毛贤敏模型，但该模型为统计模型，且实验数据来自中国北方地区，在将其应用于中国南方地区时，由气候条件差异所导致的模型模拟精度有待于进一步验证；与此同时，该模型仅为一维林火模型，对头火高度、火焰长度、热辐射传播等均没有能力描述，相应地，也无法提供最终的损失程度模拟结果。这不可避免地会对后续的费率厘定精度造成一定的影响。然而，作为一个完整的保险区划案例，这些森林火灾事件模型中的不足，不影响区划工作的整体性和系统性。在拥有更好的事件模拟模型时，可将其直接应用到风险评估环节，而后续的费率厘定和区划工作可立即在更新的风险评估结果图上展开。

参 考 文 献

白尚斌. 2008. 基于多智能体理论的林火蔓延模拟. 北京：北京林业大学硕士学位论文.

戴铭，周涛，杨玲玲，等. 2011. 基于森林详查与遥感数据降尺度技术估算中国林龄的空间分布. 地理研究，30(1)：172-183.

国志兴. 2011. 基于多尺度火蔓延参数的草原火灾随机风险模型研究——以呼伦贝尔草原为例. 北京：北京师范大学博士学位论文.

金畅. 2005. 蒙特卡罗方法中随机数发生器和随机抽样方法的研究. 大连：大连理工大学硕士学位论文.

冷慧卿. 2011. 我国森林火灾风险评估与保险费率厘定研究. 北京：清华大学博士学位论文.

毛贤敏. 1993. 风和地形对林火蔓延速度的作用. 应用气象学报，4(1)：100-104.

曲智林. 2007. 黑龙江省潜在森林火灾危害程度预测的研究. 哈尔滨：东北林业大学博士学位论文.

史培军. 1991. 灾害研究的理论与实践. 南京大学学报(自然科学版)，自然灾害研究专辑，(5)：37-42.

史培军. 2002. 三论灾害研究的理论与实践. 自然灾害学报，11(3)：1-9.

唐晓燕，孟宪宇，易浩若. 2002. 林火蔓延模型及蔓延模拟的研究进展. 北京林业大学学报，24(1)：87-91.

王栋. 2000. 中国森林火险调查与区划. 北京：中国林业出版社.

王珺，冷慧卿. 2011. 我国森林保险费率的区域差异化——省级层面的森林火灾实证研究. 管理世界，(11)：49-54.

王正非. 1992. 通用森林火险等级系统. 自然灾害学报，1(3)：39-44.

杨广斌. 2008. 动态数据驱动的林火蔓延模拟系统关键技术研究. 北京：北京林业科学研究院博士学位论文.

张继权，赵万智，冈田宪夫，等. 2004. 综合自然灾害风险管理的理论、对策与途径. 应用基础与工程科学学报(增刊)，263-271.

中国科学院中国植被图编辑委员会. 2007. 中华人民共和国植被图(1：100 万). 北京：地质出版社.

中国林业数据库. 2014. 浙江省天然林人工林分布图. http://cfdb. forestry. gov. cn：443/lysjk/indexJump. do? url＝view/moudle/index.

邹洪侠，秦锋，程泽凯，等. 2009. 二类分类器的 ROC 曲线生成算法. 计算机技术与发展，19(6)：109-112.

Ager A A，Buonopane M，Reger A，et al. 2013. Wildfire exposure analysis on the national forests in the pacific northwest, USA. Risk Analysis，33(6)：1000-1020.

Arpaci A，Malowerschnig B，Sass O，et al. 2014. Using multi variate data mining techniques for estimating fire susceptibility of Tyrolean forests. Applied Geography，53：258-270.

Asian Disaster Reduction Center (ADRC). 2005. Total Disaster Risk Management-Good Practices. http://www. adrc. asia/publications/TDRM2005/TDRM_ Good_ Practices/GP2005_ e. html

Berjak S G，Hearne J W. 2002. An improved cellular automaton model for simulating fire in a spatially heterogeneous Savanna system. Ecological Modeling，148(2)：133-151.

Biswas S，Vadrevu K P，Lwin Z M，et al. 2015. Factors controlling vegetation fires in protected and non-protected areas of Myanmar. PLoS One，10(4)：1-18.

Cheney N P，Gould J S，Catchpole W R. 1993. The influence of fuel, weather and fire shape variables on fire-spread in grasslands. International Journal of Wildland Fire，3(1)：31-44.

Chou Y H，Minnich R A，Chase R A. 1993. Mapping probability of fire occurrence in San Jacinto Mountains, California, USA. Environment Management，17(1)：129-140.

De'Ath G. 2007. Boosted trees for ecological modeling and prediction. Ecology，88(1)：243-251.

Finney M A，Charles W M，Isaac C G，et al. 2011. A simulation of probabilistic wildfire risk components for the continental United States. Stochastic Environmental Research and Risk Assessement，25 (7)：973-1000.

Finney M A. 1998. FARSITE：Fire Area Simulator-model Development and Evaluation. USDA, Forest Service. Rep. No. Paper RMRS-RP-4.

Finney M A. 2002. Fire growth using minimum travel time methods. Canadian Journal of Forest Research，32(8)：1420-1424.

Finney M A. 2005. The challenge of quantitative risk assessment for wildland fire. Forest Ecology & Management, 211: 97-108.

Innocenti E, Silvani X, Muzya A, et al. 2009. A software framework for fine grain parallelization of cellular models with OpenMP: application to fire spread. Environmental Modeling and Software, 24(7): 819-831.

Kalabokidis K, Hay C, Hussin Y. 1991. Spatially resolved fire growth simulation. In Proceedings of the 11th Conference on Fire and Forest Meterology.

Kalabokidis K, Koutsias N, Konstantinidis P, et al. 2007. Multivariate analysis of landscape wildfire dynamics in a Mediterranean ecosystem of Greece. Area, 39(3): 392-402.

Karafyllidis I, Thanailakis A. 1997. A model for predicting forest fire spreading using cellular automata. Ecological Modeling, 99(96): 87-97.

Koutsias N, Kalabokidis K D, Allgower B. 2004. Fire occurrence patterns at landscape level: beyond positional accuracy of ignition points with kernel density estimation methods. Natural Resource Modeling, 17(4): 359-375.

Krebs P, Pezzatti G B, Mazzoleni S, et al. 2010. Fire regime: history and definition of a key concept in disturbance ecology. Theory in Biosciences, 129(1): 53-69.

Liu Z, Wimberly M C. 2015. Climatic and landscape influences on fire regimes from 1984 to 2010 in the Western United States. PLoS One, 10(10): 1-20.

Liu Z, Yang J, Chang Y, et al. 2012. Spatial patterns and drivers of fire occurrence and its future trend under climate change in a boreal forest of Northeast China. Global Change Biology, 18(6): 2041-2056.

Lopes A, Cruz M, Viegas D. 2002. Firestation-an integrated software system for the numerical simulation of fire spread on complex topography. Environmental Modeling and Software, 17(3): 269-285.

Martinez J, Garcia C V, Chuvieco E. 2009. Human-caused wildfire risk rating for prevention planning in Spain. Journal of Environmental Management, 90(2): 1241-1252.

Metropolis N. 1987. The beginning of the Monte Carlo Method. Los Alamos Science, 1987: 125-130.

National Geomatics Center of China. 2015. Global 30m Land Cover Mapping Project. http://www.globallandcover.com/GLC30Download/index.aspx.

Noble I R, Bary G A V, Gill A M. 1980. McArthur's fire-danger meters expressed as equations. Australian Jouranl of Ecology, 5(2): 201-203.

Oak Ridge National Laboratory. 2015. Land Scan. http://web.ornl.gov/sci/landscan/.

Oliveira S, Oehler F, San-Miguel-Ayanz J, et al. 2012. Modeling spatial patterns of fire occurrence in Mediterranean Europe using Multiple Regression and Random Forest. Forest Ecology and Management, 275(4): 117-129.

Open Street Map. 2015. http://www.openstreetmap.org/.

Pan J, Wang W, Li J. 2016. Building probabilistic models of fire occurrence and fire risk zoning using Logistic regression in Shanxi Province, China. Natural Hazards, 81(03): 1879-1899.

Parisien M A, Walker G R, Little J M, et al. 2013. Considerations for modeling burn probability across landscapes with steep environmental gradients: an example from the Columbia Mountains, Canada. Natural Hazards, 66(2): 439-462.

Pastor E, Zarate L, Planas E, et al. 2003. Mathematical models and calculation systems for the study of wildland fire behaviour. Progress in Energy and Combustion Science, 29(2): 139-153.

Pereira A C, Oliveira S L J, Pereira J M C, et al. 2014. Modelling fire frequency in a Cerrado savanna protected area. PLoS One, 9(7): 1-10.

Pew K L, Larsen C P S. 2001. GIS analysis of spatial and temporal patterns of human-caused wildfires in the temperate rain forest of Vancouver Island, Canada. Forest Ecology and Management, 140(1): 1-18.

Richards G D. 1990. An elliptical growth model of forest fire fronts and its numerical solution. International Journal for Numerical Methods in Engineering, 30(6): 1163-1179.

Richards G D. 1995. A general mathematical framework for modeling two-dimensional wildfire spread. International Journal of Wildland Fire, 5(2): 63-72.

Riva J D L, Pérez-Cabello F, Lana-Renault N, et al. 2004. Mapping wildfire occurrence at a regional scale. Remote Sensing of Environment，92（3）：363-369.

Rothermel R C. 1972. A Mathematical Model for Predicting Fire Spread In Wildland Fuels. USDA，Forest Service. Rep. No. RP INT-115.

Saha S，Moorthi S，Pan H，et al. 2010. NCEP Climate Forecast System Reanalysis（CFSR）Selected Hourly Time-Series Products，January 1979 to December 2010. Boulder，CO：Research Data Archive at the National Center for Atmospheric Research，Computational and Information Systems Laboratory.

Salis M，Ager A A，Finney M A，et al. 2014. Analyzing spatiotemporal changes in wildfire regime and exposure across a Mediterranean fire-prone area. Natural Hazards，71（3）：1389-1418.

Schoennagel T，Veblen T T，Romme W H. 2004. The interaction of fire，fuels，and climate across rocky mountain forests. Bioscience，54（7）：661-676.

van Wagner C E. 1987. The development and structure of the Canadian Forest Fire Weather Index System. Canadian Forest Service，Petawawa National Forestry Institute.

van Wagner C E. 1992. Development and Structure of the Canadian Forest Fire Behavior Prediction System. Ottawa Ontario：Forestry Canada，Forestry Canada Fire Danger Group.

Vasconcelos M，Guertin D. 1992. FIREMAP-simulation of fire growth with a geographic information system. International Journal of Wildland Fire，2（2）：87-96.

Weise D R，Biging G S. 1997. A qualitative comparison of fire spread models incorporating wind and slope effects. Forest Science，43（2）：170-180.